快读
慢活

陪伴女性终身成长

食材
保存大全

[日] 沼津理惠 著
吴梦迪 译

江西科学技术出版社

目 录

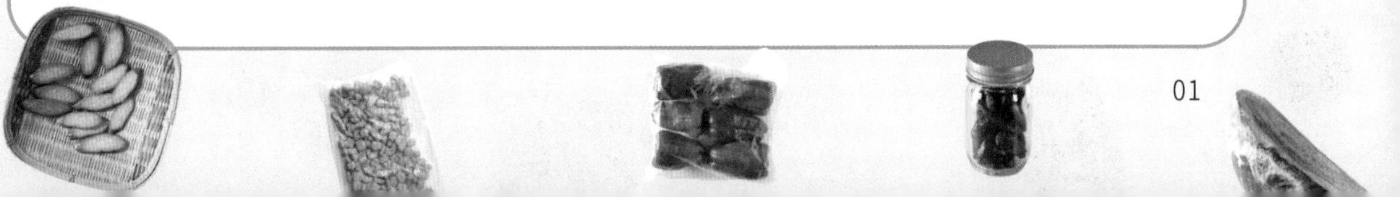

第2章 水果

第3章 水产

第4章 肉类及其制品

第5章 乳制品及蛋类

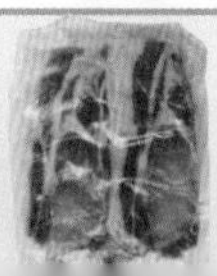

第6章 谷物及其制品

第7章 调料及其他

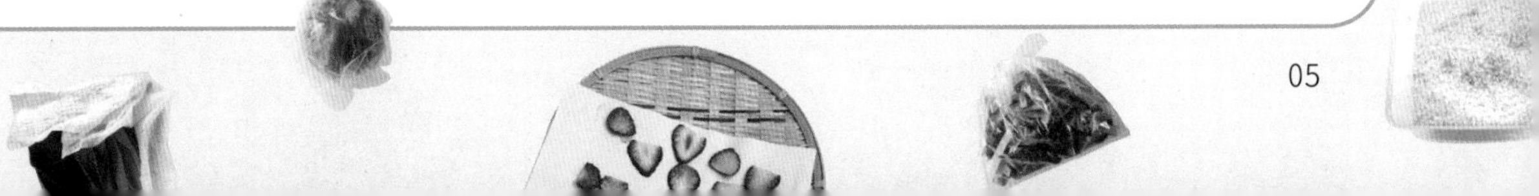

掌握保存的基本原则——让食材更加鲜美

很多人认为，食材经过冷冻，不仅新鲜度下降，口感也必定会变差。

之所以会有这样的印象，我想是因为人们对冷冻、解冻以及合适的食材保存方法等一知半解，缺乏正确的认识。

事实上，只要你在拿起食材的那一刻，就规划好该怎么烹调、怎么食用，那么即便是冷冻过的食材，也会成为餐桌上的美味。

一提到食材的保存方法，很多人会觉得既麻烦又难懂。其实，保存食材的原理十分简单，并不需要特殊的诀窍或技能。

不管是水果、蔬菜，还是水产、肉类，保存的时候都有各自的通用法则，只要依照保存的基本原则去做，就能解决大部分食材的保存问题。

本书以简洁明了的方式详细介绍了不同食材保存的基本原则。

比如，冷藏不仅可以防止食材腐烂，还能催熟；冷冻的食材烹饪时不仅熟得快，还容易入味，可以缩短烹饪时间。掌握保存食材的方法，不仅可以减少购物的次数，还有很多其他好处。

在饮食方面的价值观恰恰能够体现一个人的生活方式。

希望本书可以帮助你获得“美味、开心、不浪费”，让餐桌上每天都有美味的食物，家人的脸上都洋溢着笑容。

料理家、营养管理师 **沼津理惠**

本书的使用方法

上市时间

加粗的线代表主要品种的上市时间。粉色的线代表大棚种植或进口品种的上市时间。和所谓的“时令”有所不同。

* 书中标注为日本的市场流通时期，与中国的情况略有不同。

可食部分

蔬菜去除根蒂，鱼去除鳞片、内脏、骨头等部分后，实际可食用的部分所占的比例。一般会丢弃的外皮或籽等，只要花点心思烹调也可食用，因此纳入可食部分。

保存时间

不同保存方法的保存时间参考值。

保存诀窍

让食物保持鲜美的保存方法。

营养成分

根据《日本食品标准成分表 2015 年版（第 7 次修订）》，列出可食部分每 100 g 中含有的主要营养成分（部分数据的出处不同）。

解冻方法

解冻、烹调冷冻食材时的要点。

保存方法的图标

用图标表示适合食材的保存方法。

◎最适合　○适合

△不太适合，但可以保存　✕不能保存

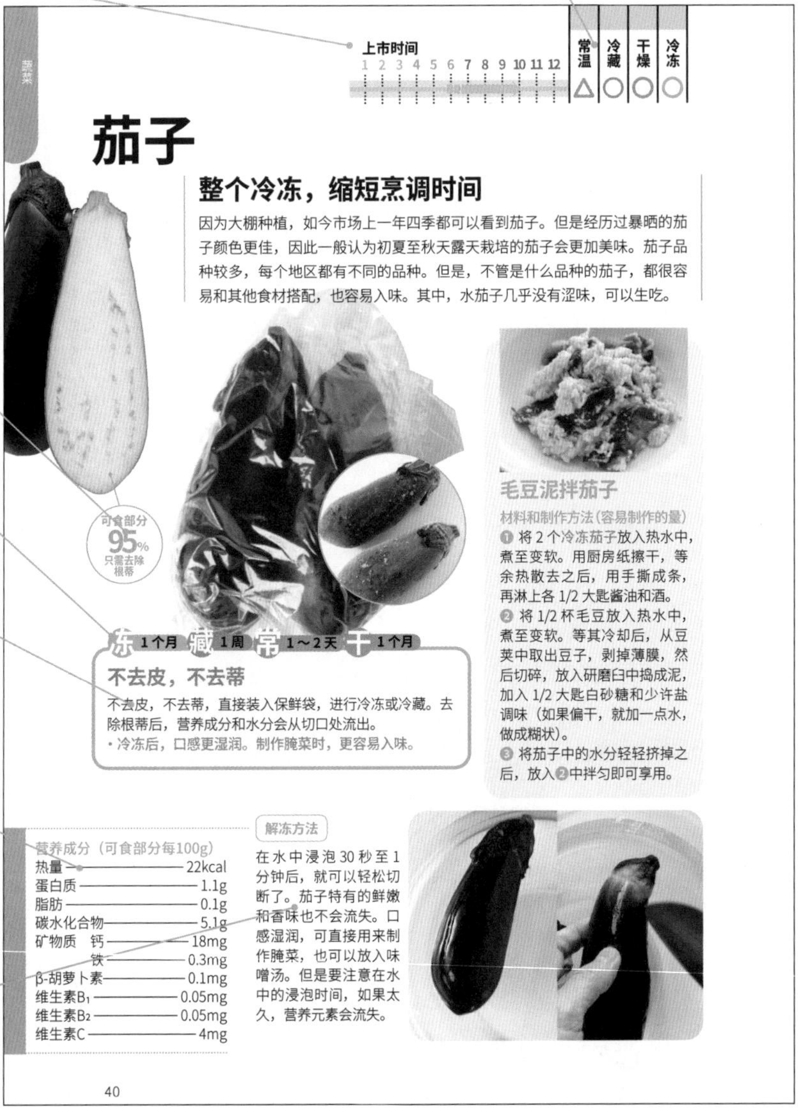

蔬菜

上市时间

1 2 3 4 5 6 7 8 9 10 11 12

常温	冷藏	干燥	冷冻
△	○	○	○

茄子

整个冷冻，缩短烹调时间

因为大棚种植，如今市场上一年四季都可以看到茄子。但是经历过暴晒的茄子颜色更佳，因此一般认为初夏至秋天露天栽培的茄子会更加美味。茄子品种较多，每个地区都有不同的品种。但是，不管是什么品种的茄子，都很容易和其他食材搭配，也容易入味。其中，水茄子几乎没有涩味，可以生吃。

可食部分 95% 只需去除根蒂

冻 1个月　藏 1周　常 1～2天　干 1个月

不去皮，不去蒂

不去皮，不去蒂，直接装入保鲜袋，进行冷冻或冷藏。去除根蒂后，营养成分和水分会从切口处流出。

• 冷冻后，口感更湿润。制作腌菜时，更容易入味。

毛豆泥拌茄子

材料和制作方法（容易制作的量）

❶ 将 2 个冷冻茄子放入热水中，煮至变软。用厨房纸擦干，等余热散去之后，用手撕成条，再淋上各 1/2 大匙酱油和酒。

❷ 将 1/2 杯毛豆放入热水中，煮至变软。等其冷却后，从豆荚中取出豆子，剥掉薄膜，然后切碎，放入研磨臼中捣成泥，加入 1/2 大匙白砂糖和少许盐调味（如果偏干，就加一点水，做成糊状）。

❸ 将茄子中的水分轻轻挤掉之后，放入❷中拌匀即可享用。

营养成分（可食部分每100g）

热量	22kcal
蛋白质	1.1g
脂肪	0.1g
碳水化合物	5.1g
矿物质　钙	18mg
铁	0.3mg
β-胡萝卜素	0.1mg
维生素B1	0.05mg
维生素B2	0.05mg
维生素C	4mg

解冻方法

在水中浸泡 30 秒至 1 分钟后，就可以轻松切断了。茄子特有的鲜嫩和香味也不会流失。口感湿润，可直接用来制作腌菜，也可以放入味噌汤。但是要注意在水中的浸泡时间，如果太久，营养元素会流失。

40

基础食谱

基础的腌料

醋……1/2 杯　水……1/4 杯

白葡萄酒………………1 大匙

白砂糖…………2～3 大匙

盐………………………1 小匙

将所有材料放入锅中，开火煮至沸腾。

基础的油料

油（橄榄油等，可根据个人喜好选择）…………1/2 杯

盐…………………1/4 小匙

黑胡椒粒…………约 8 粒

将所有材料搅拌均匀。

基础的味噌底料

味噌和蜂蜜以 2 ： 1 的比例充分混合。

基础的酱油底料

将酱油和熟白芝麻以 1 ： 1 的比例充分混合。将熟白芝麻碾碎后再加入，香气会更浓郁。

● 微波炉加热时间，以 600W 功率的为标准。 ● 1 杯为 250mL，1 大匙 15mL，1 小匙 8mL。

食材保存的基本原则

了解食材“耗损”的原因，思考合适的保存方法

不是任何食材“冷藏或冷冻”保存就可以久放。事实上，食材的保存没有完美的方法。即使放在冰箱里，食材也会逐渐失去鲜度。

那么，食材失去鲜度是怎么回事呢？其实，只要了解了其中的原因，就可以用正确的方法轻松保存各类食材，减少浪费。

本书将食材失去鲜度或腐烂称为“耗损”。

不同的食材因其特性和保存方法有不同的耗损。先了解一下其中的原理吧。

水分

食材本身的含水量不同，耗损的情况也分为两种。一种是水分蒸发，食材变得干瘪；另一种是水分过多导致微生物增殖，食材变质。保存蔬菜时，必须用保鲜膜或保鲜袋包裹食材防止干燥；而保存鱼类或肉类时，则应先擦干表面的水。

氧化

蔬菜、水果等食材的切口处总是会变色，这是食材中含有的酚类物质在酚酶的作用下和空气中的氧气发生化学反应（氧化）导致的。将苹果浸泡在盐水中，就是用盐来抑制酚酶的活性。

日晒

将食材放在阳光直射的地方，会导致食材温度上升而变质。木耳、花椒、枸杞、紫菜、鱼干等干货需使用使食材脱水的保存方式，而传统的腌制酱菜等应避免阳光直射，防止变质。瓶装调料的外包装上一般会注明“请放置在阴凉处”，目的就是防止阳光直射导致变质。

温度

不同食材适合保存的温度不同。冬天生长的水果或根茎类蔬菜等适合保存在 0 ～ 5℃的低温环境下，而夏季水果和蔬菜的最佳保存温度则在 5 ～ 10℃。如果放在冷藏室保存，可能会因为温度过低而使食材冻伤，导致果实开裂，口感、风味变差。

腐坏

食物在有益的微生物或酵母的作用下，可以变成发酵食品。但是，很多微生物的增殖却会导致食材变质，发生腐坏，生成有毒成分。金黄色葡萄球菌、沙门氏菌等进入人体甚至还会引发严重的食物中毒。

成熟

蔬菜、水果在采摘后还会继续成熟，这个过程叫作催熟。引起催熟的主要成分是乙烯气体。而食材中，苹果、牛油果、哈密瓜和西蓝花等都会释放大量的乙烯气体。另一方面，猕猴桃、香蕉、黄瓜和生菜等，则比较容易受乙烯气体的影响。

害虫

生鲜食材中的有机蔬菜或无公害蔬菜上，有时候会有青虫。干货和大米等需要长期保存的食材中，会出现甲虫、扁甲虫等小虫子。没有开封的食材，其包装也有可能被虫子咬破。

常温保存

寻找适合保存的地方

保存场所可以根据温度来划分。其中常温保存是指保存在室内。

但是，现在的住宅环境，夏天和冬天的温度差并不明显。以前的木质住宅，冬天的时候，除了有暖气的房间外，室温基本都是在 0 ～ 15°C。但是，现在的住宅，即便是厨房一般也有暖气，冬天最冷的时候，室温也可能在 18°C。以前会把蔬菜包在报纸里，放置在阴凉处保存。但如今，一到冬天，室内这样的阴凉处也几乎没有了。

自建住宅

住宅的结构和选地都会影响室温，因此首先必须了解住宅的基本情况。

近几年，私密性强的环保住宅越来越多。屋内整体的温度全年都基本维持在同一个水平，因此需要有意识地通风换气。请谨慎选择除了冰箱以外的食材存放位置。

二楼采光好的厨房，如果在夏天最热的时候，关上门窗外出，室温有可能会上升至 40°C。

除了温度外，透气性也很重要。秋天至次年春天，可以将蔬菜、水果、干货等保存在朝北的房间或地下室。

公寓住宅

钢筋混凝土的公寓住宅，保存环境受采光和楼层的影响。可根据建筑物的构造，选择保存场所。

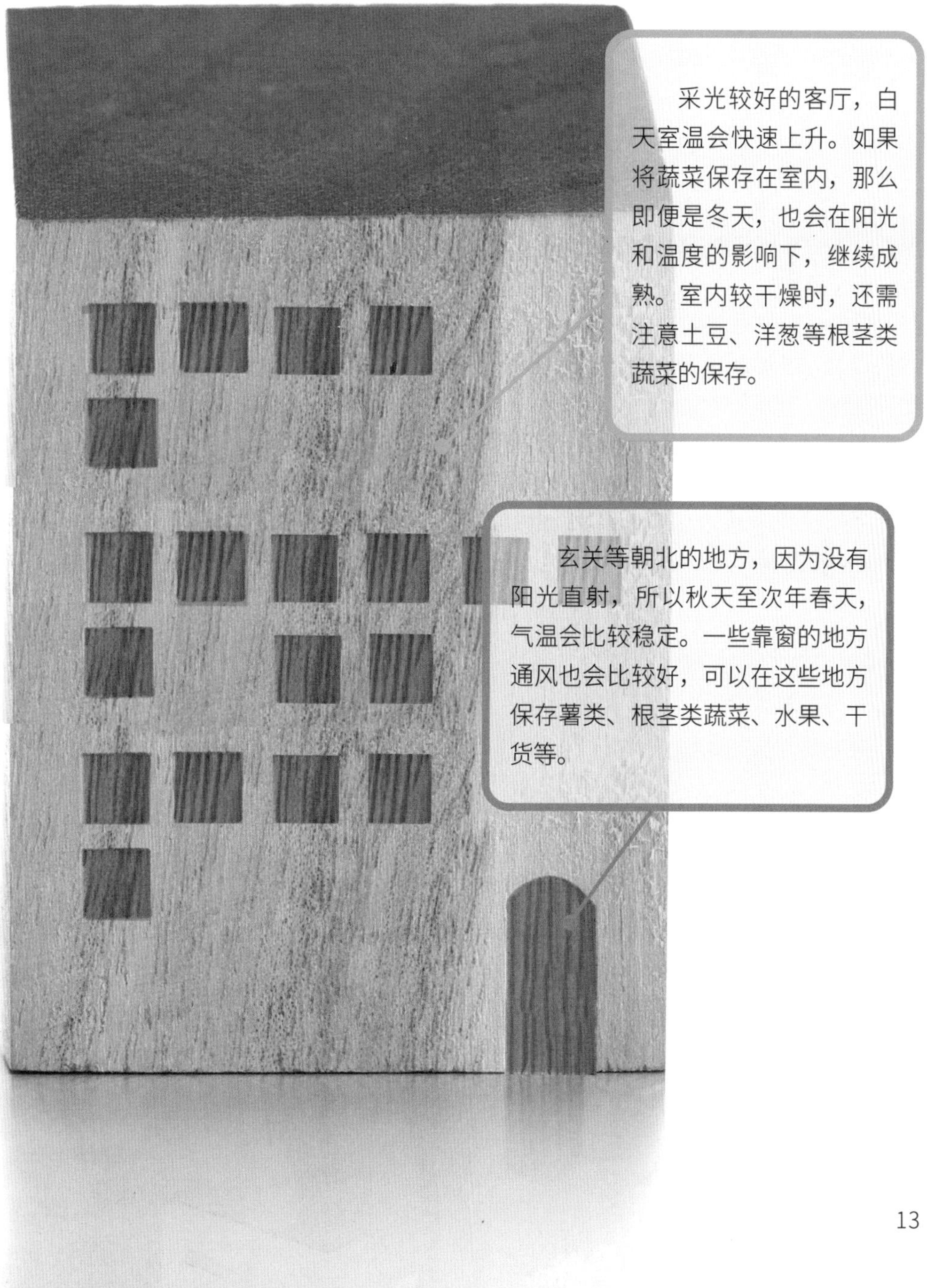
采光较好的客厅，白天室温会快速上升。如果将蔬菜保存在室内，那么即便是冬天，也会在阳光和温度的影响下，继续成熟。室内较干燥时，还需注意土豆、洋葱等根茎类蔬菜的保存。
玄关等朝北的地方，因为没有阳光直射，所以秋天至次年春天，气温会比较稳定。一些靠窗的地方通风也会比较好，可以在这些地方保存薯类、根茎类蔬菜、水果、干货等。

冷藏保存

根据食材，分类保存

为了可以用最佳的温度保存食材，兼具零度室、果蔬室、微冻室的多门冰箱逐渐成为家用冰箱的主流。请根据食材，灵活地运用这些区域。

冰箱内的温度会随季节而变

受开关冰箱门的影响，冷藏室内的温度往往偏高。冬天外部气温较低，一般能保持低温。

最理想的做法是每个季节都测量冰箱内的温度，并更改设置，但施行起来可能比较困难。

有一项调查表明，夏天将温度设定为“强”，冬天改为“弱”，可以节省电费。冰箱通常是家里最耗电的电器，因此请在使用前，先了解其功能。

不要将热的食材放入冰箱

将热的食材放入冷藏室或冷冻室后，其释放的热度会令冰箱内的温度上升。冷藏室一般无法快速冷却，长时间偏高的温度可能会影响到冰箱内其他食材的冷却。

经过加热处理的食材，尽量等热气完全散掉后，再放入冰箱。

冰箱内保持干净

冷藏室虽然是低温管理的，但也有可能滋生细菌。

首先，不可以将细菌带入冰箱。将食材放入冰箱之前，请先检查一下包装是否脏了或食材本身是否已经发生变质。在10℃以下的环境中，大部分细菌的繁殖都会减慢，但也不能排除食材在冰箱内受到二次污染的可能。因此，请先用保鲜膜或保鲜袋分装，避免各种食材之间的接触。

冰箱内的污垢等也可能导致杂菌的繁殖。因此，请定期用厨房专用消毒液对冰箱进行清洗和杀菌消毒。

注意不要塞太满

冰箱如果塞得太满，冰箱内的温度就会变得不均匀。此外，食材的保质期也会变得难以确认，导致因为忘记吃而不得不扔掉的食材变多。

果蔬室

果蔬室温度一般维持在最适合果蔬保存的 5～7℃。每个厂商还会有自己的设计，比如加湿结构、利用 LED 维持光合作用等。

另外，果蔬室的湿度比冷藏室高。也就是说，相比冷藏室，果蔬室的温度不会过低，湿度又恰到好处，更能保持果蔬的新鲜度。

一般认为，果蔬室湿度较高，即使将果蔬直接放入，其新鲜度也很难下降。但如果需要，也可以使用报纸、保鲜袋、保鲜膜等将果蔬包裹后再放入。另外，洋葱、大蒜等不耐湿气的蔬菜，不要放入高湿度的果蔬室。

原产于热带的水果、蔬菜如果保存在温度较低的冰箱内，可能会发生“低温冻害”。番茄、茄子等夏季蔬菜，以及木瓜、芒果等热带水果的最佳保存温度在 - 5～10℃。夏天室内温度过高时，建议保存在果蔬室内，或调节冰箱温度后再进行保存。

门搁架

冷藏室的冰箱门边因为开关门的关系，温度容易上升，比冷藏室内的温度要高一点。拿放频率较高的牛奶以及不需要冷藏的食材可以保存在这个位置。

适合保存的食材：咖啡、茶叶、面包等。

零度室

冷藏室的温度一般在3～5℃。而零度室的温度则是冰点，在0℃左右。也就是说，零度室可以在不冷冻食材的条件下，防止其变质。

将纳豆、酸奶等发酵食品保存在零度室，可以减缓发酵，延长保质期。但是，水分较多的食材可能会被冻住，因此不适合保存在零度室内。

适合保存的食材：奶酪、黄油等乳制品，纳豆、泡菜等发酵食品，竹轮、鱼糕等膏状物，鲜面条、豆腐、鱼贝类、肉类等生鲜食品（如果没有微冻室）。

冷冻保存

冷冻室是进行冷冻保存或管理冷冻食品的地方。根据JIS（日本工业标准）规定的基准，冷冻室温度需要在－18°C以下。大部分品牌商都会将冷冻温度设定在－22～－18°C。

冷冻室内的实际温度取决于设定的温度以及冷冻食材的情况。

冷冻的原理

冷藏和冷冻的区别在于食材的细胞是否会冻结。

细胞内的水分冻住后，细胞膜会遭到破坏。解冻时，水分就会析出（析出的水分叫作“流失液”），是影响食材口感的重要因素。

流失液中也含有鲜味成分和营养成分。失去水分的食材，组织会变得柔软，导致口感发生变化。因此，解冻或烹调时需要多下功夫。

但是，纤维偏硬的蔬菜等则正相反。通过冷冻，细胞膜遭到破坏后，反而会变得更容易入味，故而可以缩短炖煮时间。

冷冻食材的过程中，当温度在－5～－1°C时，食材细胞内的水分会变成大冰晶，使细胞膜遭到破坏。这个温度区间叫作最大冰晶生成温度带。

让食材速冻，也就是让食材冷却时快速通过－5～－1°C的温度带，是冷冻保存的关键。因为只有快速通过，才能减少细胞的受损程度，从而尽可能保持口感。

为此，建议将食材切成合适的大小，放在铝托盘等导热性较好的器皿上进行冷冻。这个方法可以让食材快速降温，从而减少伤害。

已经通过加热或干燥且水分减少的面包、米饭、年糕和纳豆，以及汤、酱料、捣成泥的蔬菜等组织已经遭到破坏的食材，冷冻之后，品质也不会下降太多。

微冻室

温度在－3～－1°C，比零度室的温度低，可以将食材保存在微冻结的状态下。因为没有完全冻住，所以从微冻室拿出来的生鱼片等可以不解冻，直接食用。

适合保存的食材：肉类和海鲜等生鲜或加工食品。

解冻

避免美味流失的解冻诀窍

解冻方法会影响食材的鲜美程度、口感以及营养价值。

人们最常采用的方法是自然解冻，即从冷冻室拿出来后，放在常温下解冻。但是，采用这种方法解冻时，食材内部和表面会有较大的温差，导致水分流失。

1

加热解冻（烹调）

将没有解冻或半解冻的食材放入锅中，直接开火加热。这样就能避免食材解冻时渗出液流失，并让食材快速变软。

2

冷藏室解冻

冷藏室可以让食材整体保持在低温状态，尽可能减少食材解冻时产生的风味损耗等。

解冻也有最佳温度。必须和冷冻时一样，不能让食材在－5～－1°C的状态下停留太久。如果食材在这一温度区间停留太久，食材内的水分就会开始再次冻结，从而进一步损害细胞。

食材在冷冻时，如果遭受了巨大的破坏，那么解冻时，就会析出水分（流失液）。水分中含有的营养成分还会促进细菌的繁殖。因此，最好在冷藏室或冰水等“1～5°C的低温环境”中解冻。

3

冰水解冻

浸泡在冰水中解冻。冰水的温度和冷藏室差不多。水的导热效率高于空气，能够更加快速地解冻。

4

食用未完全解冻的食材

也可以试着品尝一下食材在未完全解冻状态下的口感。

干燥

浓缩美味和营养

将蔬菜和海鲜等干燥后的产物叫作“干货”。这种通过去除水分，提高贮存性的手法，据说流传已久。

一般会通过阳光和风进行干燥，或自然发酵。干燥后的食材，其维生素D的含量会增加，也更有利于人体摄取大量的钙和膳食纤维。

蔬菜干货

紫菜、海带、干香菇和茶叶等都是日常生活中常见的食材，通常可以在常温下保存1年左右。但是需要保存在隔离湿气的密闭容器内，并放置在阴凉处或冷藏室。

现在，在家里自制蔬菜干的人越来越多了。只需将蔬菜切成合适的尺寸，晒干或烘干即可，非常简单。

切蔬菜时，需要考虑蔬菜的含水量以及烹调时的使用方法。切得越薄，干燥所需的时间就越短。也可以使用低温烤箱和电风扇来控制干燥度。请根据食材，选择合适的方法吧。

但是，自制干货时很难做到完全干燥，因此在气温或湿度较高的时期，需要注意发霉等情况的发生。一般而言，保存在冷藏室或果蔬室即可。

海鲜干货

海鲜干货是将鱼贝类用盐水腌过之后再进行干燥的产物。覆盖在表面的膜可以提高贮存性，形成独特的口感和风味。

一般采用晒干的方式，但市面上的商品大都是通过机械干燥的。海鲜干货种类很丰富。小的鱼贝类直接晒干；大的可以去除内脏，切开晒干，也可以煎煮之后再晒干。大部分都会根据食材的特征，采用最合适的方法。

当然也可以自制海鲜干货。

自制竹筴鱼鱼干

材料和制作方法

去除鱼鳞和内脏，用清水洗干净，切开。再放入盐水（浓度3%）中，浸泡5～6小时。干燥前，撒盐（像盐烤一样，直接将盐撒在鱼上）。放置片刻，等水渗出后，将水擦干，就可以开始干燥了。如果要放在阳台或院子里晒干，请务必注意猫和麻雀等。可以放在网中，挂在通风良好的地方。气温和湿度较高的时期食材容易变质，制作时应避开梅雨季节等。

腌渍酱菜

酱菜种类多，且制作方便。而且把食材做成酱菜自古就是保存食材的方法之一。

在冰箱得到普及之前，新鲜蔬菜是无法长期保存的。为了贮存当季的蔬菜，每个家庭都会想方设法地用酒糟、酱油、盐、米糠等将蔬菜制成酱菜。

将新鲜的蔬菜变成酱菜后，人们就能够长时间品味其鲜美。

保存场所

按照规定，含盐量较少的酱菜，应置于冷藏室保存。随着人们对健康的要求越来越高，酱菜的含盐量正在不断减少。自制的酱菜请尽可能保存在冷藏室中。米糠床等在春夏高温期也可能会变质，因此必须注意盐分浓度。

酱油腌菌菇

材料和制作方法（适合制作的量）

金针菇、蟹味菇等菌菇

（可根据个人喜好选择）……300g

白葡萄酒（可用清酒代替）……2 大匙

昆布……1 片（3cm 见方的片状）

酱油……2 大匙

熟白芝麻……2 小匙

❶ 小火加热平底锅，放入菌菇和白葡萄酒，转中火加热 2 分钟。

❷ 等❶冷却后，倒入保存容器。同时放入昆布、酱油、熟白芝麻，充分搅拌后，放入冷藏室保存，约 1 小时后即可享用。

腌白菜

材料和制作方法（适合制作的量）

白菜……1/4棵（约200g）

盐……1/2小匙

生姜……5g

昆布……1片（2cm见方的片状）

红辣椒（去籽）……1/2根

❶ 将白菜的白色茎部切成1cm宽、5cm长的条状，叶子切块，生姜切丝，用厨房剪刀将昆布剪成细丝，红辣椒切成小圈。

❷ 将❶装入保鲜袋，撒入盐，揉搓，使所有食材都混合在一起。

❸ 等析出水之后，放入冷藏室保存，约30分钟后即可享用。

其他酱菜

在日本，人们常用盐、味噌、酱油、米糠等调料将蔬菜腌制成方便食用的酱菜。除此之外，世界各地还有很多酱菜种类和腌制方法。

在欧美，人们经常食用用黄瓜、胡萝卜等蔬菜制作的泡菜。这种泡菜是用盐、醋腌渍制作而成的，可根据个人口味，加入香草和各种调料。中国地大物博、物产丰富，腌菜和酱菜的种类更是丰富。可以说，不同国家的气候和民族性格培育出了各具特点的饮食文化。

油腌豆

材料和制作方法（适合制作的量）

水煮豆（扁豆、绿豆、红豌豆、鹰嘴豆等，可根据个人喜好选择）………共150g
橄榄油（可根据个人喜好选择）….1/2杯
盐……………………………………1/4小匙
黑胡椒粒……………………………8粒

❶ 将橄榄油、盐和黑胡椒粒搅拌均匀。
❷ 将水煮豆放在沥水篮中，沥干水分。然后放入保存容器，倒入❶，放置在冷藏室保存。第二天就可以食用了。
※有一些油放在冷藏室保存时会凝固，但放回常温后，就会恢复原状。味道也不会受影响。可加入20%左右的色拉油来防止凝固。

糖醋藠头

材料和制作方法（适合制作的量）

藠头……………………………………500g
盐………………………………………25g
A 醋………1杯　　白砂糖……1/2杯
　红辣椒（去籽）…………………1根
※也可以在A中加入2小匙盐。更利于保存，口味也会更清爽。

❶ 将藠头处理好后，抹上盐，静置一晚。
❷ 将A煮30秒左右后，冷却。
❸ 擦干❶的水，放入保存容器，再倒入❷，放置在阴凉处保存。3个月后，放入冷藏室，可保存1年左右。腌制1个月后即可食用，但3个月后食用，味道更佳。

咖喱味卷心菜泡菜

材料和制作方法（适合制作的量）

卷心菜…………………………1/4颗（约200g）
A 醋……………………1杯　水……1/4杯
　白砂糖………3大匙　　盐……1小匙
　咖喱粉……………………………1小匙

❶ 将A煮30秒左右，放入切成大块的卷心菜，关火。
❷ 等余热散去后，倒入密封容器，放置在冷藏室保存。

第1章

蔬菜

蔬菜保存的基本原则

蔬菜是身体健康管理不可或缺的食材种类。一般家里应常备多种蔬菜，灵活使用。

有些人考虑到住宅的厨房空间和温度，认为大部分蔬菜只能保存在冰箱冷藏室内。但实际上，适合常温保存的蔬菜也有很多。

对于番茄、茄子等夏季蔬菜而言，冷藏室内的温度（5～15°C）可能会造成低温冻害，影响味道。但是，如果放置在夏天的室温（20～30°C）中，又会加速变质。因此，我们应事先考虑食材使用完的时间点和存放位置，以保证食材的风味。

常温 考虑蔬菜的季节和存放位置

夏季蔬菜中的番茄、青椒，冬季蔬菜中的萝卜、大葱、菠菜，现在都是一年四季都可以买到的蔬菜。

受全球变暖的影响，蔬菜的上市时间也在慢慢发生变化。另一方面，随着大棚种植技术的进步，蔬菜的品质和价格也逐渐摆脱了气候的影响，变得愈加稳定。

在除了夏季以外的季节，只要室温在20°C左右，夏季蔬菜就可以常温保存。

但是，蔬菜在收获后，仍会继续生长，因此会发生“催熟”的现象。黄瓜等蔬菜的果肉会变软，但果肉硬的番茄却会在催熟的过程中，变得越来越甜。

保存薯类以及洋葱、牛蒡等根茎类蔬菜时，保留蔬菜上面的泥土，可以延长保存时间。不管是什么蔬菜，都应避开阳光直射，放置在通风良好的地方保存。

高温多湿的夏季不适合常温保存，建议冷藏保存。

冷藏 基本都存放在果蔬室，再下一点功夫，可以保存更久

适合冷藏的蔬菜，基本都保存在果蔬室内。补水后再保存或竖立保存，可以让部分蔬菜的新鲜状态维持更久。

保鲜袋

为了防止水分流失，最基本的做法是将蔬菜放在保鲜袋中保存。保存时，尽可能将袋中的空气排出，过程中注意不要压到蔬菜，然后将口封紧。

补充水分后装入保鲜袋

阳荷、叶子较软的香草类蔬菜不耐干燥，用湿润的厨房纸包裹，补充水分，可以延长保存时间。

竖立保存

芦笋、大葱等原本就是竖向生长的蔬菜，竖立保存可以延长保存时间。

在保存容器中加水

豆芽、笋等浸泡在水中保存，可以让爽脆的口感维持得更久。

冷冻 掌握诀窍，即便是冷冻，也可以保持新鲜美味

不立即食用的蔬菜，建议冷冻保存。为了防止冷冻和解冻时不均匀，维持蔬菜的鲜美度，请掌握以下几个要点。

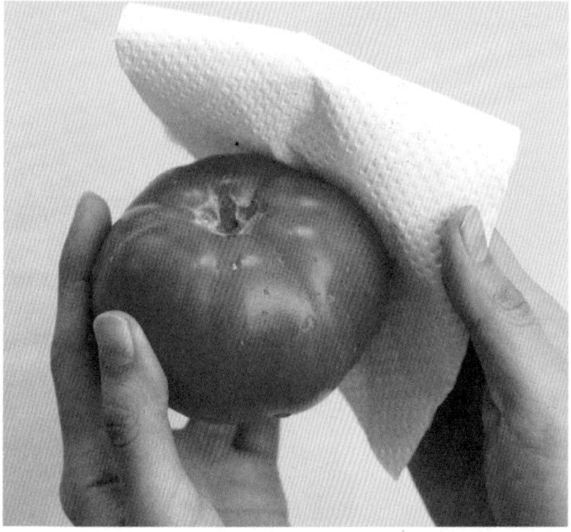

水分

必须尽可能地去除多余水分。清洗或水煮蔬菜后，会有水分残留在上面。请务必将水擦干。

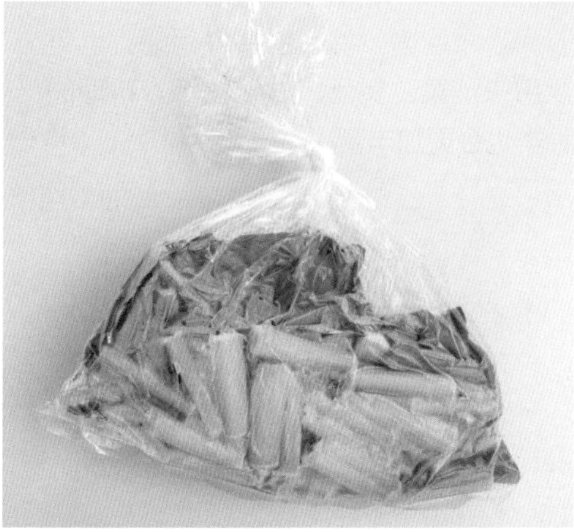

空气

为了防止氧化和结霜，冷冻前应尽可能将袋子内的空气排出。

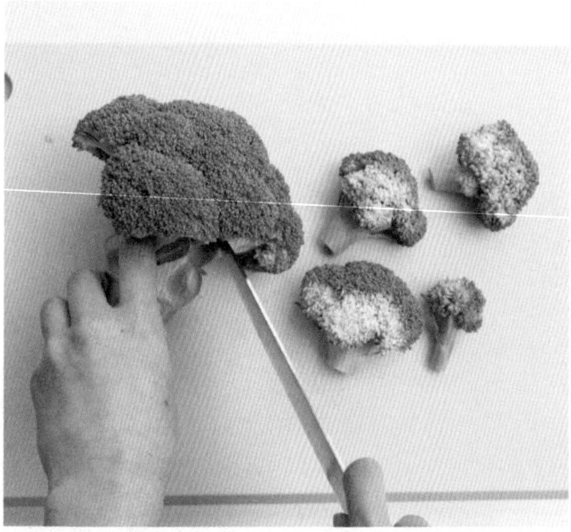

大小

事先将蔬菜切成方便食用的大小，不仅使用时更加方便，冷冻或解冻时还能避免温度不均影响食材的口感。

加热后装入保鲜袋

不适合以生食状态直接冷冻的蔬菜，可以进行加热处理后再冷冻。比如快速煎炒，或用热水焯一下，注意不要煮软。

做成泡菜

将蔬菜腌渍成泡菜，也是保存蔬菜的备选方案之一。利用冷藏或冷冻长时间保存后，蔬菜原本的口感不可避免地会受到影响。但是如果做成泡菜，不仅可以维持爽脆的口感，还能延长保存的时间。食用时，除了直接食用外，也可以用来炒菜、煲汤、做沙拉等，料理的种类也会更加丰富。

泡菜的基本做法

材料和制作方法

喜欢的蔬菜……………………适量（黄瓜1根、彩椒1个、西葫芦1根、西芹1根等）
香草…………………………………………适量
各类调配好的泡菜料

❶ 将泡菜料倒入锅中，煮30秒左右。
❷ 处理蔬菜，切成适口大小。
❸ 将❷码入容器中，撒上香草。
❹ 将❶泡菜料浇在❸上，静置，等其冷却后，搅拌均匀。

泡菜料配方

❶ 基础款泡菜料

醋……………………1/2杯
白葡萄酒…………1/4杯
水……………………1/4杯
白砂糖……………3大匙
盐……………………1大匙
香叶…………………1片
红辣椒……………2小根
粗磨黑胡椒粉…1小匙

❷ 日式泡菜料

盐………………少许
醋…………………1杯
酱油…………4大匙
昆布………………1片
（5cm见方的片状）

❸ 寿司醋泡菜料

寿司醋……………3/4杯
柠檬汁………1/2颗的量
柠檬皮屑……1/2颗的量

❹ 基础款甜醋料

醋………………1/2杯
水或高汤……1/2杯
白砂糖………2大匙
酱油…………2小匙
盐…………1/2小匙

❺ 泰式甜醋料

鱼露……………4大匙
白砂糖…………4大匙
水………………1/2杯
米醋……………4大匙
大蒜（切末）……3瓣
红辣椒（切圈）…3根

❻ 基础款醋料

酱油………1大匙
醋…………1大匙
味啉………1大匙

❼ 爽脆黄瓜腌料

酱油………1/2杯
味啉………1/2杯
醋…………1/2杯

❽ 味啉酱油料

酱油………2大匙
味啉………4大匙
盐…………适量

上市时间 1 2 3 4 5 6 7 8 9 10 11 12

常温	冷藏	干燥	冷冻
△	○	◎	◎

番茄

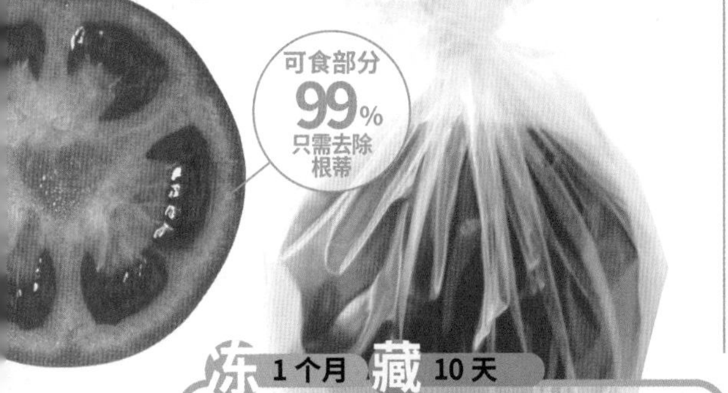

冷冻后风味更佳

日本全年可见的番茄大都是一种叫作“桃太郎”的粉色品种。盛夏时，温度过高会影响口感，因此北海道和高原地区产的番茄更受欢迎。番茄含有丰富的番茄红素，不仅具有很强的抗氧化作用，还有助于预防生活方式病。富含谷氨酸的红色品种更适合加热烹调。

冻 1个月 藏 10天

冷冻保存更加方便，适用于各种场合

装入保鲜袋，进行冷冻或冷藏保存。冷冻后的番茄味道醇厚，口感更佳！番茄中含有的鲜味成分谷氨酸和天门冬氨酸在冷冻后能提升味道和品质，让番茄更加美味。

- 冷冻后，带皮一起烹饪。
- 冷冻可以抑制酸味，因此适合用来制作番茄酱或炖煮。

冻 1个月

番茄酱轻松搞定

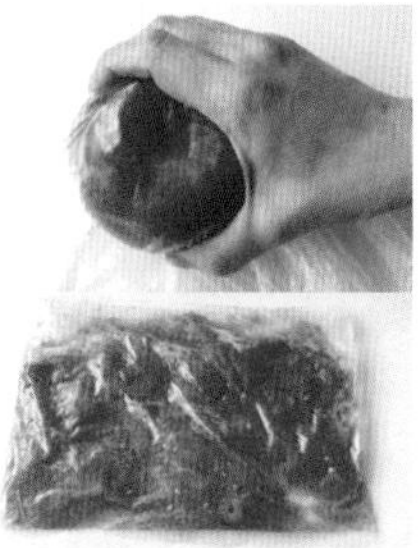

番茄去蒂，装入保鲜袋，然后用手将其压碎。可根据个人喜好，加入新鲜罗勒等香草后再进行冷冻。若加入白砂糖后冷冻，即可轻松制成“番茄冰沙”。

带皮一起磨成泥，制成酱料

只要将冷冻番茄带皮磨成泥，再加入油、醋、盐和黑胡椒粉，即可获得颜色鲜艳的番茄酱料。用法多样，可搭配生牛肉片、生蔬菜、炸猪排或法式黄油烤鱼等一起食用。

解冻方法

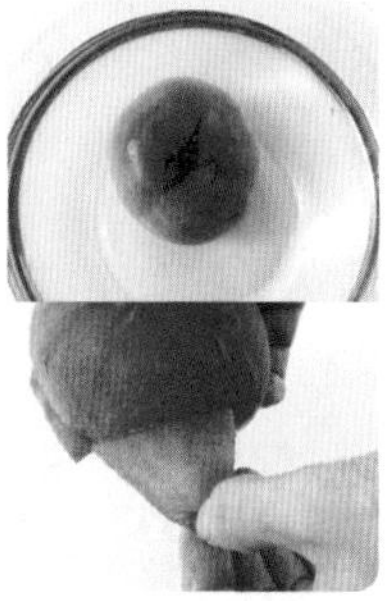

将冷冻的番茄放入水中，浸泡30秒至1分钟，即可轻松去皮。去皮后如果常温放置，番茄汁会和水一起渗出来，影响味道。因此一定要注意，去皮后，立即煎炒或炖煮，做成菜肴。

营养成分（可食部分每100g）

热量	19kcal
蛋白质	0.7g
脂肪	0.1g
碳水化合物	4.7g
矿物质　钙	7mg
铁	0.2mg
β-胡萝卜素	0.54mg
维生素B_1	0.05mg
维生素B_2	0.02mg
维生素C	15mg

番茄奶油烩饭

材料和制作方法（1～2人份）

❶ 在平底锅中放入1/2小匙蒜末和1小匙橄榄油，开小火翻炒。
❷ 炒出蒜香后，加入培根丁（1片的量）继续翻炒。
❸ 加入1/4颗冷冻番茄，一边压碎一边翻炒。
❹ 将1杯大米（150mL）淘洗后放入锅中，同时加入1/2～3/4杯牛奶（生奶油也可以）。煮至水分收干。
❺ 加入2小匙芝士粉，以及少许盐、黑胡椒粉调味。

常温	冷藏	干燥	冷冻
△	○	◎	◎

圣女果

可食部分 99% 只需去除根蒂

冻 1个月 **藏** 10天

整颗冷冻，锁住美味

圣女果连带包装一起冷冻会导致食材受损、风味流失。因此应清洗干净，用厨房纸擦干后，再装入冷冻专用的保鲜袋冷冻。冷冻后，圣女果的味道会更加醇厚、美味。去除根蒂后，水分和鲜味会流失，因此连带着根蒂一起冷冻是关键。解冻时，也要连着根蒂一起清洗，等擦干后，再去除。使用冷冻食品时，可根据人数轻松调节用量。

解冻方法

完全解冻后，圣女果会变得水水的，美味程度大幅度下降，因此建议在半解冻的状态下食用。不解冻直接烹调，吃起来会更美味。

腌 1周（冷藏）

腌渍圣女果

材料和制作方法（1～2人份）

❶ 红、黄圣女果各8颗，去除根蒂，放入热水中浸泡15秒左右。然后放入冷水，去皮。

❷ 将基础款泡菜料（参考P27）和1小匙混合胡椒粒放入小锅，开火加热。

❸ 沸腾后关火，等冷却后，将❶放入其中。

❹ 装入保存容器，在冷藏室放置半天以上即可享用。

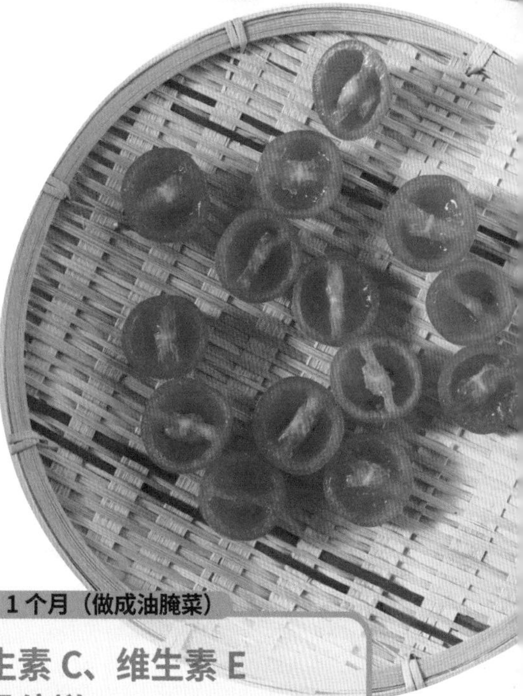

干 1个月（做成油腌菜）

维生素C、维生素E含量倍增

圣女果去除根蒂，切成两半后，用勺子等工具将籽挖出。然后用厨房纸擦干水，撒上盐（7～8颗圣女果约1小匙盐）。放在阳光下晒2天左右就完成了。日晒时，切忌全天候置于室外。傍晚时，一定要收回室内。除了日晒之外，也可用烤箱制作。只需在140°C的烤箱内烤40分钟至1小时即可。

圣女果干不仅制作简单，而且维生素C、维生素E的含量也会倍增，甜度更佳。

- **圣女果干味道更加浓厚甘甜，可以直接当作甜点。**
- **圣女果干炒饭堪称一绝。无论是口感，还是酸味与甜味的搭配，都很绝妙。**

上市时间 1 2 3 4 5 6 7 8 9 10 11 12

常温	冷藏	干燥	冷冻
△	○	△	○

青椒

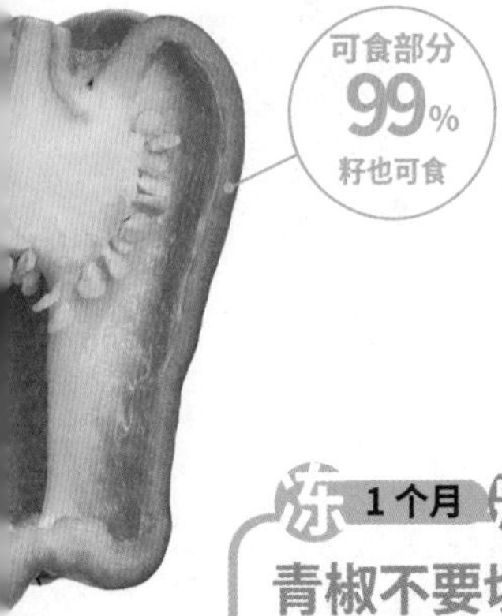

受不了新鲜青椒的苦味，就吃冷冻后的

青椒和辣椒同属一类，是在未成熟的绿色状态下采摘下来的，具有独特的苦味，受不了这种苦味就试着冷冻后再吃。肉厚且甘甜的甜椒则是完全成熟后采摘下来的。两者都富含维生素C、维生素E和β-胡萝卜素。但是，因为甜椒已经完全成熟了，所以整体的营养价值会更高。

冻 1个月 藏 10天

青椒不要切，整个冷冻保存即可

将整个青椒放入保鲜袋，进行冷冻或冷藏保存。除了整个冷冻外，还可将青椒切成丝或不规则块状等方便烹饪的形状后再冷冻保存。

青椒冷冻后，膳食纤维会遭到破坏，失去爽脆的口感。但同时也能减少苦味。虽然会损失部分维生素C、维生素P等水溶性维生素，但脂溶性维生素、矿物质以及膳食纤维几乎不会流失。

- 青椒籽放入欧姆蛋后，可以让蛋更加松软。
- 冷冻青椒的香味较浓，适合做成拌菜。

解冻方法

将冷冻的青椒放在水中浸泡30秒左右，就可以轻松切开。不仅如此，茎和籽也能轻松去除。解冻后香味更浓。将纤维切断后，稍微一煮，就可以获得独特的爽脆口感了。

营养成分（可食部分每100g）

热量		22kcal
蛋白质		0.9g
脂肪		0.2g
碳水化合物		5.1g
矿物质	钙	11mg
	铁	0.4mg
β-胡萝卜素		0.4mg
维生素B_1		0.03mg
维生素B_2		0.03mg
维生素C		76mg

盐渍冷冻青椒

材料和制作方法（容易制作的量）

准备3个冷冻青椒和1/4个甜椒，切成丝，撒上1/2小匙盐后混合均匀。变软后，用稍重的物体压在上面，静置2小时左右。轻轻挤掉汁水后，就可以食用了。

常温	冷藏	干燥	冷冻
△	○	◎	◎

上市时间
1 2 3 4 5 6 7 8 9 10 11 12

甜椒

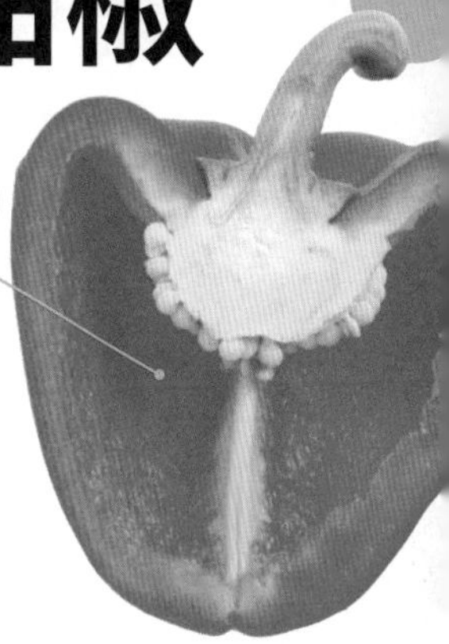

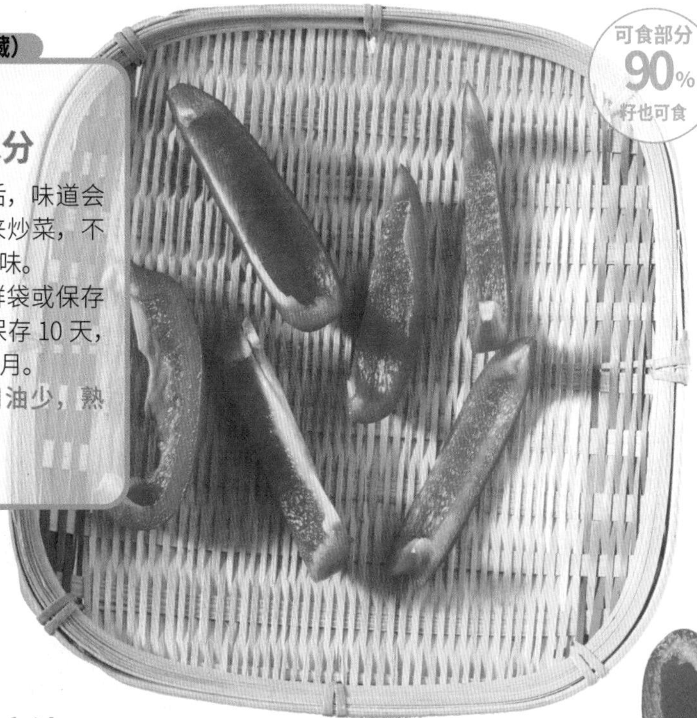

干 10 天（冷藏）

晾一夜，适当去除水分

适当去除水分后，味道会更加浓厚。用来炒菜，不会出水，更加美味。
风干后装入保鲜袋或保存容器，冷藏可保存 10 天，冷冻可保存 1 个月。

- 用来炒菜，用油少，熟得快。
- 甜度骤增。

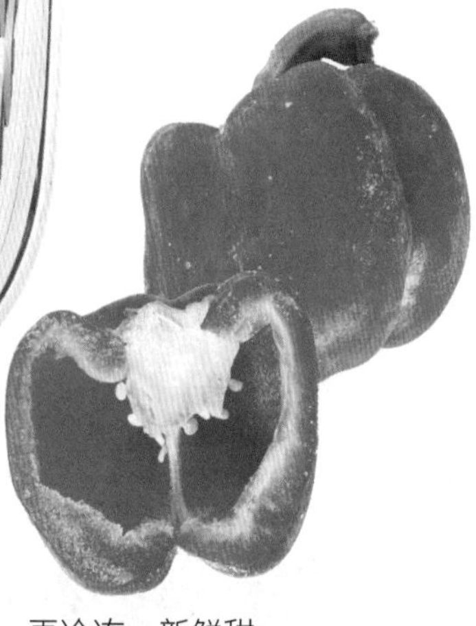

藏 10 天

冷藏保存的方法大致可分为两种

如果要切开保存，请先去掉容易变质的根蒂和籽，再用保鲜膜包裹。如果要整个保存，请用厨房纸包裹后，装入保鲜袋，放入果蔬室保存。

冻 1 个月

冷冻后甜度更高

将甜椒切成丝或块等方便食用的形状后，再冷冻。新鲜甜椒直接冷冻，有助于维持维生素 C 等营养成分。虽然口感会有一定的损失，但没有青椒严重。另外，和青椒一样，处理时将纤维切断，可以在一定程度上维持口感。烹饪时，熟得快，甜度也高。

- 做成杂烩蔬菜时，甜度也比新鲜甜椒高。

煎甜椒拌菜

材料和制作方法（容易制作的量）

❶ 在平底锅中加入 1 小匙芝麻油。油热后，**将切丝后冷冻的甜椒（红、黄）各 1/2 个放入锅中**，两面煎一下。

❷ 在保存容器中倒入 1 大匙柚子醋酱油，撒入 2g 木鱼花，并趁热将❶放入其中，充分搅拌，待放凉后即可享用。

营养成分（可食部分每100g）
红甜椒

热量	30kcal
蛋白质	1g
脂肪	0.2g
碳水化合物	7.2g
矿物质　钙	7mg
铁	0.4mg
β-胡萝卜素	1.1mg
维生素B_1	0.06mg
维生素B_2	0.14mg
维生素C	170mg

上市时间

1	2	3	4	5	6	7	8	9	10	11	12	常温	冷藏	干燥	冷冻
												△	○	○	◎

尖椒

可食部分 99% 籽也可食

冷冻之后，可以装点餐桌

和青椒、甜椒一样，尖椒也是辣椒的改良品种，容易入口。但是如果遇到缺水或高温等环境，也可能会变辣。尖椒基本上都是绿色的未成熟的果实。成熟后收获的叫作甜尖椒，味道更甜。

冻 1个月 藏 10天

不要去除根蒂，整根冷冻保存

将尖椒整根放入保鲜袋，冷冻保存。使用时无须解冻！可以轻松切断。新鲜尖椒冷冻后，维生素等营养成分不会流失。

- 熟得快，可以缩短烹调时间。
- 冷冻后的尖椒，只需切掉根蒂头，即可直接使用。口感不会受损，仍旧很美味。

解冻方法

慢慢解冻会有水析出来，所以无须解冻，从冷冻室拿出来后立即烹调。

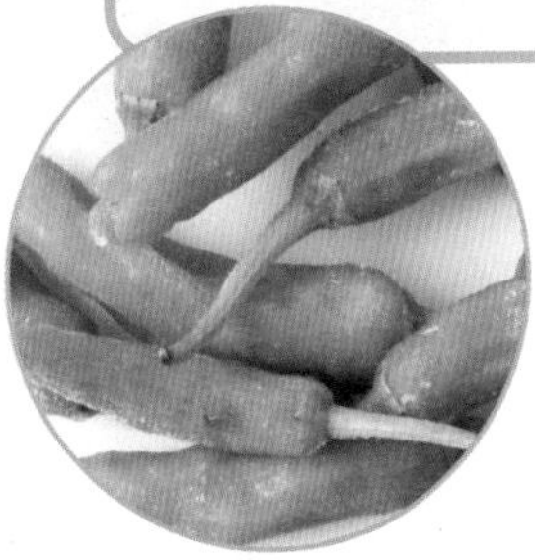

酱油炒尖椒

材料和制作方法（容易制作的量）

❶ 在平底锅中加入1小匙芝麻油。

❷ 油热后，放入冷冻尖椒，转大火翻炒，再淋上1小匙酱油。

柚子醋酱油腌尖椒

材料和制作方法（容易制作的量）

❶ 将冷冻尖椒放入热水中快速焯一下后，捞出来沥干。

❷ 在容器中倒入1大匙柚子醋酱油，撒入适量木鱼花，并趁热放入❶。

营养成分（可食部分每100g）

热量		27kcal
蛋白质		1.9g
脂肪		0.3g
碳水化合物		5.7g
矿物质	钙	11mg
	铁	0.5mg
β-胡萝卜素		0.53mg
维生素B_1		0.07mg
维生素B_2		0.07mg
维生素C		57mg

常温	冷藏	干燥	冷冻
△	○	◎	◎

上市时间 1 2 3 4 5 6 7 8 9 10 11 12

辣椒

冷冻或干燥保存，可以保存一年

辣椒是一种为食物增添辣味的调料，一般会被制作成干辣椒。鲜辣椒的上市时间是7月至12月。保存干辣椒的重点是避免湿气。

冻 1年

冷冻鲜辣椒——锁住美味

将辣椒整个冷冻。在新鲜辣椒上市期间，将其冷冻，可以防止变质，延长可食用时间。

解冻方法

无须解冻，用厨房剪刀剪出所需的量即可。剩余部分可继续冷冻保存或干燥保存。

常 1年

装入密封罐在常温下保存

将鲜辣椒充分干燥后，装入密封罐，放置在没有阳光照射的地方，进行常温保存。干燥后，辣椒会变得更辣。

自制辣椒油

材料和制作方法（容易制作的量）

❶ 将 2 瓣大蒜、1 块生姜（约 15g）、1/2 根大葱切成末。
❷ 在小锅中加入生姜、大蒜和 1/2～3/4 杯芝麻油。开小火炒至大蒜变成焦黄色。然后放入葱末，再翻炒 1 分钟。
❸ 加入 2 大匙熟白芝麻、3 大匙炸洋葱、1 大匙辣椒粉，以及韩式辣酱、白砂糖、酱油各 1 小匙，充分搅拌后，继续加热 5 分钟左右。
※ 芝麻油的用量可根据自己的喜好调节。放置 1 天后即可享用。

营养成分（可食部分每100g）

热量		96kcal
蛋白质		3.9g
脂肪		3.4g
碳水化合物		16.3g
矿物质	钙	20mg
	铁	2.0mg
β-胡萝卜素		7.7mg
维生素B_1		0.14mg
维生素B_2		0.36mg
维生素C		120mg

上市时间

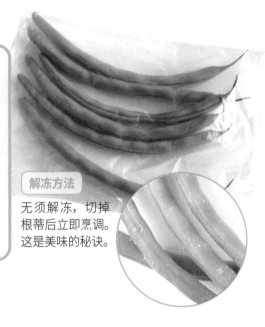

1	2	3	4	5	6	7	8	9	10	11	12

常温	冷藏	干燥	冷冻
△	○	△	○

豆角

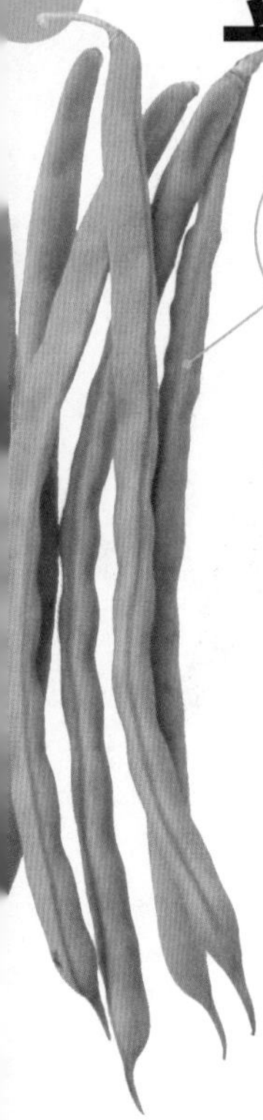

可食部分
98%
只需去除根蒂

冷冻不影响口感

豆角虽然是夏季的时令蔬菜，但人们采用不同的栽培方法，收获的时间也有所不同，如今1年可以收获3次。豆角根据有无藤蔓以及长度，可分成各种种类，据说品种多达几百种。豆角富含β-胡萝卜素、维生素C、维生素E等抗氧化力很强的营养元素。不过烹饪时切记豆角一定要做熟。

冻 1个月

无须去筋去蒂，直接冷冻

无须分切，直接放入保鲜袋冷冻。因为没有去筋去蒂，所以不容易变质，营养成分也不会流失。在盐水中煮过后再冷冻，可保存2周。

- 使用冷冻豆角时，可用手掰断。常被用来装点便当。
- 可以水煮后和芝麻一起做成拌菜；也可以翻炒一下，做成配菜。用途很多。

解冻方法

无须解冻，切掉根蒂后立即烹调。这是美味的秘诀。

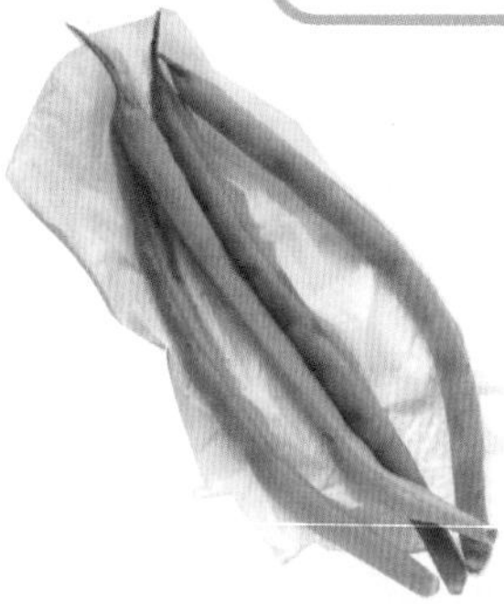

藏 10天

用喷雾补水，防止干燥

用厨房纸包裹，然后用喷雾等打湿后，放入冰箱冷藏。为了防止干燥，需要每天用喷雾补水。在盐水中煮过后再冷藏，可保存3天。

营养成分（可食部分每100g）

热量		23kcal
蛋白质		1.8g
脂肪		0.1g
碳水化合物		5.1g
矿物质	钙	48mg
	铁	0.7mg
β-胡萝卜素		0.59mg
维生素B_1		0.06mg
维生素B_2		0.11mg
维生素C		8mg

蛋黄酱拌海苔豆角

材料和制作方法（容易制作的量）

❶ 将100g冷冻豆角放入盐水中煮熟，然后用厨房纸擦干并切成段。
❷ 在❶中加入1小匙蛋黄酱、1小匙海苔，搅拌均匀即可。

常温	冷藏	干燥	冷冻
△	◎	×	○

上市时间 1 2 3 4 5 6 7 8 9 10 11 12

扁豆角

冷冻之后，味道更佳

扁豆角是豆角的一种，呈扁平状。和普通的豆角相比，扁豆角偏甜，且富含有助于加强骨骼的维生素K。

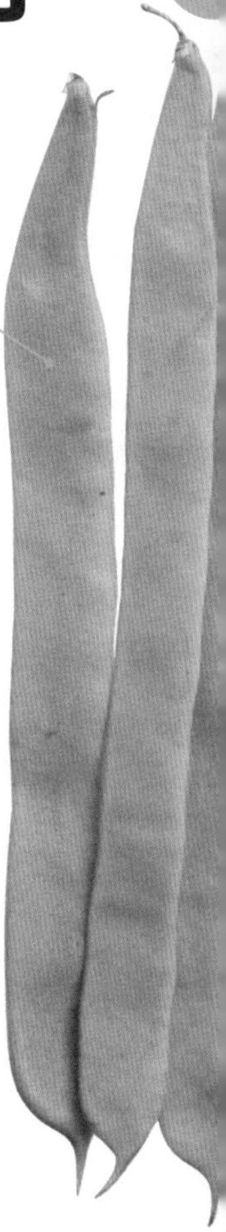

可食部分 98% 只需去除根蒂

不去蒂，直接冷冻

用保鲜膜将扁豆角整个包裹后，装入保鲜袋，放入冰箱冷冻。

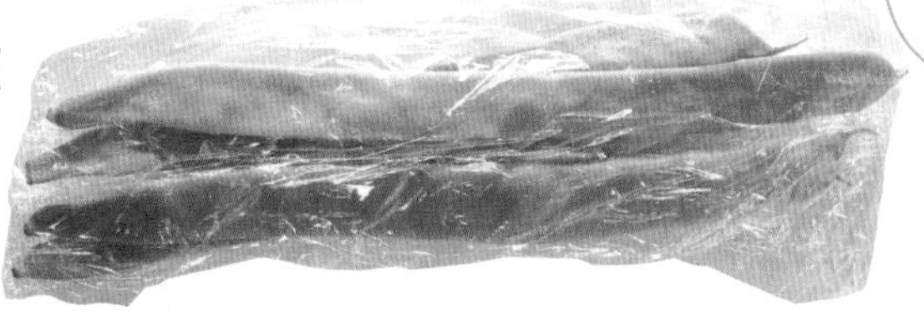

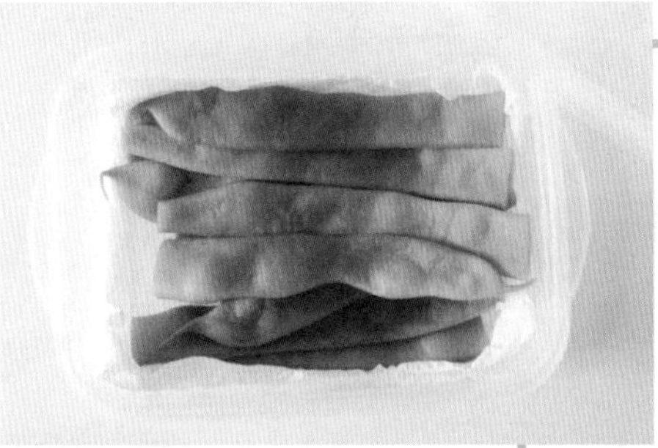

在盐水中煮熟后，用厨房纸擦干，切成方便食用的长度。然后装入保存容器，放在冰箱冷藏或冷冻。

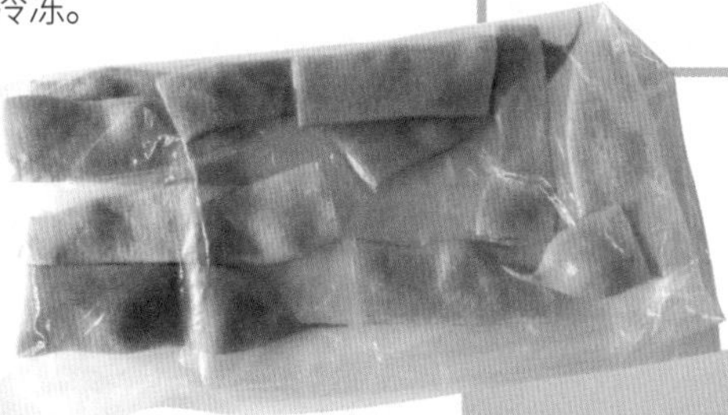

冻 1个月 藏 10天

切成适当的长度，进行冷冻或冷藏

将扁豆角切成方便食用的长度，然后装入保存容器，放在冰箱冷藏或冷冻。连着蒂一起冷冻，食材就不容易变质，又能锁住营养。在盐水中煮过后再冷冻，可保存 2 周。冷藏可保存 3 天。

- 冷冻后再烹调，会失去“咔哧咔哧”的口感。
- 熟得快。

解冻方法

无须解冻，切掉根蒂后立即烹调。这是美味的秘诀。

黄油炒豆类

材料和制作方法（4 人份）

❶ 将 10g 黄油放入平底锅，开小火加热至溶化。

❷ 放入 200g 冷冻的豆类（扁豆角、青豆、荷兰豆等）翻炒，加入少许盐和黑胡椒粉调味。

上市时间

1 2 3 4 5 6 7 8 9 10 11 12

常温	冷藏	干燥	冷冻
△	○	×	○

荷兰豆

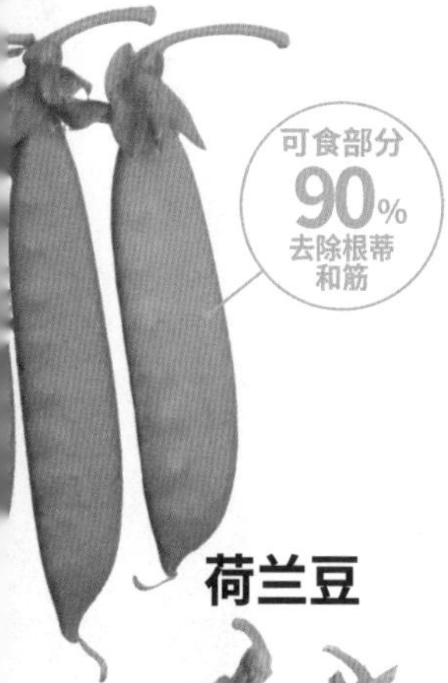

荷兰豆

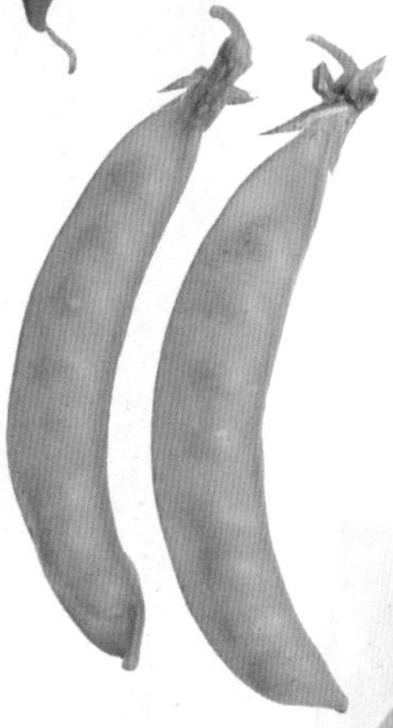

甜豆

品种丰富，点缀佳品

荷兰豆是春季的时令蔬菜，但因为大棚种植的普及，如今一年四季都可以在市场上看到它。荷兰豆富含维生素C，具有抗氧化和提高免疫力的作用。除此之外，豆的部分还含有蛋白质和人体必需氨基酸，营养十分均衡。“荷兰豆”是豌豆中豆荚特别薄的品种。而豆荚较厚的“甜豆”则是豌豆的美国品种。

藏 10天

打湿后冷藏保存

用轻微湿润的厨房纸包裹，放入冰箱冷藏。为了防止厨房纸变干，需要每天用喷雾补水。在盐水中煮过后再冷藏，可保存3天。

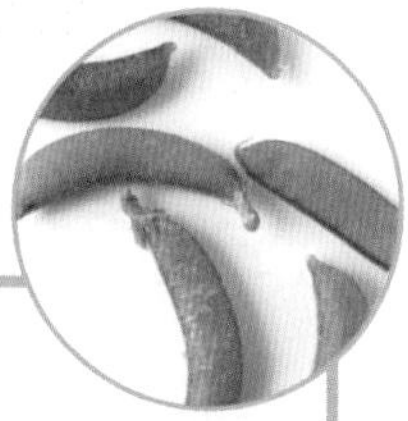

冻 1个月

直接整个冷冻保存

将荷兰豆直接整个放入保鲜袋冷冻。因为冷冻时没有去除根蒂，所以不容易变质，营养成分也不容易流失。在盐水中煮过后再冷冻，可保存2周。

- 冷冻后口感依旧爽脆。

营养成分（可食部分每100g）

热量		36kcal
蛋白质		3.1g
脂肪		0.2g
碳水化合物		7.5g
矿物质	钙	35mg
	铁	0.9mg
β-胡萝卜素		0.56mg
维生素B_1		0.15mg
维生素B_2		0.11mg
维生素C		60mg

盐渍荷兰豆

材料和制作方法（容易制作的量）

❶ 将200g冷冻荷兰豆放入热水中煮1分钟左右，捞起来放入沥水篮中，等冷却后去筋。

❷ 将❶装入保鲜袋，撒上1/2小匙盐，揉搓一下，使其混合均匀。

❸ 等水分析出后，放入适量彩色胡椒粒，轻轻揉搓，使其混合均匀。

❹ 在冷藏室放置30分钟以上即可享用。

常温	冷藏	干燥	冷冻
△	○	×	◎

上市时间
1 2 3 4 5 6 7 8 9 10 11 12

豌豆

冷冻后涩味会消失

虽然一年四季都有卖，但最佳食用时间是4月至6月，无论是味道，还是香味，都很突出。除了豆子特有的蛋白质和碳水化合物之外，还富含膳食纤维，有助于改善肠道环境。

可食部分 60% 去除豆荚

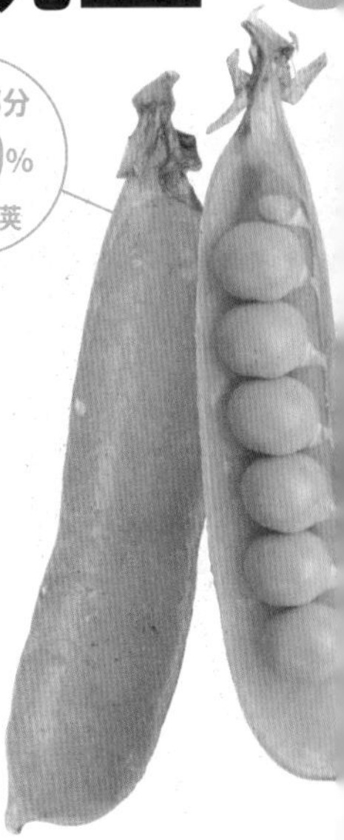

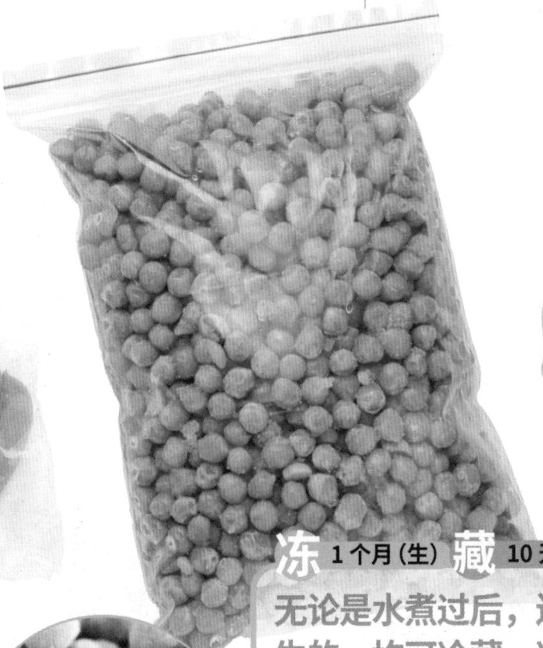

连带着豆荚一起冷冻保存

豆荚中含有丰富的鲜味成分谷氨酸。可以用来熬制蔬菜汤的汤底。

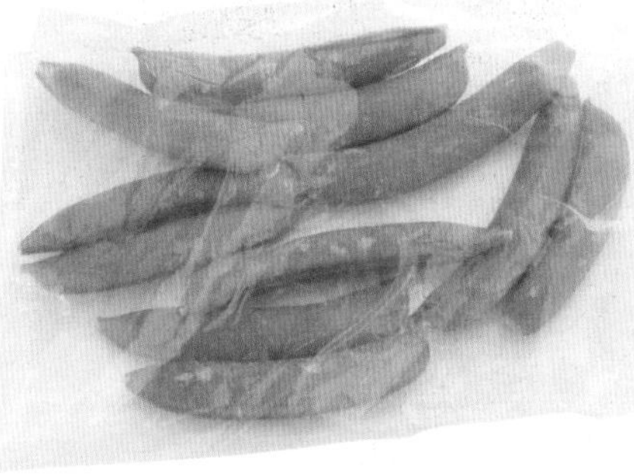

解冻方法

无须解冻，直接烹调，味美色鲜。

冻 1 个月（生） 藏 10 天（生）

无论是水煮过后，还是生的，均可冷藏、冷冻

将豆从豆荚中剥出来，只冷冻豆。在盐水中煮过后再冷冻，可保存 2 周。冷藏可保存 3 天。

- 可直接用来制作菜饭，无须解冻，口感松软。

豌豆泥

材料和制作方法（2 人份）

❶ 在锅中加入 100g 冷冻豌豆和 1/3 杯水，开火煮至松软，然后用汤勺背等压碎。

❷ 倒入 2 大匙牛奶，开小火煮。加入 2 撮盐和少许黑胡椒粉调味。

※ 如果水分蒸发太多，可适量添加水或牛奶进行调节。

营养成分（可食部分每100g）

热量	93kcal
蛋白质	6.9g
脂肪	0.4g
碳水化合物	15.3g
矿物质 钙	23mg
铁	1.7mg
β-胡萝卜素	0.42mg
维生素B_1	0.39mg
维生素B_2	0.16mg
维生素C	19mg

上市时间
1 2 3 4 5 6 7 8 9 10 11 12

常温	冷藏	干燥	冷冻
×	△	○	○

秋葵

冷冻后切，不会拉丝

秋葵是夏季的时令蔬菜，但全年都有栽培。秋葵的黏液中含有清理肠道的膳食纤维。除此之外，秋葵还富含具有抗氧化作用的β-胡萝卜素以及可以改善热量代谢的B族维生素等。

冻 1个月 藏 4天

撒上盐后冷冻保存

撒上盐后装入保鲜袋，冷冻保存。使用时，无须解冻，直接切成小圈即可。当然，形状不限于小圈，可以根据食谱，切成任意合适的形状。不仅颜色鲜艳，味道也很美。

- 切的时候，不会拉丝，可以轻松烹调。
- 口感、味道均和新鲜秋葵无异。

直接保存，无须去除根蒂

去除根蒂后，水会从切面进入，同时水溶性营养成分也会流出，使秋葵变得寡淡无味。

营养成分（可食部分每100g）

热量		30kcal
蛋白质		2.1g
脂肪		0.2g
碳水化合物		6.6g
矿物质	钙	92mg
	铁	0.5mg
β-胡萝卜素		0.67mg
维生素B_1		0.09mg
维生素B_2		0.09mg
维生素C		11mg

秋葵干和小银鱼干拌饭料

材料和制作方法（容易制作的量）

将1大匙小银鱼干放入平底锅，等水分稍稍蒸发后，加入4～5根秋葵干和1小匙芝麻，再用1/2大匙酱油和1小匙味啉调味。

※ 秋葵干制作方法：将新鲜秋葵切成薄片，在太阳下晒1天。

冷冻食品使用的先进技术

现在的冷冻食品变好吃了

100年前，北海道的人们经常将捕捞上来的鱼冷冻保存。这就是日本冷冻产业的开端。

近年来，冷冻食品的流通范围越来越广，学校提供的伙食、南极越冬队的食物以及东京奥运村的食堂等都纷纷采用冷冻食品。

随着微波炉在家庭中的普及，冷冻食品成为更加常见的食品。但是，解冻之后，往往会有水分析出，影响口感。因此，人们对它的满意度并不高。

然而，现在的商品无论是种类，还是味道，都取得了惊人的进步。

和家庭冷冻的区别

家里冰箱的冷冻室温度一般在 - 18°C，适合保存已经冷冻的食物。冷冻新鲜食材，则需要较长的时间。

而市面上的冷冻食品是通过“急速冷冻”制成的。这是一种在 - 40～ - 30°C的低温环境中快速冷冻的技术。冷冻越快，食材在冷冻过程中形成的冰晶就越小，食材结构遭受的破坏也越小。解冻后，流失的水分和鲜美成分自然也就越小。也就是说，急速冷冻有助于维持食材的美味。

利用热议的“烫漂”，让蔬菜更加美味

现在的冷冻食品都是将新鲜采摘的蔬菜急速冷冻制成的。据说毛豆等蔬菜的冷冻食品，无论是鲜度还是味道，都胜于新鲜的毛豆。

这都要归功于急速冷冻前进行加热的“烫漂”技术。

比起将新鲜蔬菜直接冷冻，冷冻前先加热可以让蔬菜的组织变软，将对细胞组织的破坏降到最低。此外，还可以抑制酶的活性，防止变色、变质、口感发生巨大变化。还具有杀菌效果。

这种烫漂技术，在家里也可以实践。

搭配合适的备菜方法和保鲜袋的使用方法等，家庭冷冻的水平肯定也会更上一层楼。

上市时间
1 2 3 4 5 6 7 8 9 10 11 12

常温	冷藏	干燥	冷冻
△	○	○	○

茄子

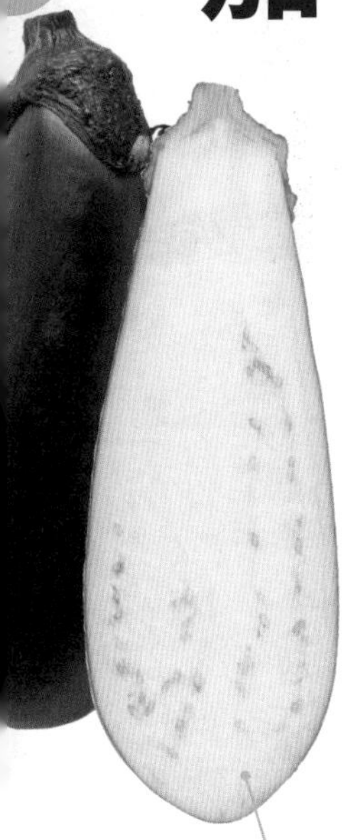

可食部分 95% 只需去除根蒂

整个冷冻，缩短烹调时间

因为大棚种植，如今市场上一年四季都可以看到茄子。但是经历过暴晒的茄子颜色更佳，因此一般认为初夏至秋天露天栽培的茄子会更加美味。茄子品种较多，每个地区都有不同的品种。但是，不管是什么品种的茄子，都很容易和其他食材搭配，也容易入味。其中，水茄子几乎没有涩味，可以生吃。

冻 1个月　藏 1周　常 1～2天　干 1个月

不去皮，不去蒂

不去皮，不去蒂，直接装入保鲜袋，进行冷冻或冷藏。去除根蒂后，营养成分和水分会从切口处流出。

・冷冻后，口感更湿润。制作腌菜时，更容易入味。

毛豆泥拌茄子

材料和制作方法（容易制作的量）

❶ 将2个冷冻茄子放入热水中，煮至变软。用厨房纸擦干，等余热散去之后，用手撕成条，再淋上各1/2大匙酱油和酒。

❷ 将1/2杯毛豆放入热水中，煮至变软。等其冷却后，从豆荚中取出豆子，剥掉薄膜，然后切碎，放入研磨臼中捣成泥，加入1/2大匙白砂糖和少许盐调味（如果偏干，就加一点水，做成糊状）。

❸ 将茄子中的水分轻轻挤掉之后，放入❷中拌匀即可享用。

营养成分（可食部分每100g）

热量	22kcal
蛋白质	1.1g
脂肪	0.1g
碳水化合物	5.1g
矿物质　钙	18mg
铁	0.3mg
β-胡萝卜素	0.1mg
维生素B_1	0.05mg
维生素B_2	0.05mg
维生素C	4mg

解冻方法

在水中浸泡30秒至1分钟后，就可以轻松切断了。茄子特有的鲜嫩和香味也不会流失。口感湿润，可直接用来制作腌菜，也可以放入味噌汤。但是要注意在水中的浸泡时间，如果太久，营养元素会流失。

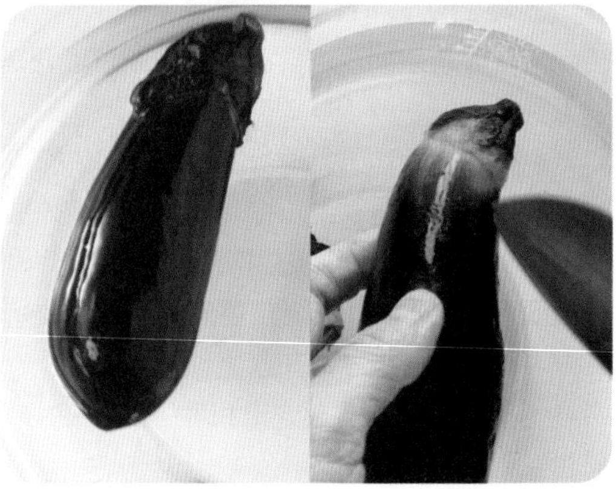

姜味拌茄子

材料和制作方法（2 人份）

❶ 将 2 个冷冻茄子放入水中，浸泡 30 秒至 1 分钟后取出削皮。削皮时不要全削掉，而是削成条纹状。然后抹上少许盐，清洗过后，不用擦干，直接用保鲜膜包裹。

❷ 将❶放在微波炉中加热 3 分钟，然后拿出来散热，不需要解开保鲜膜。将 1/2 小匙蒜末、1/2 小匙姜末、1/2 根葱末、1 小匙酱油、1 大匙醋、1 大匙芝麻油放在一起搅拌均匀，制成香味生姜料。

❸ 将茄子撕成 4 瓣，放在盘中，淋上香味生姜料。

品种

条纹茄子

意大利品种，皮上有像斑马纹一样的条纹，很漂亮。果肉厚实，加热后口感很特别。不适合生吃。

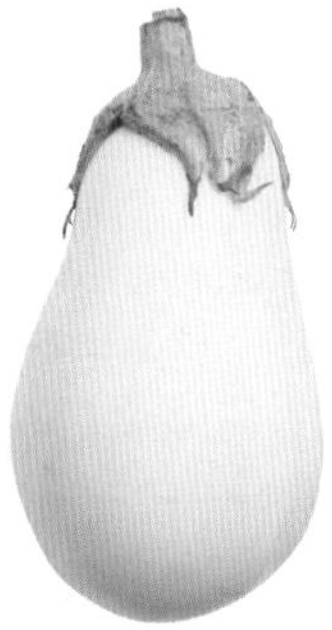

白茄子

白茄子没有紫色素，在欧美被称为“Eggplant”的茄子就是这个品种。果肉偏硬，加热后会变得黏糊糊的。适合用黄油煎炒。

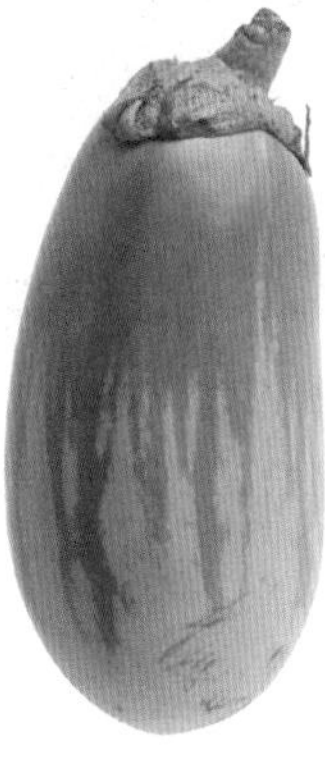

青茄子

成熟后也是黄绿色。加热后会变软。适合用来做烧烤和炒菜。

米茄子

特征是绿色的根蒂。皮和果肉都偏硬，适合炖煮等需要加热的烹调方式。

长茄子

常食用的品种。皮和果肉都很柔软。甚至有长度超过 40cm 的品种。

上市时间 1 2 3 4 5 6 7 8 9 10 11 12

常温	冷藏	干燥	冷冻
○	○	×	○

南瓜

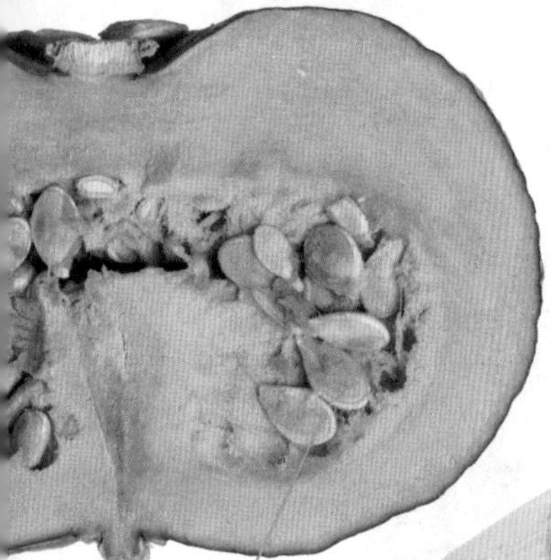

可食部分
90%
籽和瓜瓤均可食用

籽和瓜瓤都不要扔掉

包括进口品种在内，南瓜是一种一年四季都可以吃到的蔬菜。采收后经过催熟，南瓜会变得更加甘甜，新鲜的南瓜未必是最好吃的。市面上流通最多的是味道偏甜的西洋南瓜。除此之外，还有水分多但味道较淡的日本南瓜、包括西葫芦在内的美洲南瓜等品种。

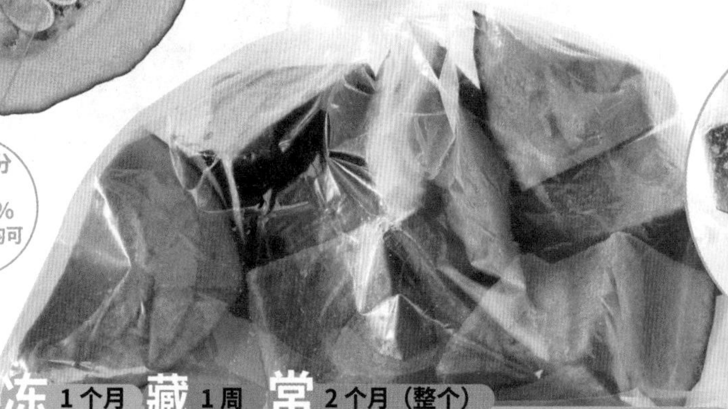

冻 1个月 藏 1周 常 2个月（整个）

将籽和瓜瓤去除干净

将籽和瓜瓤去除干净后，切成适口大小，然后装入保鲜袋冷冻。使用时，无须解冻，直接烹调。如果将南瓜煮熟压碎成泥后再冷冻，则可直接用来做汤或南瓜饼，非常方便。

- 冷冻后的南瓜，水煮后会变得更甜。果肉更加紧实。
- 冷冻后，直接和油一起使用，可以提高脂溶性维生素的吸收率。皮中β-胡萝卜素的含量是果肉的3倍，请带皮食用。

解冻方法

无须解冻，可直接用于炖菜等。

营养成分（可食部分每100g）

热量		91kcal
蛋白质		1.9g
脂肪		0.3g
碳水化合物		20.6g
矿物质	钙	15mg
	铁	0.5mg
β-胡萝卜素		4mg
维生素B_1		0.07mg
维生素B_2		0.09mg
维生素C		43mg

腌南瓜丝

材料和制作方法（容易制作的量）

❶ 将200g冷冻南瓜放入耐高温容器，盖上保鲜膜，放在微波炉中加热2分钟。等南瓜稍微变软之后，切成5mm细的丝。辣椒去籽，切成圈。

❷ 将3大匙白醋、2大匙白砂糖、1/4小匙盐和❶放入大碗中，搅拌均匀，腌制半天。

品种

白皮板栗南瓜

皮像哈密瓜一样，呈淡绿色。肉质粉糯，味道甘甜，煮熟后口感松软。能保存较长的时间。

黑皮板栗南瓜

西洋南瓜的代表性品种，市场上最常见到。口感如板栗般松软甘甜，和所有料理都很配。

贝贝南瓜

小型的日本南瓜，肉质粉糯，胡萝卜素含量特别高。烹调简单，只需将整个南瓜放入微波炉加热 7 分钟左右。

黑皮南瓜

日本南瓜的代表性品种，又称为“日向南瓜”。皮呈墨绿色，表面凹凸不平。成熟后，一部分会变成红色。

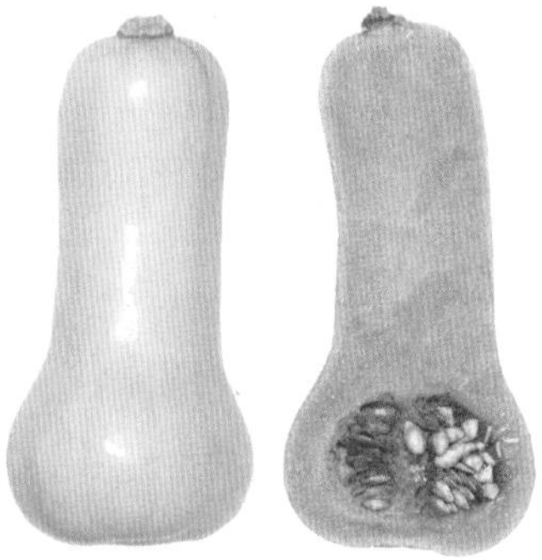

灰胡桃南瓜

形状独特，呈葫芦状。表皮呈奶白色。味道非常甜，果肉较为黏稠。可用来制作汤。近几年人气非常高。

美洲南瓜

观赏性南瓜，又称为“玩具南瓜”。颜色、形状丰富多彩，常用来作为节日装饰。

南瓜子烤熟后，剥开使用里面的仁

将南瓜子铺在耐高温容器中，放入微波炉加热 4 ～ 5 分钟。裂开后，取出里面的果仁。果仁可用来制作饼干，也可以放在汤中。

上市时间

1 2 3 4 5 6 7 8 9 10 11 12

常温	冷藏	干燥	冷冻
○	○	◎	○

黄瓜

可食部分 100%

生的熟的都好吃

夏季的代表性蔬菜之一。露天栽培的黄瓜在初夏至秋天期间上市。但是通过大棚种植，一年四季都可买到。新鲜黄瓜可以用来制作沙拉或醋拌菜。除此之外，黄瓜炒菜也很美味。

如何使用糠了的黄瓜

糠了的黄瓜就不要生吃了。可以开火煮，口感独特，很美味。也可以用酱油等制成酱菜。

干 2周（冷藏） 藏 1周 常 4天

切片晒干

无须撒盐，直接放在太阳下晒 1 天，即可晒干水分。水分去除后，无须加盐揉搓，可以直接烹调，非常方便。

- **干黄瓜可以用盐炒，也可以用白芝麻和豆腐拌。**

冻 2周

冷冻黄瓜可制作醋拌菜

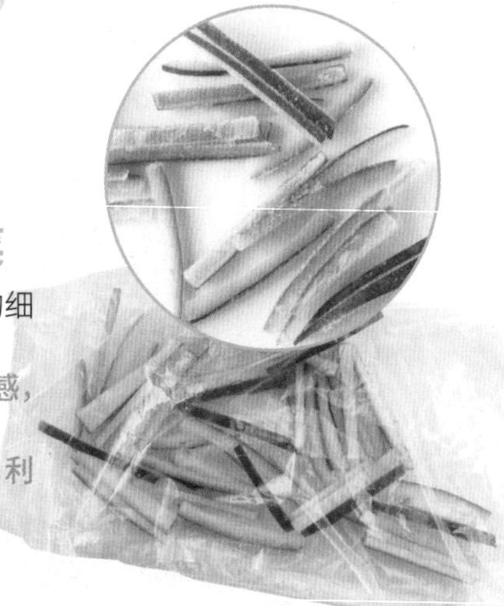

去除籽和瓜瓤，切成容易食用的细条后冷冻保存。

- 冷冻后，虽然没有了爽脆的口感，但涩味也会减弱。
- 冷冻黄瓜可用来制作醋拌菜。利用醋来减缓维生素 C 的氧化。

解冻方法

黄瓜原本水分就多，从冷冻室取出后，无须解冻，立即烹调。放置一段时间后，冷冻黄瓜会变得软塌塌的，影响口感。

营养成分（可食部分每100g）

热量		14kcal
蛋白质		1g
脂肪		0.1g
碳水化合物		3g
矿物质	钾	200mg
	钙	26mg
	铁	0.3mg
β-胡萝卜素		0.33mg
维生素B_1		0.03mg
维生素B_2		0.03mg
维生素C		14mg

快手冷汤

材料和制作方法（1 人份）

❶ 将 2 片苏子叶、1/2 个阳荷切丝。

❷ 在碗中加入 1 大匙白芝麻粉、1.5g 木鱼花和 1/2 大匙味噌，然后少量多次加入 1 杯水，边加边搅拌。

❸ 将 1/4 根切片后冷冻的黄瓜、❶和 2 颗去蒂的圣女果一起放入❷，搅拌均匀。

❹ 放在冷藏室冷却。

品种

马入半白黄瓜

日本关东地区的传统品种，用于制作酱菜。果肉绵密、松软，最适合用来制作米糠酱菜。

迷你黄瓜

长 9 ～ 10cm，表皮无刺。常被用来制作泡菜，味道较温和，生吃也可以。

白黄瓜

呈淡绿色的白黄瓜。没有黄瓜的苦味和涩味，容易入口。适合用来制作沙拉和酱菜。

华北型黄瓜

又称“水黄瓜”。表皮呈鲜艳的绿色，有白刺，皮薄，多生吃。

四川黄瓜

中国“四叶黄瓜”的改良品种。表面凹凸不平，香味和味道都很浓郁，口感不错。除了生吃外，也可以用来制作酱菜。

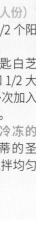

上市时间
1 2 3 4 5 6 7 8 9 10 11 12

常温	冷藏	干燥	冷冻
△	○	○	○

苦瓜

瓜瓤和籽也要好好品味

苦瓜是夏季的时令蔬菜，但现在一年四季都有栽培。原产于亚洲热带地区，食用没成熟的果实。苦味成分位于绿色的果皮，白色的瓜瓤几乎没有苦味。而且瓜瓤中维生素C的含量是果肉的1.7倍。因此，烹调时，最好不要去除瓜瓤。

冻 1个月（整根）/3周（切段）

直接整根保存

可以直接整根装入保鲜袋，放入冰箱冷藏或冷冻保存。也可以去除籽和瓜瓤，切成容易食用的大小后放入冰箱冷冻保存。

- 冷冻后，苦味减弱。
- 将整根冷冻的苦瓜切片，和瓜瓤、籽一起炸成天妇罗。

藏 1周 **常** 4天 **干** 1周（冷藏）

解冻方法

用水冲洗后，先切片，再对半切，即可轻松去除籽和瓜瓤，非常方便。切完后，如果放置在常温下，水分流失，会导致肉质变得软绵。可以用盐揉搓一下，做成腌菜，入味非常快。瓜瓤不要扔掉。使用前，千万不要用热水焯，以免维生素C流失。

营养成分（可食部分每100g）

热量	17kcal
蛋白质	1g
脂肪	0.1g
碳水化合物	3.9g
矿物质 钙	14mg
铁	0.4mg
β-胡萝卜素	0.21mg
维生素B_1	0.05mg
维生素B_2	0.07mg
维生素C	76mg

腌 3～4天（冷藏）

味噌腌苦瓜

材料和制作方法（容易制作的量）

❶ 将1根苦瓜纵向对半切，去除籽和瓜瓤，然后切成5mm厚的片。

❷ 将❶放入保鲜袋，加入2大匙味噌和1大匙蜂蜜，揉搓均匀，排出空气后封住袋子。

❸ 在冷藏室放置半天以上。

豆腐拌苦瓜

材料和制作方法（容易制作的量）

❶ 将 1/2 根冷冻苦瓜放置在常温下，切成薄片，挤干水分。

❷ 在碗中放入 1 块油炸豆腐块，用手碾碎。

❸ 将 2 大匙味噌和 1 大匙蜂蜜搅拌均匀，加入❶和❷，搅拌均匀即可。

苦瓜天妇罗

材料和制作方法（2 人份）

❶ 在碗中加入 2 大匙面粉和 2 大匙水，制成面糊。

❷将 1/2 根切成薄片的冷冻苦瓜裹上❶的面糊。

❸在平底锅中加入适量色拉油，加热，放入❷油炸。

品种

白苦瓜

表皮呈白色，瘤状突起比较圆润，果长 15cm 左右。又称为白玉苦瓜、沙拉苦瓜，苦味较淡，适合生吃。

平滑苦瓜

果皮表面平滑，没有瘤。长约 25cm，偏长。苦味比普通的苦瓜淡，更容易入口。

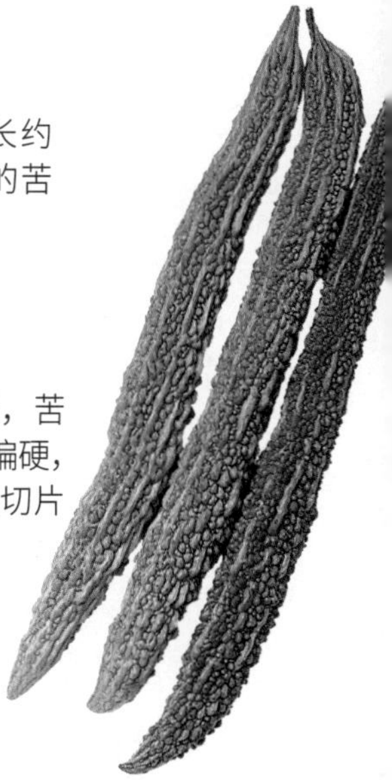

萨摩大长苦瓜

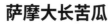

比一般的苦瓜更加细长，苦味也更加重一点。果肉偏硬，有嚼劲。烹调时需要先切片焯水。

刺鲀苦瓜

又矮又胖，形状独特。肉厚且苦味淡。多汁，容易入口。无论是生吃还是煮熟了吃，都很美味。

山苦瓜

苦瓜的近种，非苦瓜。椭圆形，表面布满了柔软的刺。富含维生素 C。几乎无苦味，可用来制作沙拉或炒菜。

丝瓜

夏季蔬菜，丝瓜炒蛋是一道非常经典的菜肴。成熟时里面的网状纤维称为丝瓜络，可代替海绵用作洗刷灶具及家具。

*丝瓜和苦瓜均属葫芦科。

棱角丝瓜

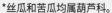

因为表面有 10 个棱角，所以叫棱角丝瓜。东南亚人经常吃。外形和口感都很独特。翻炒或炖煮后，果肉会变得黏腻。

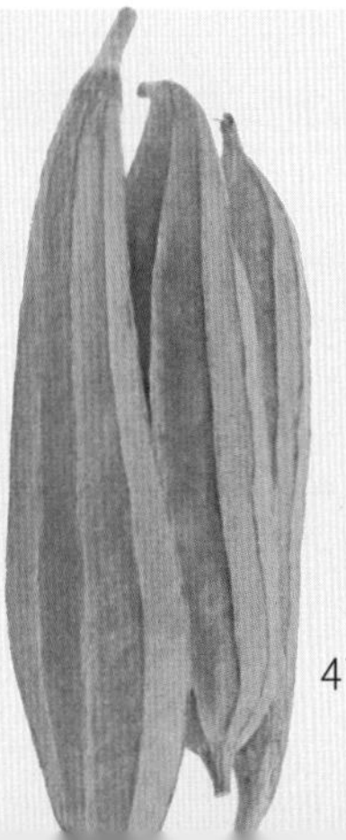

上市时间 1 2 3 4 5 6 7 8 9 10 11 12

常温	冷藏	干燥	冷冻
○	○	×	○

冬瓜

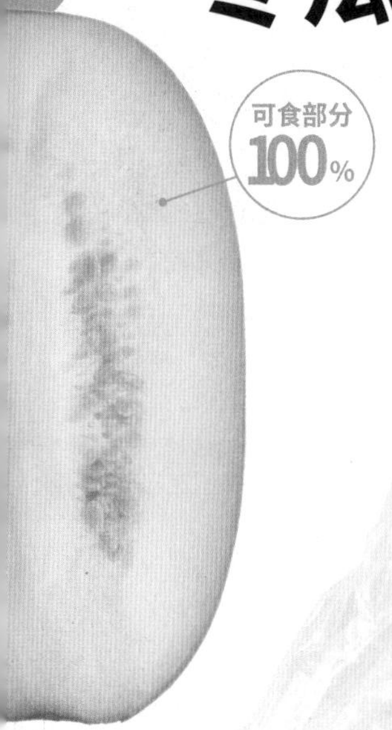

瓜瓤和籽都可用来做汤

光看名字，可能会觉得冬瓜是冬季蔬菜，但实际上，它是一种夏季蔬菜。叫作冬瓜是因为置于阴凉的地方保存，可以保存到冬天。水分含量较多。虽然没有那么高的营养价值，但是钾含量较多，有助于促进盐分的排出，减少水肿，缓解高血压。

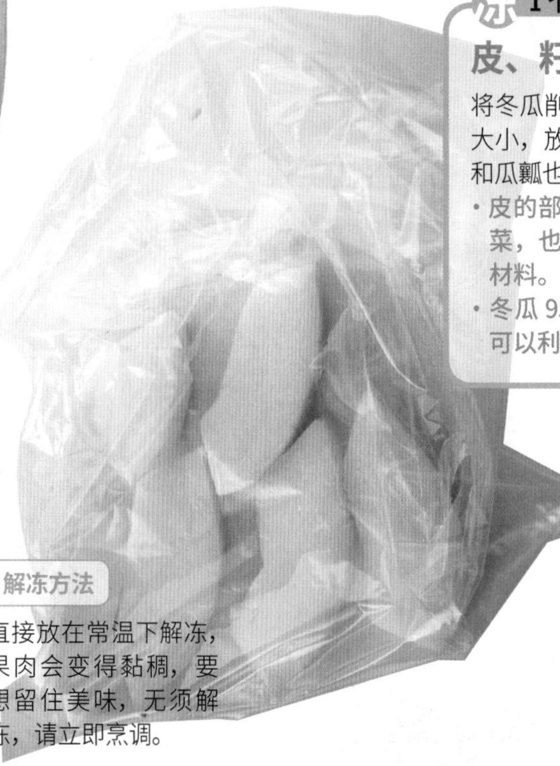

冻 1个月 **藏** 1个月（整个）/5天（切块）

皮、籽和瓜瓤需要分开冷冻

将冬瓜削皮，去除籽和瓜瓤后，切成适合食用的大小，放入冰箱冷冻。皮切成丝，单独冷冻。籽和瓜瓤也要分开冷冻。

- 皮的部分可以炒，可以煮熟后做成醋拌菜或酱菜，也可以油炸。籽和瓜瓤可以用作味噌汤的材料。
- 冬瓜 95% 是水分，冷冻保存后，口感会变软。可以利用这个性质，做成拌菜或汤。

常 半年（整个 / 阴凉处）

虽然是夏季蔬菜，但因为能保存到冬天，所以叫冬瓜

用报纸等包裹，保存在通风良好的阴凉处。

解冻方法

直接放在常温下解冻，果肉会变得黏稠，要想留住美味，无须解冻，请立即烹调。

营养成分（可食部分每100g）

热量	16kcal
蛋白质	0.5g
脂肪	0.1g
碳水化合物	3.8g
矿物质 钙	19mg
铁	0.2mg
维生素B1	0.01mg
维生素B2	0.01mg
维生素C	39mg

冬瓜鸡翅汤

材料和制作方法（4人份）

❶ 准备8个鸡翅，撒上1小匙盐，放置15分钟左右。
❷ 在锅中加1L水和❶，开大火。煮至沸腾后，转中火，继续煮20分钟。
❸ 在❷中加入200g冷冻冬瓜，再煮10分钟。
❹ 盛到容器中，撒上少许粗磨黑胡椒粉调味。

常温	冷藏	干燥	冷冻
△	○	○	○

上市时间 1 2 3 4 5 6 7 8 9 10 11 12

西葫芦

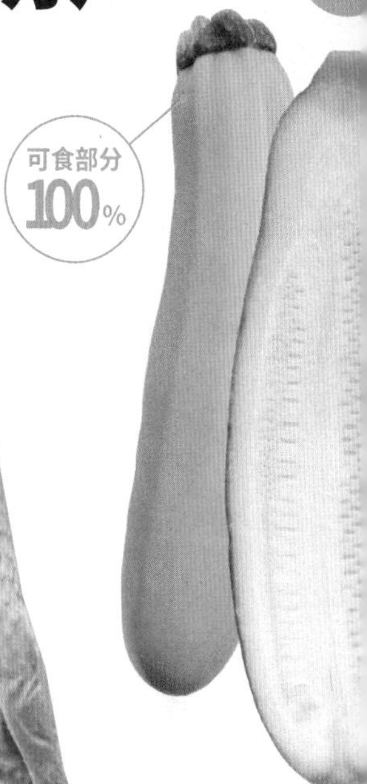

冷冻也好用的万能食材

西葫芦是夏季的时令蔬菜，但通过大棚种植，如今全年都可以买到。形状似黄瓜，却是南瓜的同类。富含具有强抗氧化作用的维生素C、β-胡萝卜素，以及有助于缓解疲劳的B族维生素。和油的相容性较好，适合炒制，也可以做成沙拉生吃。

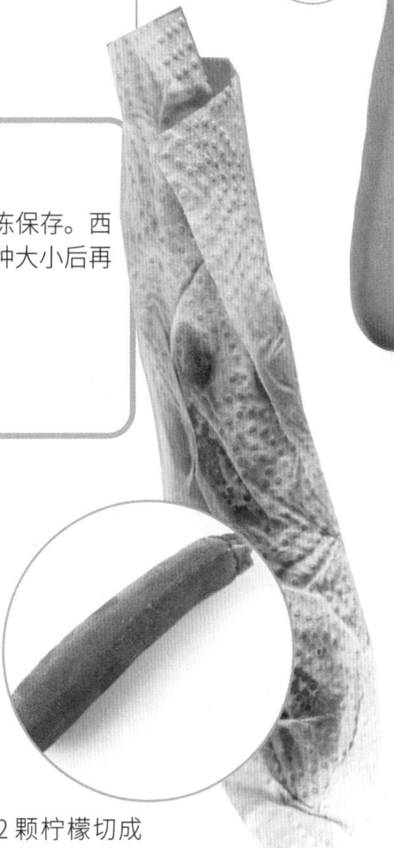

冻 1个月（整根） **藏** 10天（整根）

用湿润的厨房纸包裹，放入保鲜袋保存

整根保存时，先用湿润的厨房纸包裹，然后放入保鲜袋冷冻保存。西葫芦水分多，容易粘连在一起，因此切成片或半圆形等各种大小后再冷冻保存时，要避免粘连在一起。

- 炒菜时，冷冻的西葫芦熟得更快，非常方便。
- 冷冻西葫芦的口感和新鲜西葫芦一样。
- 加热后，西葫芦中的维生素 C 会流失，推荐生吃。

解冻方法

直接放在常温下解冻，果肉会变得黏腻，要想留住美味，无须解冻，请立即使用。在常温中放置 1 分钟左右，就可以切断了。

腌 3～4天（冷藏）

盐渍西葫芦

材料和制作方法（容易制作的量）

❶ 将 1 根西葫芦（约 200g）和 1/2 颗柠檬切成 2mm 厚的片。
❷ 将❶装入保鲜袋，撒入 1/2 小匙盐，揉搓均匀。
❸ 等析出水，西葫芦变软后，放入冷藏室，放置 30 分钟以上。

盐炒西葫芦

材料和制作方法（容易制作的量）

❶ 将 1 根冷冻西葫芦切成薄片。
❷ 平底锅加热，倒入 2 小匙芝麻油，放入❶，开大火快速翻炒，稍微撒点盐和黑胡椒粉调味。

营养成分（可食部分每100g）

热量		14kcal
蛋白质		1.3g
脂肪		0.1g
碳水化合物		2.8g
矿物质	钾	320mg
	钙	24mg
	铁	0.5mg
β-胡萝卜素		0.32mg
维生素B_1		0.05mg
维生素B_2		0.05mg
维生素C		20mg

上市时间 1 2 3 4 5 6 7 8 9 10 11 12

常温	冷藏	干燥	冷冻
△	△	×	○

玉米

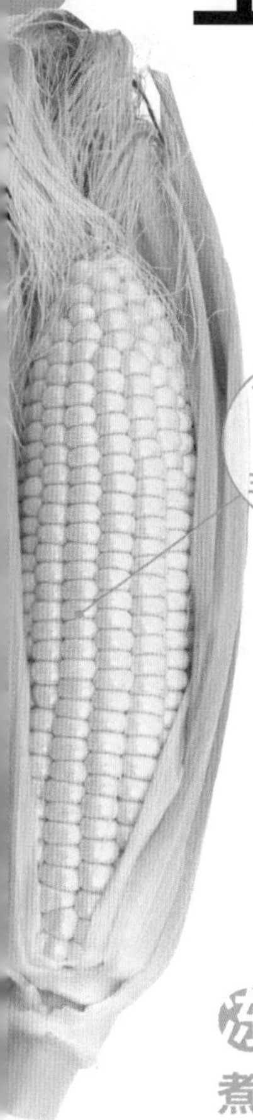

可食部分 60% 玉米须也可利用

玉米的鲜度是美味的关键，应立即冷冻

玉米是夏季蔬菜，6月左右开始上市，可一直食用到9月左右。收获后，甜度会立即开始下降，应尽可能食用新鲜采摘下来的，或尽快烹调。玉米是高热量蔬菜，富含糖类、维生素B_1、维生素B_2和钾等营养成分。

冻 1个月 /2个月（不剥皮，整根冷冻）

冷冻时可以不剥皮

将煮熟的玉米粒或生玉米粒装入保鲜袋，放在冰箱冷冻。收获后，营养成分会快速流失，买回来后，请立即冷冻。冷冻时，可以不剥皮，整根放入保鲜袋冷冻。

- **玉米粒可以和鸡蛋一起制作鸡蛋卷，也可以用于制作沙拉。用多少取多少。**

藏 3天

冻 1个月

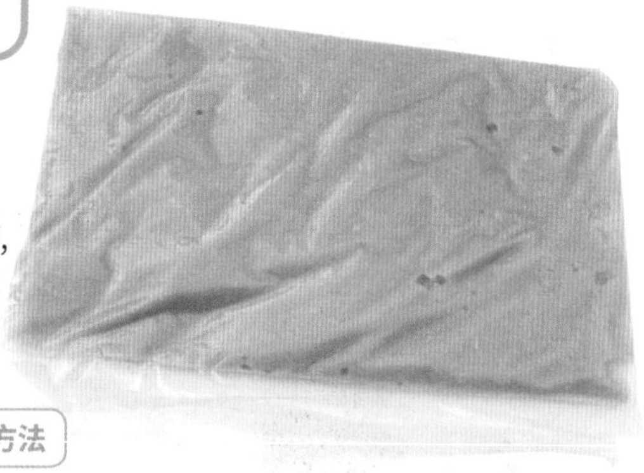

煮熟后打成泥状冷冻

将煮熟的玉米放入料理机，搅拌成泥状后，装入保鲜袋，放入冰箱冷冻。使用时，用手掰出所需的量即可。放入热牛奶中，待玉米泥溶化后搅拌均匀，玉米浓汤就做好了。

- 玉米泥冷冻后，可保存1个月左右。

解冻方法

带皮一起冷冻的玉米，解冻时，应剥皮后立即使用，否则玉米的味道会越来越淡。

营养成分（可食部分每100g）

热量		92kcal
蛋白质		3.6g
脂肪		1.7g
碳水化合物		16.8g
矿物质	钾	290mg
	钙	3mg
	铁	0.8mg
β-胡萝卜素		0.05mg
维生素B_1		0.15mg
维生素B_2		0.1mg
维生素C		8mg

快手玉米浓汤

材料和制作方法
（容易制作的量）

在锅中加入1杯冷冻的玉米泥和1杯牛奶，开火加热。煮沸后用少许盐和黑胡椒粉调味。最后盛入碗中，撒上适量香料。

煮玉米

材料和制作方法（容易制作的量）

❶ 取 2 根玉米，剥掉外皮。

❷ 在平底锅中加入 1/2 杯水和 1/3 小匙盐，然后放入玉米。

❸ 开火煮至沸腾后，盖上锅盖。转中火，继续煮 5 ～ 6 分钟。

❹ 煮到水分完全蒸发就完成了。

品种

水果玉米

是甜玉米中的代表性品种。也称为黄金玉米。果实呈橙黄色，有光泽。

双色玉米

甜玉米的一个品种。玉米粒有黄色和白色两种颜色，以 3 ∶ 1 的比例交杂在一起。水分足，味道甜。

味来

甜玉米的一种，果实色泽光亮，像水果一样，柔软多汁。新鲜的玉米可以生吃。

玉米笋

生吃品种的幼嫩果实。又称为嫩玉米。一年四季都有水煮罐头，但在时令季节，可以吃到新鲜的玉米笋。

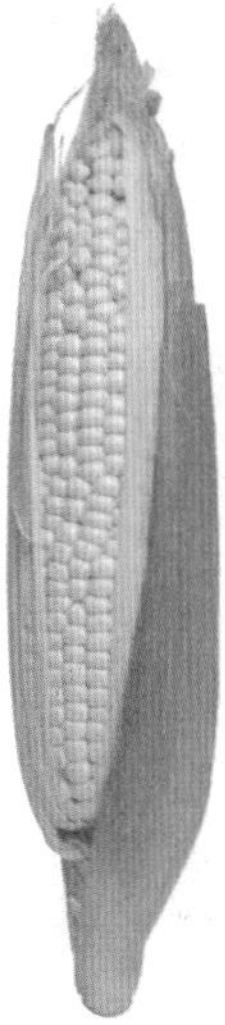

白玉米

玉米粒小，色白，有光泽。皮软味甜，可生吃，也可做成沙拉。

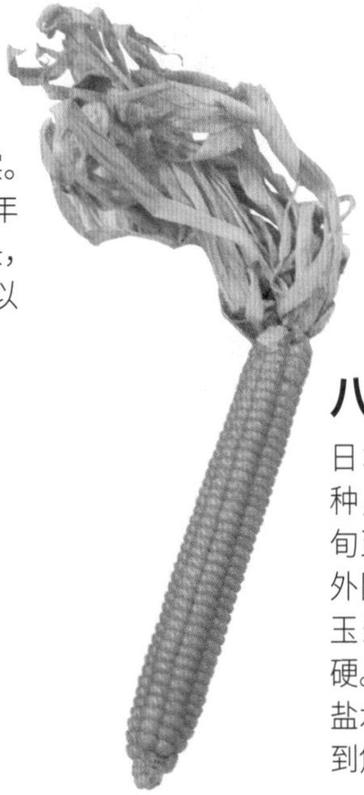

八列玉米

日本北海道的传统品种，上市时间是7月下旬至9月下旬。玉米芯外围排列着8列果实。玉米粒呈黄色，大且硬。甜味不足，建议用盐水煮过后，蘸酱油烤到焦香再食用。

毛豆

可食部分 50% 去除豆荚

上市时间

1	2	3	4	5	6	7	8	9	10	11	12

常温	冷藏	干燥	冷冻
△	△	×	◎

买回去后，请立即冷冻

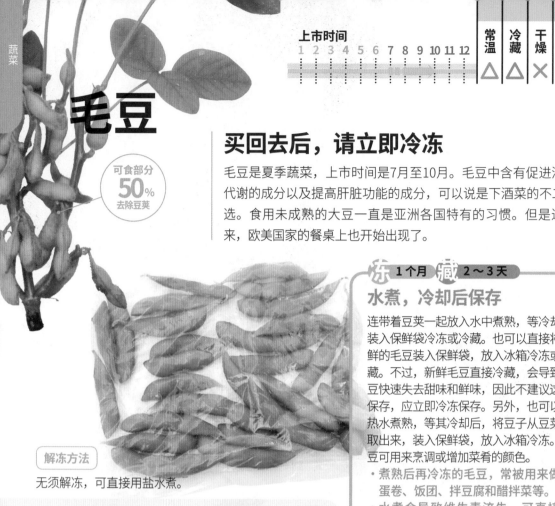

毛豆是夏季蔬菜，上市时间是7月至10月。毛豆中含有促进酒精代谢的成分以及提高肝脏功能的成分，可以说是下酒菜的不二之选。食用未成熟的大豆一直是亚洲各国特有的习惯。但是近年来，欧美国家的餐桌上也开始出现了。

解冻方法

无须解冻，可直接用盐水煮。

冻 1个月 藏 2～3天

水煮，冷却后保存

连带着豆荚一起放入水中煮熟，等冷却后装入保鲜袋冷冻或冷藏。也可以直接将新鲜的毛豆装入保鲜袋，放入冰箱冷冻或冷藏。不过，新鲜毛豆直接冷藏，会导致毛豆快速失去甜味和鲜味，因此不建议这样保存，应立即冷冻保存。另外，也可以用热水煮熟，等其冷却后，将豆子从豆荚中取出来，装入保鲜袋，放入冰箱冷冻。毛豆可用来烹调或增加菜肴的颜色。

- 煮熟后再冷冻的毛豆，常被用来做鸡蛋卷、饭团、拌豆腐和醋拌菜等。
- 水煮会导致维生素流失，可直接焖熟，使用时无须解冻。

毛豆饭团

材料和制作方法(1 人份)

将 1 小碗热米饭和 20g 煮熟的冷冻毛豆粒混合在一起，做成咸饭团。

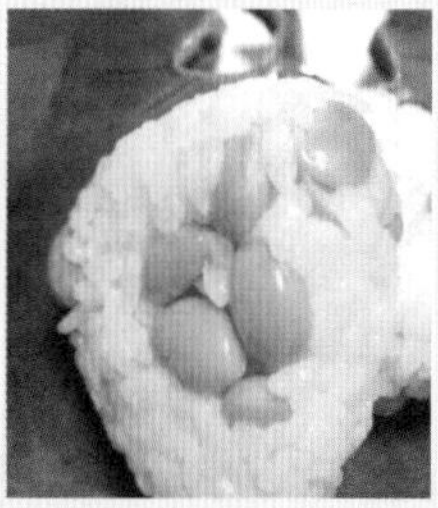

腌 3～4天（冷藏）

腌毛豆

材料和制作方法（容易制作的量）

❶ 准备 200g 带豆荚的冷冻毛豆，抹上少许盐，放入热水煮 3 分钟。然后倒入沥水篮中，用水冲洗冷却，最后挤干水分。准备 1 个阳荷和 5g 生姜，切丝。

❷ 将❶和 1 根去籽的辣椒放入保鲜袋，撒入 1/2 小匙盐，揉搓均匀后，排出空气，封住袋子。

❸ 在冷藏室冷却 30 分钟以上。

营养成分（可食部分每100g）

热量		135kcal
蛋白质		11.7g
脂肪		6.2g
碳水化合物		8.8g
矿物质	钙	58mg
	铁	2.7mg
β-胡萝卜素		0.26mg
维生素B_1		0.31mg
维生素B_2		0.15mg
维生素C		27mg

品种

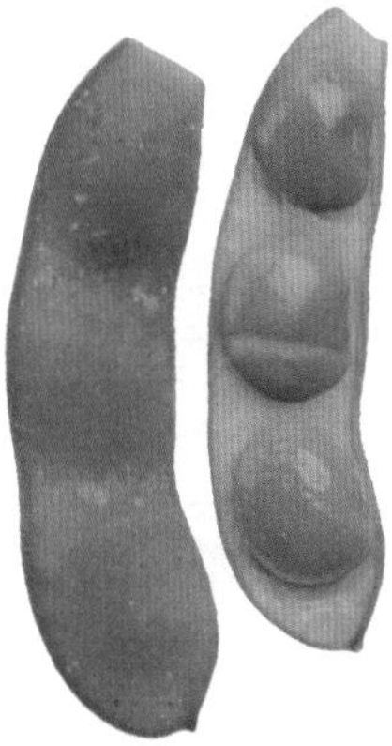

大大茶豆

日本山形县鹤冈市的地方特有品种。豆荚上有褐色的绒毛，香味和甜味跟玉米相似，非常独特，是一种茶豆。

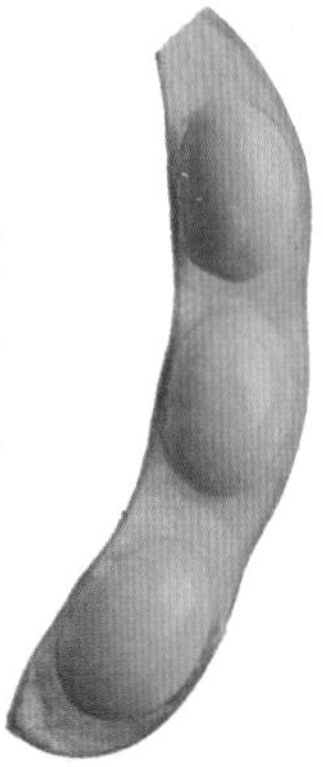

白毛毛豆

毛豆是大豆尚未成熟时的果实。豆荚呈鲜艳的绿色，鼓鼓囊囊的，非常新鲜，连带着枝条的毛豆更加新鲜。

丹波黑大豆

日本丹波地区的特产。正月里吃的煮黑豆是这种毛豆成熟后的果实。豆子大，且味甘醇厚，深受人们的喜欢。上市时间较晚。

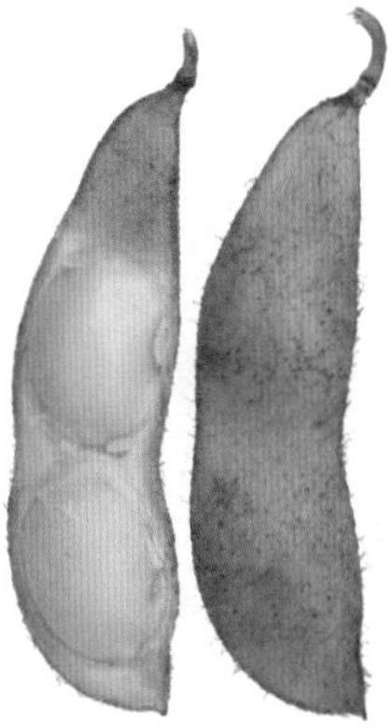

出浴少女

虽然是普通的绿色，但会散发和茶豆一样的芳香，很受人们喜欢。味甘醇厚，水煮后，会变成鲜艳的绿色。

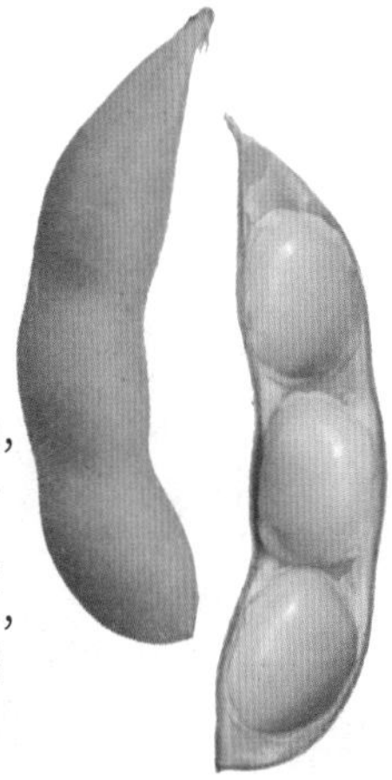

肴豆

晚生种，入秋后才上市。香味浓，味道好。据说煮熟后，香气四溢，让人忍不住想喝酒，因此被称为肴豆。

紫头巾

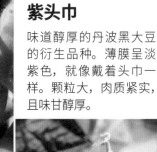

味道醇厚的丹波黑大豆的衍生品种。薄膜呈淡紫色，就像戴着头巾一样。颗粒大，肉质紧实，且味甘醇厚。

三河岛毛豆

颗粒大，味道甜，属于中生种。

上市时间

1 2 3 4 5 6 7 8 9 10 11 12

常温	冷藏	干燥	冷冻
△	△	×	○

蚕豆

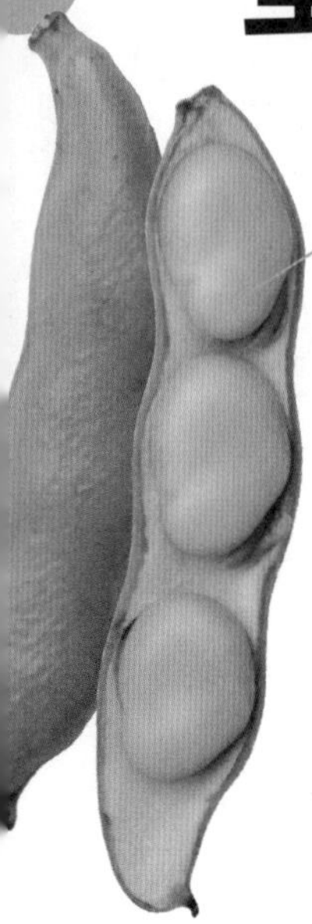

可食部分 60% 去除豆荚

买回来立即冷冻，维持新鲜度

蚕豆是春季蔬菜。和其他豆类一样，富含植物性蛋白质。除此之外，还含有丰富的维生素B_1、维生素B_2、维生素C和钾等营养成分。4月初上市时，肉质水嫩，适合用盐水煮等简单的烹调方法。到了6月快下市时，豆子水分减少，适合做浓汤等。

冻 1个月/2周（水煮） 藏 2～3天

用盐水煮过后再冷藏或冷冻

用盐水煮熟后，用厨房纸擦干，装入保鲜袋，放在冰箱冷藏或冷冻。收获后，新鲜度会立即开始下降，买回来后，要么立即烹调，要么立即冷冻保存。

解冻方法

可直接放入盐水煮，无须解冻。用微波炉解冻会出水，不建议这样解冻。如果要剥掉豆荚，可快速焯一下水，就能很容易剥掉豆荚。

连荚装入保鲜袋，冷冻保存

无须解冻，也不去除豆荚，直接放在烤架上烤。

• 直接烤连荚冷冻的蚕豆，豆香味会更强。

蚕豆炒番茄

材料和制作方法（2人份）

❶ 将冷冻蚕豆直接放入盐水中煮，剥掉外皮（净重200g）。将番茄（1个）切碎，火腿片切成容易食用的大小，生姜（1块）切末。

❷ 加热平底锅，倒入2小匙橄榄油，放入生姜末炒30秒左右。然后放入番茄、火腿、蚕豆，翻炒一下，加入少许盐和适量粗磨黑胡椒粉调味。

营养成分（可食部分每100g）

热量		108kcal
蛋白质		10.9g
脂肪		0.2g
碳水化合物		15.5g
矿物质	钙	22mg
	铁	2.3mg
β-胡萝卜素		0.24mg
维生素B_1		0.3mg
维生素B_2		0.2mg
维生素C		23mg

常温	冷藏	干燥	冷冻
○	○	×	○

上市时间 1 2 3 4 5 6 7 8 9 10 11 12

核桃

密封保存，防止脂肪氧化

核桃中含有丰富的亚油酸、α-亚麻酸等不饱和脂肪酸，有助于让胆固醇和甘油三酯维持在正常水平。但是，核桃的热量很高，必须注意不要过量摄取。1天的最佳食用量为1小把（约28g）。

常 半年（阴凉处） 冻 1年 藏 半年

和干燥剂放在一起保存

和商品包装袋中的干燥剂一起放入密封罐中，进行常温保存。防止核桃中的脂肪氧化至关重要。因此，保存时应尽可能密封保存。核桃的新鲜度容易受气温变化的影响，最好保存在固定位置，且要避开阳光直射。

· 干煎核桃可以增加香味，口感也不错。

解冻方法

如果要用来制作点心，则可直接使用，无须解冻。不会影响香味。如果要直接食用，就用平底锅稍微煎一下，恢复香味。

核桃酱

材料和制作方法（容易制作的量）

将50g核桃放在研磨臼中捣碎，加入50g奶油奶酪，少许盐和适量黑胡椒粉调味，最后再少量多次地添加水，调整浓度。

营养成分（可食部分每100g）

热量	674kcal
蛋白质	14.6g
脂肪	68.8g
碳水化合物	11.7g
矿物质 钙	85mg
铁	2.6mg
β-胡萝卜素	0.02mg
维生素B_1	0.26mg
维生素B_2	0.15mg

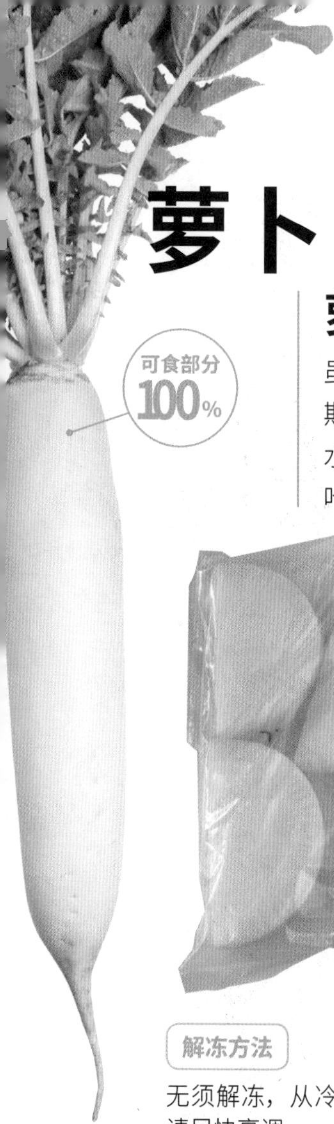

上市时间

1 2 3 4 5 6 7 8 9 10 11 12

常温	冷藏	干燥	冷冻
◎	○	○	◎

萝卜

萝卜是储备粮中的王牌。皮和叶都很美味

可食部分 100%

虽然市场上一年四季都能买到萝卜，但萝卜的最佳食用时间是秋冬，这个时期的萝卜最甜、最美味。萝卜的根部含有多种植化素，可以帮助人体消化碳水化合物、蛋白质和脂肪。肠胃弱或反胃酸时，可食用生的萝卜泥。萝卜的叶子中含有β-胡萝卜素、维生素C等营养成分。

剪掉叶子后再冷藏或冷冻

保存带叶子的萝卜时，需要先将叶子剪下来后再保存。否则，叶子会吸收营养，影响萝卜的味道。

冻 1个月 **藏** 10天 **常** 1～2周（阴凉处）

切块后冷冻保存

将萝卜切成容易烹调的大小后，装入保鲜袋，放入冰箱冷冻。使用时，无须解冻，直接烹调。萝卜的叶子要先用湿润的厨房纸包裹，再装入保鲜袋冷藏保存。如果要冷冻叶子，则直接将其装入保鲜袋冷冻保存。

- **可以快速煮入味且不会煮烂。**

解冻方法

无须解冻，从冷冻室拿出来后，请尽快烹调。

干 6个月

切成两种形状晒干

一种是切成半圆形，一种是用削皮刀削成薄片，然后晒干。长期保存时，需要完全晒干。晒萝卜薄片时，要想干得更快，就平铺开来，不要叠在一起。

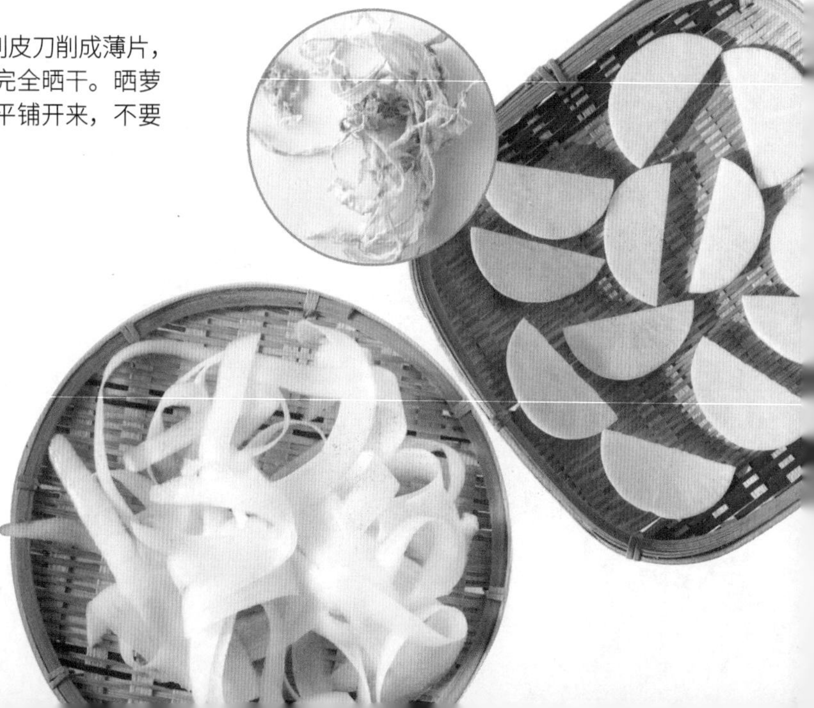

营养成分（可食部分每100g）

热量	18kcal
蛋白质	0.5g
脂肪	0.1g
碳水化合物	4.1g
矿物质 钙	24mg
铁	0.2mg
维生素B_1	0.02mg
维生素B_2	0.01mg
维生素C	12mg

萝卜叶炒培根

材料和制作方法（容易制作的量）

❶ 准备 1 根萝卜的叶子和 2 片培根，叶子切成小段，培根切成 1cm 宽。

❷ 在平底锅中倒入适量色拉油，开火加热，放入培根翻炒。

❸ 等培根的油脂出来后，放入萝卜叶翻炒。

❹ 将萝卜叶炒软后，加入 1 大匙大酱、1 大匙味啉、少许盐和黑胡椒粉，继续翻炒。最后装盘时撒上适量白芝麻。

炒萝卜皮

材料和制作方法（容易制作的量）

❶ 准备 100g 萝卜皮和适量萝卜叶，皮切成 5cm 长的丝，叶子切碎。

❷ 将 1/2 大匙黄油放入平底锅，加热，放入萝卜的皮和叶子翻炒，炒匀后，加入少许盐和酱油调味。

品种

青头萝卜

市场上流通最多的品种。肉质紧实，带甜味，水分足。叶子富含 β- 胡萝卜素和维生素 C。

樱岛萝卜

世界上最大的萝卜品种，重量超过 6kg。最重的可达 30kg。肉质细腻柔软，辣味较少。可生吃，也可煮熟吃，可搭配任何菜肴。

樱桃萝卜

迷你萝卜的一种。种类较多，有红色圆形的，有细长形的，也有白色迷你的。除了根部之外，柔软的叶子也可生吃。

红皮萝卜

属于皮红肉白的小型萝卜。多生吃，可切成薄片，用来制作沙拉等。

上市时间

1 2 3 4 5 6 7 8 9 10 11 12

常温	冷藏	干燥	冷冻
◎	○	○	◎

芜菁

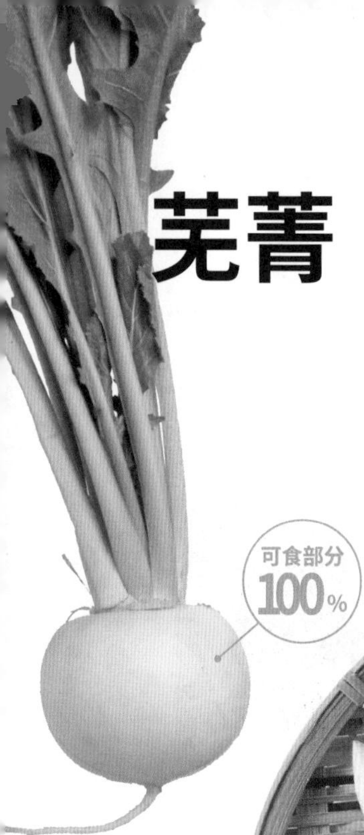

可以连着皮和叶子一起吃

全年都可吃到，但最佳食用时间是10月至次年4月。市场上流通的品种大致可分为两种。一种是较耐寒的小型品种，一种是中型或大型品种。根部含有维生素C和钾，叶子含有β-胡萝卜素、维生素B_1、维生素B_2、维生素C、铁和钙等。

干 1周（冷藏）

晒1天，轻松简单

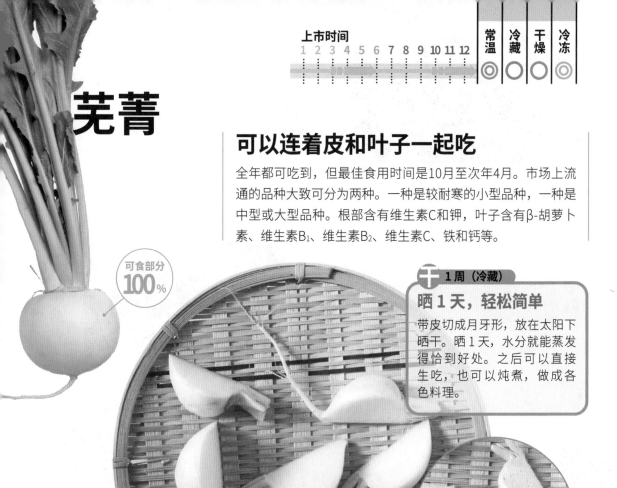

带皮切成月牙形，放在太阳下晒干。晒1天，水分就能蒸发得恰到好处。之后可以直接生吃，也可以炖煮，做成各色料理。

芜菁皮的美味吃法

皮削得厚一点，和培根一起翻炒，会比较好吃。

冻 1个月 藏 10天

常 2天（阴凉处）

可整个冷冻，也可切块冷冻

去掉叶子后整个冷冻，或切成容易烹调的大小后再装入保鲜袋冷冻。

- 冷冻芜菁的口感比新鲜芜菁柔软。
- 虽然不爽脆，但是能快速入味。适合制作腌菜或味噌汤等。

芜菁叶的美味吃法

保存芜菁时，需要将叶子剪掉后再保存。否则，叶子会吸收营养，影响芜菁的味道。不过芜菁叶可以切碎后拌入肉末，制作肉饼等。也可以和木鱼花或小银鱼干一起拌饭。

营养成分（可食部分每100g）

热量		20kcal
蛋白质		0.7g
脂肪		0.1g
碳水化合物		4.6g
矿物质	钙	24mg
	铁	0.3mg
维生素B_1		0.03mg
维生素B_2		0.03mg
维生素C		19mg

炖芜菁

材料和制作方法（2 人份）

❶ 准备 2 个冷冻芜菁，切成 6 等份的月牙形。再准备适量小葱，切成葱花。

❷ 在锅中加入 200g 冷冻的肉末（参考 P201）和 1 杯水，放入❶，开火煮至软烂后，加入 1 大匙味噌和 1 大匙味啉调味。准备 2 大匙马铃薯淀粉，用双倍的水勾芡后，倒入其中。

❸ 装盘，撒上少许葱花和白芝麻。

品种

金町小芜菁

产地是日本东京都葛饰区金町。皮薄，肉质细腻，水分多，带甜味。叶子也没有奇怪的味道，容易入口。

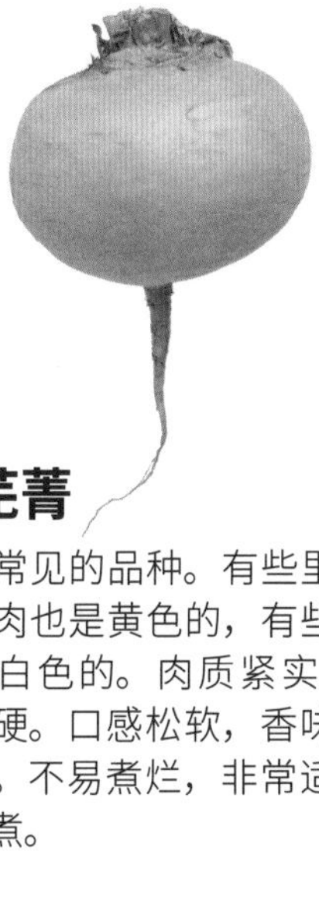

黄芜菁

欧洲常见的品种。有些里面的肉也是黄色的，有些则是白色的。肉质紧实，稍偏硬。口感松软，香味独特。不易煮烂，非常适合炖煮。

万木芜菁

红芜菁和白芜菁的杂交种，具有双方的特征。皮呈光泽的红色，肉是纯白色的，嚼劲恰到好处。

芜菁甘蓝

又名“瑞典芜菁”。皮和肉都是橘黄色的。可以切成圆片后做成酸甜口味的腌菜。

沙拉芜菁

肉质柔软，且带甜味。可生吃，适合做成沙拉。

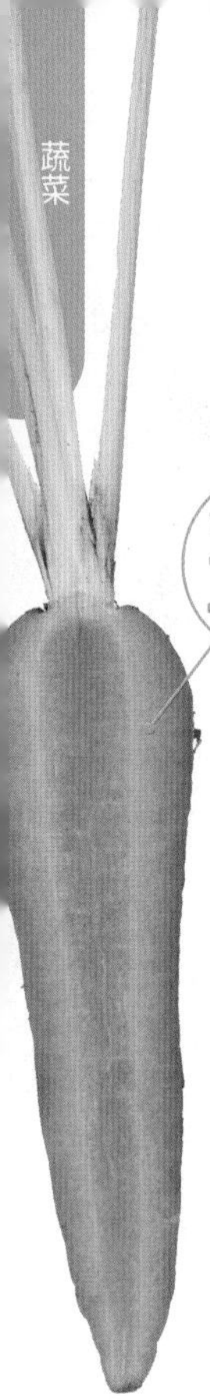

上市时间

1 2 3 4 5 6 7 8 9 10 11 12

常温	冷藏	干燥	冷冻
◎	○	○	○

胡萝卜

可食部分 100%

营养丰富，色彩鲜艳

全年都可以吃到。大致可分为西方品种和东方品种。市场上流通最多的是橘黄色的西方品种。与此相比，东方品种颜色偏红，呈细长状，一般在元旦前上市。现在市面上有一些胡萝卜都是用专用的机器削完皮的，买回家后无须削皮。

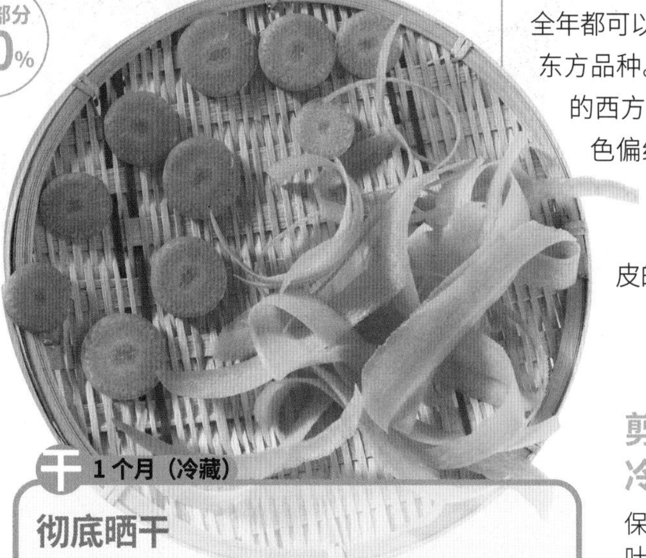

干 1个月（冷藏）

彻底晒干

用削皮刀削出来的薄片晒干所需的时间比圆片久。如果要长期保存，薄片必须彻底晒干，而圆片半干即可。可以用来炖煮或炒菜，非常方便。嚼劲、鲜美度、营养都能得到满足。为了长期使用，薄片必须彻底晒干。

- 胡萝卜干可用来炖煮、煲汤，用途很多。
- 胡萝卜干和米饭一起煮，可以消除胡萝卜特有的味道。

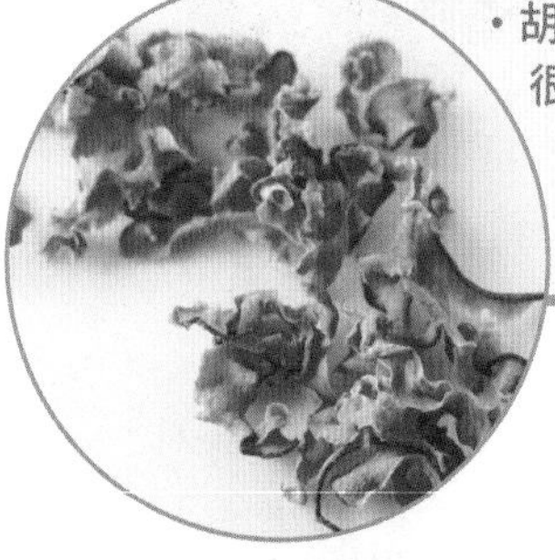

剪掉叶子后再冷藏或冷冻

保存带叶子的胡萝卜时，需要先将叶子剪下后再保存，否则，叶子会吸收营养，影响胡萝卜的味道。

藏 2周　常 4天（阴凉处）

防止干燥，维持美味

为了防止干燥，用厨房纸等将胡萝卜包裹后，装入保鲜袋冷藏。叶子要用湿润的厨房纸包裹后，装入保鲜袋冷藏。

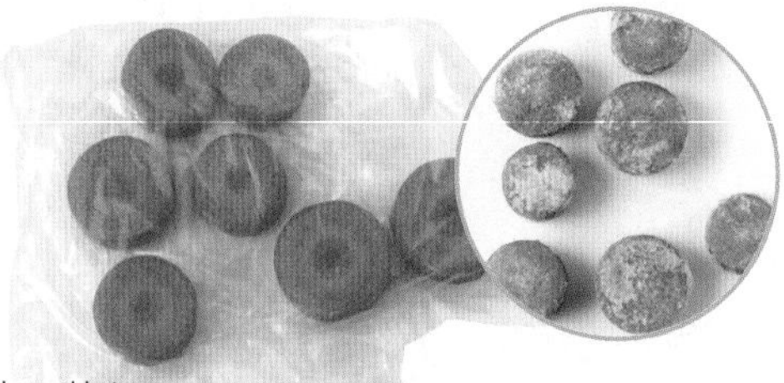

营养成分（可食部分每100g）

热量	39kcal
蛋白质	0.7g
脂肪	0.2g
碳水化合物	9.3g
矿物质　钙	28mg
铁	0.2mg
β-胡萝卜素	8.6mg
维生素B_1	0.07mg
维生素B_2	0.06mg
维生素C	6mg

冻 1个月

切成圆片后冷冻

将胡萝卜切成方便食用的圆片，装入保鲜袋冷冻。

纵向对半切开后冷冻的胡萝卜，无须解冻，直接用菜刀切也不会打滑，可以放心切成喜欢的形状。叶子可以直接装入保鲜袋冷冻，也可以焯一下水，用厨房纸擦干后再冷冻。

- 立即冷冻，不仅可以维持鲜艳的颜色，还能缩短烹饪所需的时间。

品种

金时胡萝卜

根长约 30cm。深红色，从内到外都是鲜艳的红色。肉质柔软，非常甜，且香味浓烈。

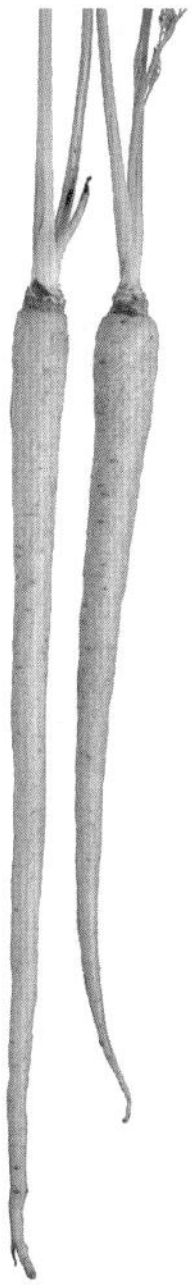

岛胡萝卜

和牛蒡一样，呈细长状，黄色。肉质柔软，具有典型的胡萝卜香味。只在冬天上市。提前采摘，切成4～5cm的长条，制作腌菜。

紫胡萝卜

表皮呈紫色，但内部是橘黄色。除了β-胡萝卜素，还含有花青素。水煮后，色素会流出，胡萝卜原本的颜色会变淡。适合做成沙拉，生吃，略带甜味。

胡萝卜酱

材料和制作方法（容易制作的量）

❶ 准备 1 根带皮的冷冻胡萝卜，直接磨成泥。

❷ 加入 1 大匙色拉油、1 大匙白醋以及少许盐和黑胡椒粉，搅拌均匀。

咖喱风味胡萝卜炒豆芽

材料和制作方法（2 人份）

❶ 准备 1 根冷冻胡萝卜，切成 4cm 长的丝。

❷ 将❶放入热水中，煮 2 分钟左右，加入 1 袋豆芽，快速煮一下。然后倒入沥水篮中，沥去水分。

❸ 将 1 大匙橄榄油倒入平底锅中。等油热后，放入❷，快速翻炒一下，加入 1 小匙咖喱粉、3 大匙伍斯特郡酱和适量盐调味。

胡萝卜叶的美味吃法

叶子放在微波炉里加热至完全干燥。然后像欧芹碎一样，撒在汤上食用。储存在密封容器中，可延长储存时间。

上市时间
1 2 3 4 5 6 7 8 9 10 11 12

常温	冷藏	干燥	冷冻
△	○	○	◎

洋葱

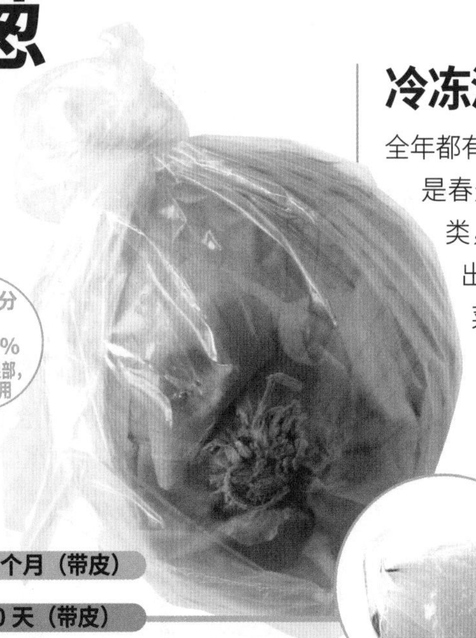

冷冻洋葱可快速炒成焦糖色

全年都有，但是水分多、辛辣成分少的新洋葱是春天的时令蔬菜。主要的营养成分是糖类，煮熟后，辣味会消失，甜味会突显出来。富含鲜味成分氨基酸，可以增加菜肴的鲜度。

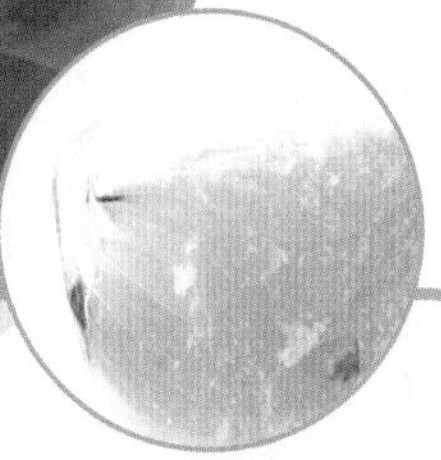

冻 1个月（带皮）

藏 10天（带皮）

带皮冷冻

带皮装入保鲜袋冷冻。带皮冷藏或冷冻可以维持营养价值。用来炒菜时，可快速炒成焦糖色，增加甜度，所以可以用于制作咖喱等。根据用途，切成月牙形、薄片或洋葱末等各种形状后再冷冻也可以。

- **切断纤维，以薄片状冷冻。可以快速炒成焦糖色。冷冻保存后，可用来炖汤、做肉饼的馅料，也可以做牛肉烩饭或者炖菜，打造浓郁醇厚口感。**

常 1个月（阴凉处） 干 1个月（冷藏）

解冻方法

冷冻的洋葱容易切，且不会让人流眼泪。放在水中浸泡30秒至1分钟解冻。请勿带皮浸泡，否则皮会变湿，变得难剥。在半解冻的状态下，容易切丝，且不会刺激眼睛。

洋葱皮的美味吃法

制作洋葱汤的时候，用皮熬制汤底，会很美味。洋葱皮熬制的高汤，也适合用来做刚刚断奶的孩子的辅食。

营养成分（可食部分每100g）	
热量	37kcal
蛋白质	1g
脂肪	0.1g
碳水化合物	8.8g
矿物质 钙	21mg
铁	0.2mg
维生素B_1	0.03mg
维生素B_2	0.01mg
维生素C	8mg

切断纤维后再炒

切的时候将纤维切断，可以增加甜味。切丝后，直接放入平底锅炒，不需要加油。洋葱马上就会炒软，变成焦糖色，又甜又好吃。因为没有放油，所以热量也不高。

洋葱沙拉

材料和制作方法（2 人份）

❶ 准备 1 颗冷冻洋葱，去皮后，用保鲜膜包裹，放入微波炉加热 6 ～ 7 分钟。等稍微变软后，切 6 个切口。

❷ 将洋葱放在盘子上。准备 1/2 罐金枪鱼罐头，沥去汤汁，然后加入 3/2 大匙蛋黄酱、适量切碎的泡菜以及少许盐和黑胡椒粉。搅拌均匀后，塞入洋葱，撒上适量的干欧芹碎。

品种

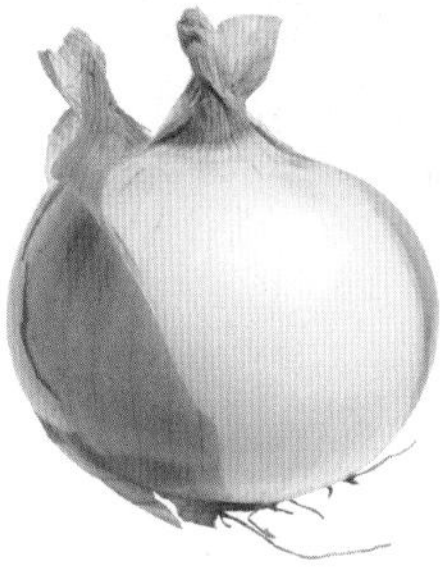

黄洋葱

烹调后，可以品味到辣味和甜味。收获后进行干燥，可以存放 1 年。贮存性强。

新洋葱

早春时上市的早生种。收货后立即上市。水分多，呈扁平状，肉质柔软。辣味不明显，适合生吃。熟得快，可以缩短加热的时间。

真白

内外都是纯白色的，非常美味。水分多，辣味少。生吃也很美味。

紫洋葱

用于生吃的紫色洋葱。富含花青素，具有抗氧化作用。辣味少，甜度高，水分多。

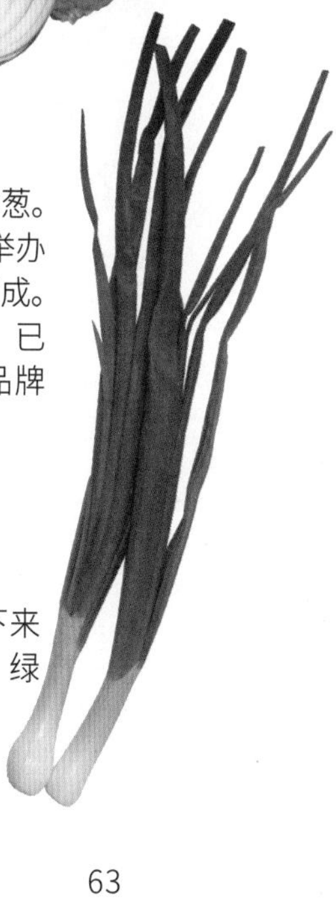

湘南紫洋葱

用于生吃的小型紫洋葱。在 1961 年神奈川县举办的园艺试验场培育而成。辣味少，口感爽脆。已被注册为“神奈川品牌产品”。

沙拉洋葱

适合生吃的品种。辣味少，水分多。日本熊本县产的沙拉洋葱被称为“小沙洋”。

小洋葱

通过密植培育出来的小型洋葱。直径为 3 ～ 4cm。比普通的洋葱甜。经常被整个炖煮。

叶洋葱

在长出嫩叶之后，提前采摘下来的洋葱。洋葱部分口感柔软，绿叶部分可像大葱一样食用。

上市时间

1 2 3 4 5 6 7 8 9 10 11 12

常温	冷藏	干燥	冷冻
○	◎	◎	◎

牛蒡

可冷冻、冷藏、干燥，口感各异

全年都有，但提前收割的新牛蒡是初夏的时令蔬菜。富含膳食纤维，有助于调节肠道环境，降低胆固醇值。将牛蒡当作食物食用的地区只有包括日本在内的部分亚洲地区。在欧美国家，人们将牛蒡称作“Burdock”，用作具有利尿和发汗作用的药用植物。

牛蒡皮也含有丰富的营养

如果皮削掉太多，牛蒡的营养价值也会减少。

冻 1个月

冷冻，防止变色

带皮切断后冷冻。可根据各种用途，进行斜切或横切。冷冻保存可以预防变色。解冻时，将牛蒡放入水中浸泡1分钟左右，就能轻松切断。

- 冷冻牛蒡没有土腥味，煮后更加柔软。

藏 2周

2天换1次水

将牛蒡放在盛着水的容器中保存。水需要2天更换1次。

- 2周内不会变色。

解冻方法

放入水中浸泡1分钟左右，就可以轻松切断。浸泡时需注意时间。浸泡太久会导致营养流失。

干 1个月（冷藏）

放在太阳下晒1天

用削皮刀将牛蒡削成薄片，放在太阳下晒1天，水分将蒸发得恰到好处，香味也会变浓。

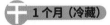

营养成分（可食部分每100g）

热量	65kcal
蛋白质	1.8g
脂肪	0.1g
碳水化合物	15.4g
矿物质 钙	46mg
铁	0.7mg
维生素B_1	0.03mg
维生素B_2	0.02mg
维生素C	1mg

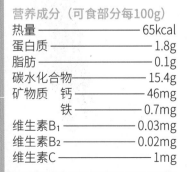

辣白菜培根炒牛蒡

材料和制作方法（2人份）

❶ 准备100g冷冻牛蒡，快速清洗干净后，斜切成薄片。准备30g培根，切成容易食用的大小。

❷ 加热平底锅，倒入1小匙芝麻油，然后放入牛蒡和培根翻炒。

❸ 等牛蒡变软后，加入100g辣白菜，继续翻炒1分钟，最后淋上少许酱油。

常温	冷藏	干燥	冷冻	上市时间
○	○	◎	◎	1 2 3 4 5 6 7 8 9 10 11 12

莲藕

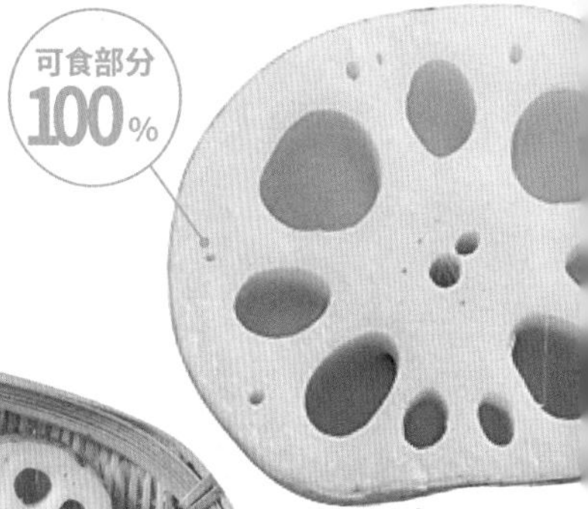

使用冷冻莲藕，可以缩短烹调时间

新莲藕8月左右开始上市，但最佳食用时间是冬季，味道会更甜，口感也更黏。莲藕的主要成分是淀粉，同时也富含可以调节肠道环境的膳食纤维，以及有助于预防感冒的维生素C。切口发黑是莲藕中的丹宁多酚氧化所致，因此发黑了也可以食用。

干 2周（冷藏）

切片后直接放在太阳下晒干

切成圆片，无须用醋浸泡，直接放在太阳下晒 1 天。水分蒸发后，香味会变得更加浓厚，用来炒菜或炖菜都很美味。

- 皮里的多酚含量很高，请勿削皮。

冻 1 个月（带皮整根）

藏 10 天（带皮整根）

整根冷冻或切片后冷冻

可以整根冷冻，也可以切片后冷冻。两种方式都不会导致莲藕变色，都可以维持新鲜的状态。如果是切片后冷冻的，那么使用时无须解冻，可直接用来烹调。

- 冷冻后入味快。
- 炒莲藕时，即便切得较厚，也能入味。

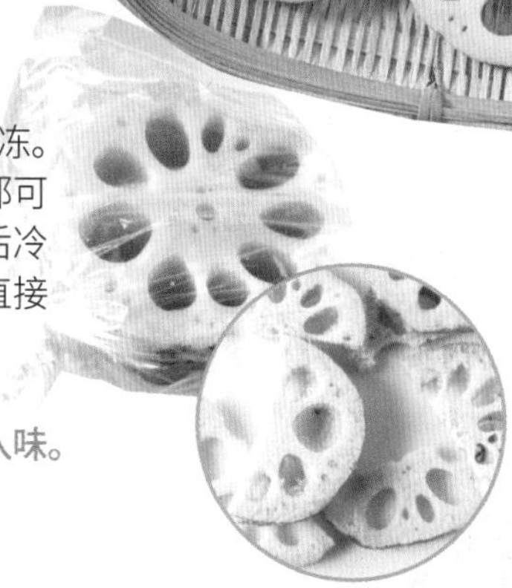

解冻方法

将整根冷冻的莲藕放入水中浸泡 1 分钟左右，就可以轻松切断了。可根据食谱，切成各种形状。浸泡时需注意时间。浸泡太久会导致营养流失。

常 10 天（阴凉处）

醋炒藕片

材料和制作方法（容易制作的量）

❶ 准备 100g 整根冷冻的莲藕，切成 5mm 厚的藕片。加热平底锅，倒入 1/2 小匙色拉油，放入藕片，转中火炒至两面变成焦黄色。

❷ 提前准备 20g 培根，切成容易食用的大小。将培根放入锅中，继续翻炒，加入 1 小匙柚子醋酱油、少许盐和黑胡椒粉调味。

营养成分（可食部分每100g）

热量		66kcal
蛋白质		1.9g
脂肪		0.1g
碳水化合物		15.5g
矿物质	钙	20mg
	铁	0.5mg
维生素B_1		0.1mg
维生素B_2		0.01mg
维生素C		48mg

上市时间 1 2 3 4 5 6 7 8 9 10 11 12

常温	冷藏	干燥	冷冻
○	○	×	◎

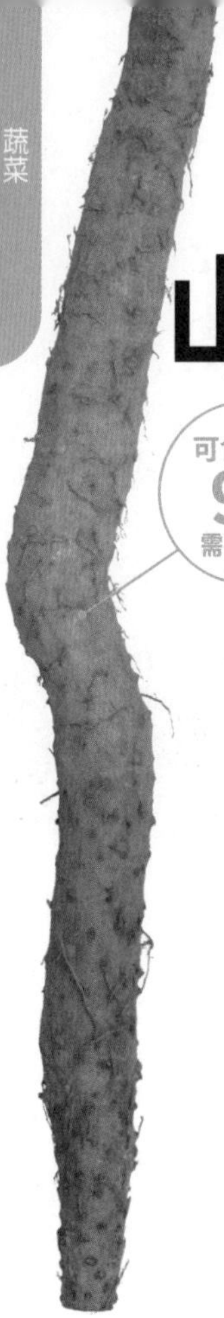

山药

可食部分
92%
需要去皮

长山药带皮吃，营养价值更高

市场上全年都有山药，但收获是在秋季和春季。山药富含具有缓解疲劳功效的精氨酸和消化酶淀粉酶。山药自古就被人们当作滋补的食材来食用。如果顺着纤维纵切，就可以获得爽脆的口感。相反，如果横切，切断纤维，煮熟后口感就会很松软。

藏 1个月（带皮）

用厨房纸包裹，装入保鲜袋冷藏

无须削皮，用厨房纸包裹，切口处覆上保鲜膜，以防切口干燥，然后装入保鲜袋冷藏。

生吃的营养价值更高

山药中含有均衡的维生素和矿物质，就算加热，也不会发生变化。但是消化酶淀粉酶不耐热，如果想要山药发挥出色的消化作用，建议生吃。

冻 1个月（带皮）

带皮冷冻，防止营养流失

可以不削皮，不切段，直接整根冷冻。用保鲜膜包裹后，装入保鲜袋冷冻。

- 冷冻后的山药容易处理，味道也和新鲜山药相差无几。

烹调方法

切掉附着在切口处的碎屑，再削掉外皮，放在研磨器中研磨成泥。整个过程不会粘手，非常方便。将山药泥在室温中放置一会儿，就会更加黏稠了。

营养成分（可食部分每100g）

热量		65kcal
蛋白质		2.2g
脂肪		0.3g
碳水化合物		13.9g
矿物质	钾	430mg
	钙	17mg
	铁	0.4mg
维生素B_1		0.1mg
维生素B_2		0.02mg
维生素C		6mg

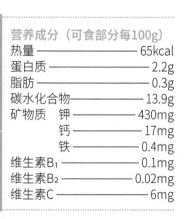

品种

野山药

日本本土产的野生品种。形似牛蒡，呈细长状，最长可长达 1m。黏性强，味道鲜美。最近还出现了栽培品种。

雁首短山药

头部短但肉多的“长山药”。青森的产量是日本第一，日本国内流通的山药大约 40% 都是青森产的。肉白，黏性强，涩味少。

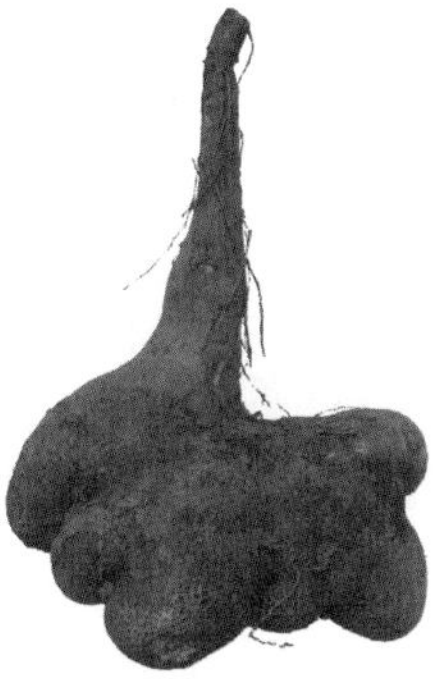

佛手山药

呈块状，形似手掌。黏性高，且可储藏很久。味道温和，常被用作日式点心的原料。

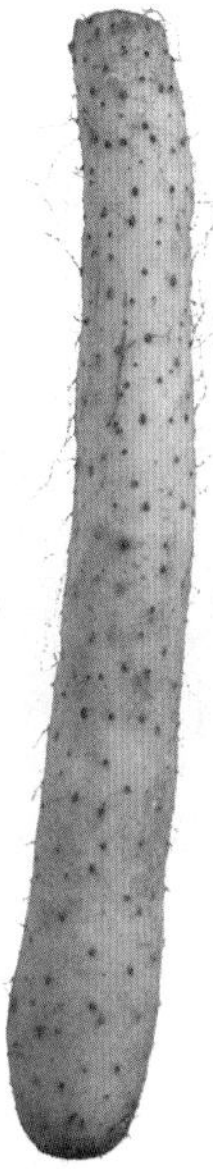

长山药

市场上最常见的山药品种，呈长棒状。纹理稍显粗糙，但水分多。为了防止削皮后变色，可以将其放在醋水中。适合用来制作山药泥或者沙拉、醋拌菜等。

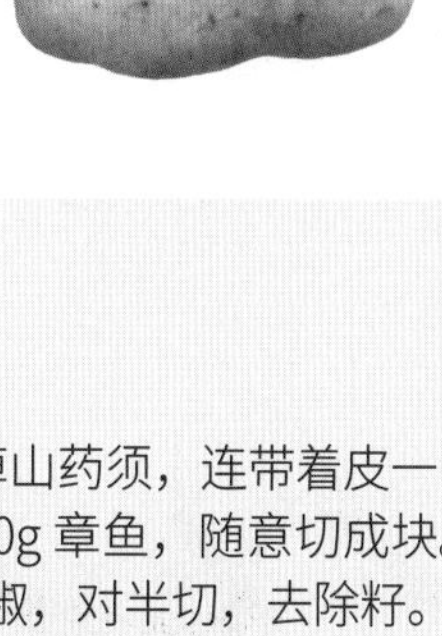

银杏山药

扁平状，形似银杏叶。黏性高，做成山药泥后，甚至可以用筷子全部夹起来。味道温和，容易入口。

辣炒长山药毛豆章鱼

材料和制作方法（2 人份）

❶ 准备 200g 冷冻长山药，去掉山药须，连带着皮一起切成 1.5cm 的方块。准备 100g 章鱼，随意切成块。1/2 瓣大蒜，切成薄片。1 根辣椒，对半切，去除籽。

❷ 在平底锅中倒入橄榄油（不计量，多一点）。油热后，放入长山药块，炸至表面金黄。然后捞出，沥去多余的油。

❸ 在❷的平底锅中倒入 1 小匙橄榄油，放入红辣椒和大蒜，炒出香味后，放入章鱼，继续翻炒。放入❷和 25g 毛豆，继续翻炒，最后撒上适量粗磨黑胡椒粉。

上市时间

1 2 3 4 5 6 7 8 9 10 11 12

常温	冷藏	干燥	冷冻
○	○	×	◎

芋头

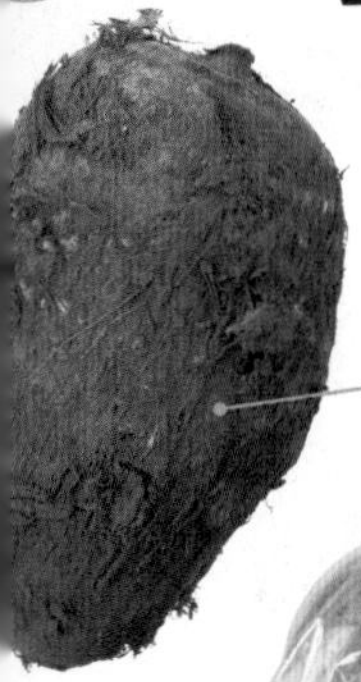

可食部分 100%

冷冻后就不用剥皮了

芋头是秋冬的时令蔬菜。和其他薯类蔬菜相比，芋头的热量较低，且含有促进体内盐分排出的钾，以及促进热量代谢的维生素B_1。切的时候，有时候会出现红色的斑点。这是多酚氧化形成的，多见于采摘下来后过了很久的芋头上。虽然不影响食用，但最好还是尽早食用。

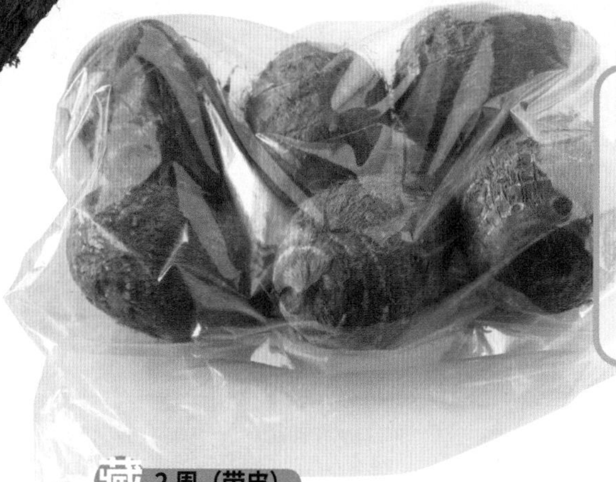

冻 1个月（带皮）

洗掉泥，带皮一起冷冻

如果表皮带泥，就先将泥洗掉，然后带皮一起冷冻保存。这样可以防止干燥。

- 如果要带皮一起吃，建议做成油炸芋头。
- 冷冻芋头不用去皮，不用切，可以直接放在烤架上或烤箱内烤熟。

藏 2周（带皮）

注意不要太冷

为了防止低温冻害，请用厨房纸将芋头一个一个包裹起来，装入保鲜袋冷藏。

常 1个月（秋冬）

装在纸袋中，以防湿气

常温保存时，建议放在纸袋中，而不是保鲜袋。

解冻方法

在水中浸泡2～3分钟，等皮变软后，捞起放到沥水篮中。此时，可用手剥掉皮，而且能只剥掉皮，因此废弃率小。

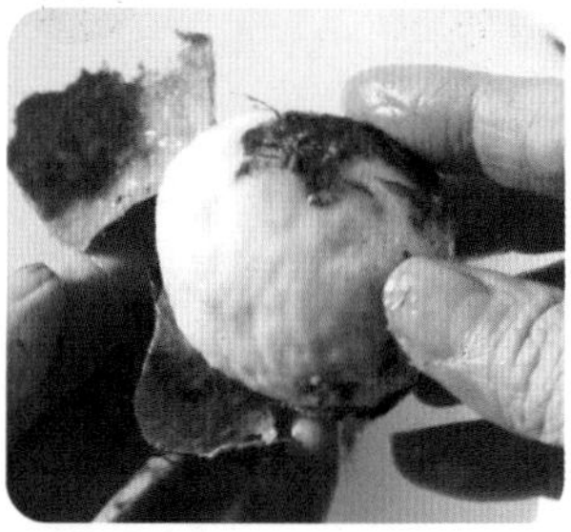

可蒸、可烤、可用微波炉加热，烹饪方便

煮熟后，营养价值几乎没有流失，可以做成各种各样的料理。

营养成分（可食部分每100g）

热量		58kcal
蛋白质		1.5g
脂肪		0.1g
碳水化合物		13.1g
矿物质	钙	10mg
	铁	0.5mg
维生素B_1		0.07mg
维生素B_2		0.02mg
维生素C		6mg

带皮油炸

材料和制作方法（1人份）

❶ 准备3个冷冻芋头，用保鲜膜包裹，放入微波炉加热2分钟。取出后对半切开。

❷ 将❶放入平底锅，倒入色拉油至1cm深，然后开火炸至表面呈焦黄色。可根据个人喜好，撒上盐和黑胡椒粉。

品种

土垂

黏性强，肉质绵软。削皮时，最好先将表面的泥冲洗掉，并擦干后再削，这样就不会有黏液了。

海老芋

种植方法特殊，已有200多年的历史。芋身像虾（虾在日语中写作海老）一样弯曲，且有条纹。有黏性，味道独特，不会被煮烂。海老芋是日本京都的传统蔬菜。

芋茎

芋头的茎涩味很重。剥皮后用水煮，可去除涩味。去除涩味后，一般会做成醋拌菜或汤。口感爽脆。

田芋

虽然是芋头的一种，但因为种植于湿地或水田里，所以称为田芋。黏性强，需要去除涩味。周围会长子芋，有子孙繁盛的寓意，因此经常被用来制作正月料理。

八头芋

母芋和子芋结合在一起的亲子品种。口感松软，建议用来做炖菜。“八”字下方打开，寓意越来越繁荣。“头”字寓意出人头地，再加上子孙繁盛，八头芋经常被用来制作正月料理。

肉末炒芋头

材料和制作方法（2人份）

❶ 准备6～8个冷冻芋头，蒸20分钟后，剥皮，切成适口大小的块状。准备1/3把韭菜、10g生姜、1瓣大蒜和1段约5cm长的大葱，都切成末。

❷ 在平底锅中倒入1大匙芝麻油。油热后，放入葱姜蒜，炒至香味出来后，加入100g鸡肉末，继续翻炒。等肉变色后，加入韭菜、1大匙味啉、1～2大匙韩式辣酱、1大匙寡糖调味。最后加入芋头，继续翻炒。

上市时间

1 2 3 4 5 6 7 8 9 10 11 12

常温	冷藏	干燥	冷冻
◎	○	×	○

土豆

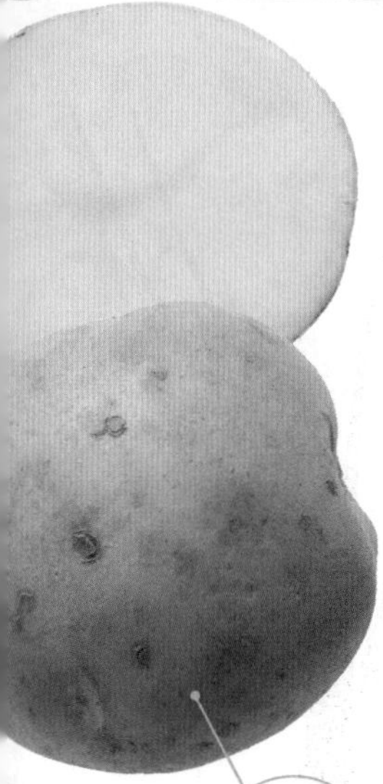

可食部分 100%

带皮冷冻保存是基本

主要的品种有口感松软的“男爵”和口感黏腻的“五月皇后”。“五月皇后”不易被煮烂，适合用来制作炖菜。土豆富含具有抗氧化作用的维生素C，而且加热后也不易流失。除此之外，土豆中还含有可以缓解压力的GABA。

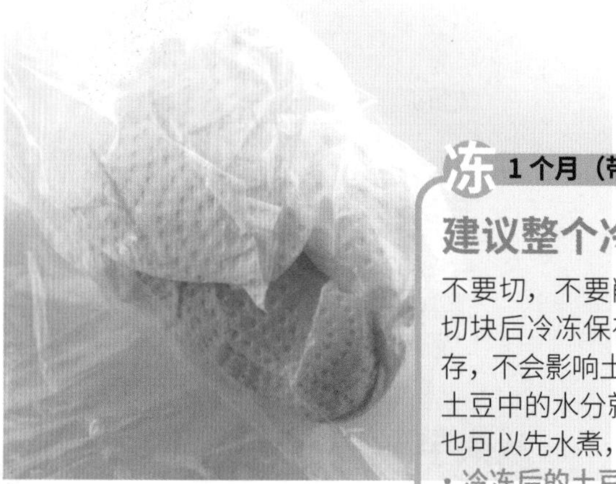

冻 1个月（带皮）

建议整个冷冻

不要切，不要削皮，直接整个冷冻。相比切块后冷冻保存，用厨房纸包裹后带皮保存，不会影响土豆的味道。如果去皮后冷冻，土豆中的水分就会流失，影响口感。另外，也可以先水煮，压成土豆泥后再冷冻。

- 冷冻后的土豆适合用来制作炖菜、汤等含水量较多的料理。

解冻方法

在水中浸泡2分钟后，表面就会稍微变软。这时，就可以随意切成自己喜欢的大小，尽快烹调。

藏 2周（带皮）

注意不要太冷

为了防止低温冻害，可用厨房纸将土豆一个一个包裹起来，装入保鲜袋冷藏。

常 1个月（秋冬）

装在纸袋中，以防湿气

常温保存时，建议放在纸袋中，而不是保鲜袋。和苹果放在一起保存，可以抑制发芽。

营养成分（可食部分每100g）

热量		76kcal
蛋白质		1.8g
脂肪		0.1g
碳水化合物		17.3g
矿物质	钙	4mg
	铁	0.4mg
维生素B_1		0.09mg
维生素B_2		0.03mg
维生素C		28mg

腌 4～5天（冷藏）

酱油大蒜腌土豆丝

材料和制作方法（容易制作的量）

❶ 准备2个土豆，切成丝后过一下冷水，然后快速用热水焯一下。

❷ 将1瓣大蒜切成薄片，和3大匙酱油、2大匙白醋、2大匙白砂糖混合在一起。放入土豆丝，腌制1小时左右。

品种

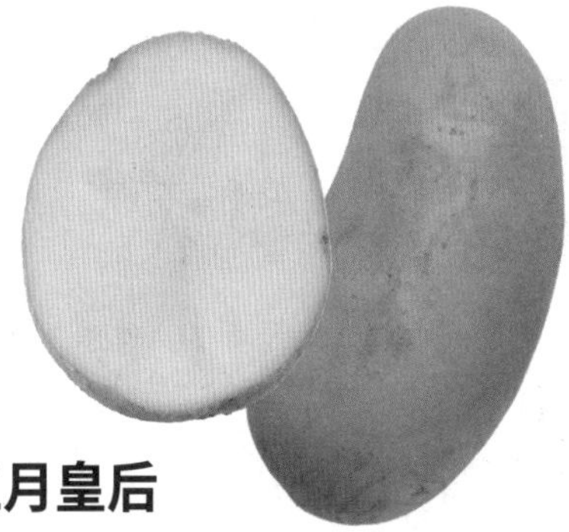

五月皇后

呈椭圆形，表皮光滑，芽少。果肉为淡黄色，十分细腻，属于黏质，不易煮烂。适合用来制作汤、炒菜和炖菜等。

男爵

呈球形，果肉为偏白色，属于粉质，比较松软。芽所在的凹陷较深。优质的男爵土豆表皮光滑且有分量感。适合用来制作土豆泥、炸土豆饼。

玛蒂尔达

呈小小的椭圆形，形状好看，所以大部分都是直接冷冻出售。芽浅，方便食用。

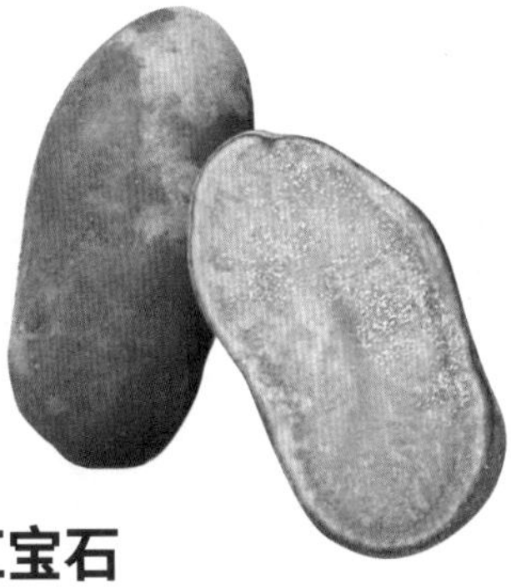

北方红宝石

形状、大小和“五月皇后”相似，表面光滑。含有花青素，表皮呈紫红色，果肉呈紫粉色。加热后也不会褪色，适合用来点缀料理。

土豆饼

材料和制作方法（容易制作的量）

❶ 准备 2～3 个冷冻土豆，直接水煮。煮软后，去皮，用捣碎器将其碾碎。

❷ 将❶和 2 大匙马铃薯淀粉、少许盐混合在一起（如果偏硬，就少量多次地加水，直至面团和耳垂一样软）。

❸ 将面团分成小块，揉成直径 4cm 左右的圆饼。在平底锅中放入 10g 黄油，开火煮至溶化。然后将圆饼放入平底锅，煎至两面呈金黄色即可。

菌菇

常温	冷藏	干燥	冷冻
×	○	◎	◎

上市时间
1 2 3 4 5 6 7 8 9 10 11 12

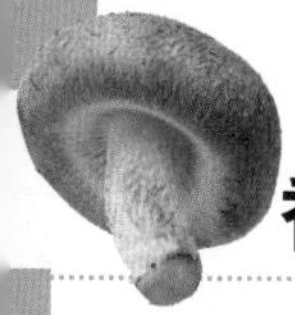

香菇

可食部分 99% 只需去除硬蒂

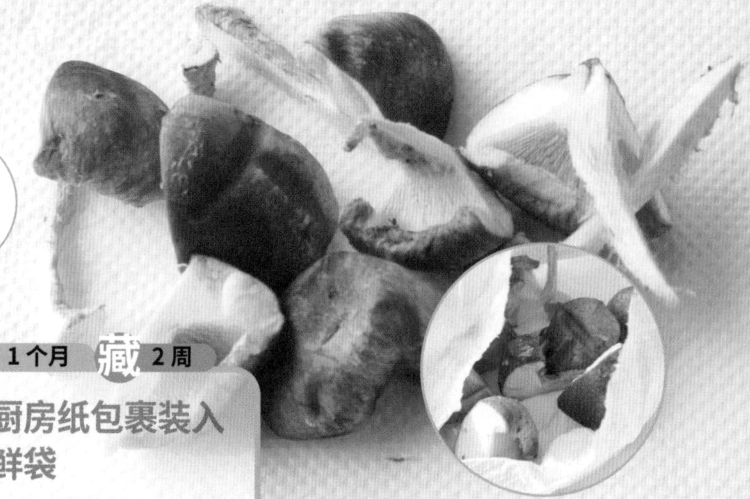

营养成分（可食部分每100g）	
热量	19kcal
蛋白质	1.8g
脂肪	3g
碳水化合物	5.7g
矿物质　钙	1mg
铁	0.3mg
维生素B_1	0.13mg
维生素B_2	0.2mg

冻 1个月　藏 2周

用厨房纸包裹装入保鲜袋

切成合适的大小，用厨房纸包裹，装入保鲜袋冷冻。使用时无须解冻，直接烹调，香味不会减少。不仅如此，冷冻后鲜味还会增加，味道更加浓郁、醇厚。

- 冷冻的菌菇用大火爆炒，稍作调味，就会非常鲜美。

灰树花

上市时间
1 2 3 4 5 6 7 8 9 10 11 12

营养成分（可食部分每100g）	
热量	15kcal
蛋白质	2g
脂肪	0.5g
碳水化合物	4.4g
矿物质　铁	0.2mg
维生素B_1	0.09mg
维生素B_2	0.19mg

杏鲍菇

上市时间
1 2 3 4 5 6 7 8 9 10 11 12

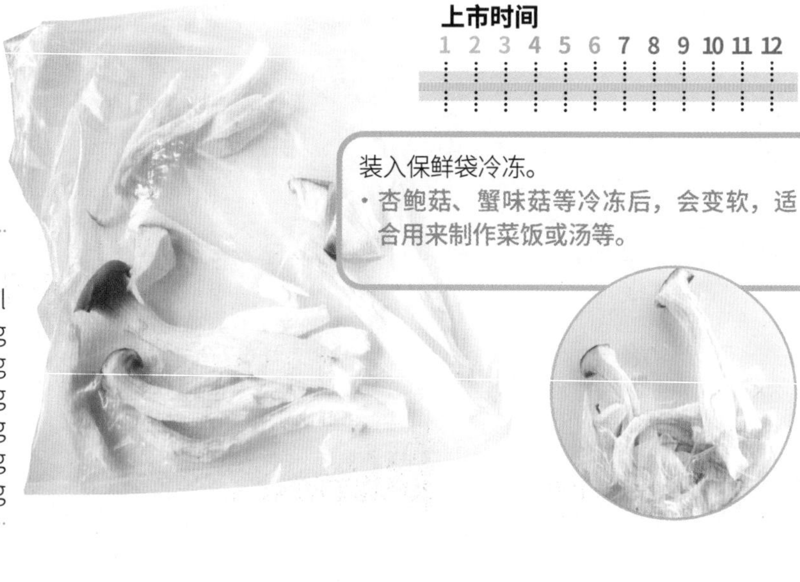

装入保鲜袋冷冻。

- 杏鲍菇、蟹味菇等冷冻后，会变软，适合用来制作菜饭或汤等。

营养成分（可食部分每100g）	
热量	19kcal
蛋白质	2.8g
脂肪	0.4g
碳水化合物	6g
矿物质　铁	0.2mg
维生素B_1	0.11mg
维生素B_2	0.22mg

金针菇

上市时间
1 2 3 4 5 6 7 8 9 10 11 12

切成方便食用的长度，用厨房纸包裹后，装入保鲜袋冷冻。使用时无须解冻，直接烹调。

营养成分（可食部分每100g）	
热量	22kcal
蛋白质	2.7g
脂肪	0.2g
碳水化合物	7.6g
矿物质　铁	1.1mg
维生素B_1	0.24mg
维生素B_2	0.17mg

口蘑

上市时间
1 2 3 4 5 6 7 8 9 10 11 12

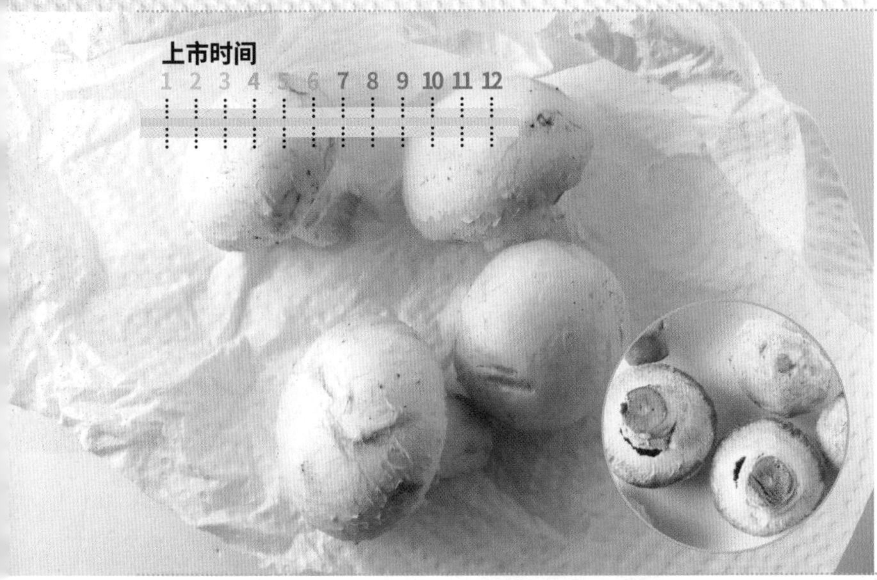

营养成分（可食部分每100g）	
热量	11kcal
蛋白质	2.9g
脂肪	0.3g
碳水化合物	2.1g
矿物质　钙	3mg
铁	0.3mg
维生素B_1	0.06mg
维生素B_2	0.29mg

蟹味菇

上市时间
1 2 3 4 5 6 7 8 9 10 11

干 1个月（冷藏）

晒干后，更加鲜美

在太阳下晒1天后，水分就蒸发得差不多了。无论是鲜美程度还是营养，都不会太受影响。可以代替高汤块，用于汤、炖菜等各式料理。因为已经晒干了，烹饪时不需要用大火蒸发水分，吃起来口感更劲道。

营养成分（可食部分每100g）	
热量	17kcal
蛋白质	2.7g
脂肪	0.5g
碳水化合物	4.8g
矿物质　钙	1mg
铁	0.5mg
维生素B_1	0.15mg
维生素B_2	0.17mg

灰树花烩饭

材料和制作方法（1 人份）

❶ 准备 1 人份米饭的大米，用水清洗一下，然后沥干水分。

❷ 在平底锅中加入 1 杯牛奶、❶和 50g 冷冻灰树花，开小火煮。

❸ 加入 2 大匙芝士粉，转中火煮 1～2 分钟后，加入少许盐和黑胡椒粉调味。

灰树花蒸鸡肉

材料和制作方法（1 人份）

❶ 在平底锅中加入 1 盒冷冻灰树花、50g 切成薄片的水煮鸡肉，撒上 20g 用于比萨的芝士，然后盖上锅盖，开小火煮 5 分钟左右，直至芝士溶化。

❷ 装盘后撒上适量干欧芹碎。

蒜香黄油炒口蘑

材料和制作方法（容易制作的量）

❶ 在平底锅中加入 10g 黄油和 2 小匙油腌蒜（参考 P112），开小火炒。

❷ 炒出香味后，加入 200g 对半切开的冷冻口蘑，继续翻炒。

❸ 等口蘑炒熟后，撒上适量欧芹碎，再淋上少许酱油。

烤香菇

材料和制作方法（2 人份）

❶ 准备 4 朵冷冻香菇，放在烤盘上烤。等稍微变软一点之后，将香菇撕成 4 份。

❷ 香菇烤成焦黄色后，淋上少许酱油。

腌 4～5天

菌菇泡菜

材料和制作方法（容易制作的量）

❶ 准备 200g 杏鲍菇、灰树花和蟹味菇，将其撕成或切成方便食用的大小。

❷ 将菌菇平铺在耐高温容器中，盖上保鲜膜，放入微波炉加热 2 分钟后，倒掉析出的水。

❸ 加入 2 大匙白醋、1 小匙白砂糖以及少许盐和黑胡椒粉调味。

❹ 放入保存容器，置于冷藏室保存。可根据个人喜好，加入适量欧芹碎。

品种

松茸

代表秋天的味道。香味浓厚，口感爽脆，有嚼劲。烹饪方式多样。

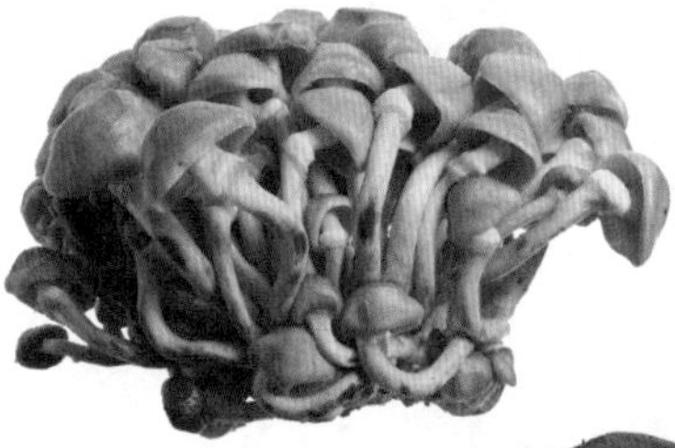

滑子菇

大部分都是在菇蕾的状态下收获的。最近，市场上也出现了出菇后的滑子菇。

砖红垂幕菇

菇柄是偏硬的纤维质，爽脆有嚼劲。味道鲜美，可做汤底。

绣球菌

富含具有抗癌作用的 β- 葡聚糖。

鲜木耳

富含铁、维生素 D 和膳食纤维。口感爽脆有弹性，可以为菜肴增添风味。

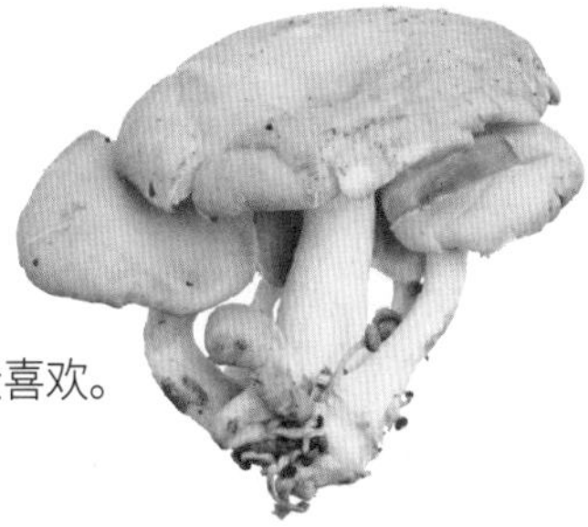

平菇

味道鲜美，深受大众喜欢。

上市时间

1 2 3 4 5 6 7 8 9 10 11 12

常温	冷藏	干燥	冷冻
△	○	×	○

卷心菜

可食部分 100%

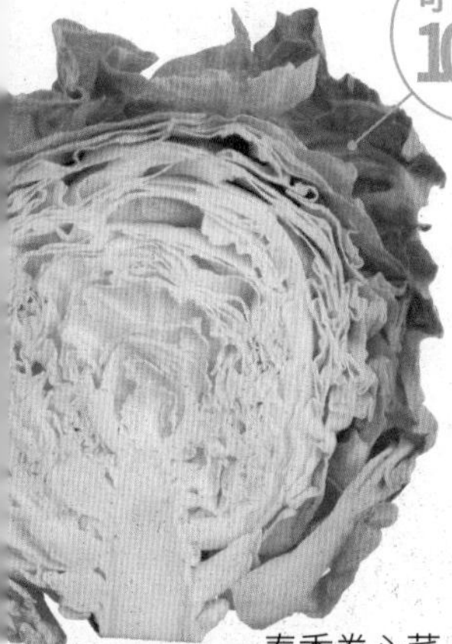

春季卷心菜

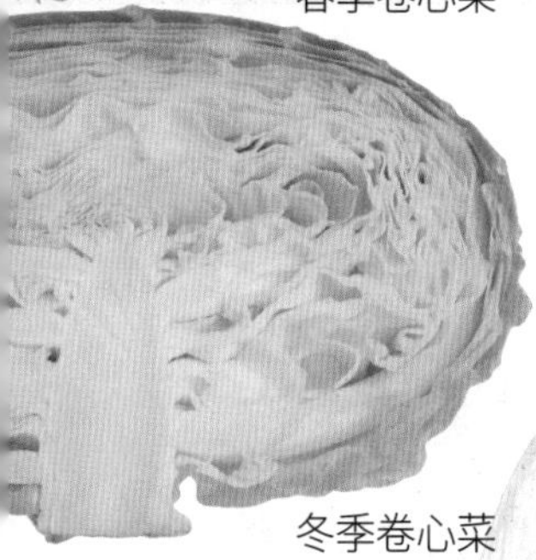

冬季卷心菜

切好后再冷藏、冷冻，方便食用

市场上虽然全年都有，但不同的季节，产地和品种都会有所不同。秋冬时期的冬季卷心菜叶子厚，味道甜。春天到初夏期间的春季卷心菜则是叶子软，包裹不紧实，比较松软。卷心菜富含具有抗氧化作用的维生素C和能够保护胃黏膜的维生素U等。这些营养成分都是水溶性的，因此生吃更能有效地摄取。

藏 20天（切开）

不用洗，直接冷藏

切成适合食用的大小，不用洗，直接装入保鲜袋。然后排出空气，放入冰箱冷藏。洗过后再保存，会导致变质。如果要整个保存，需要先将硬心部分挖去。

叶子和梗的部分需分开保存

分开保存叶子和梗的部分，烹调时会更加方便。叶子较软，适合炒菜，梗的部分适合炖菜等。

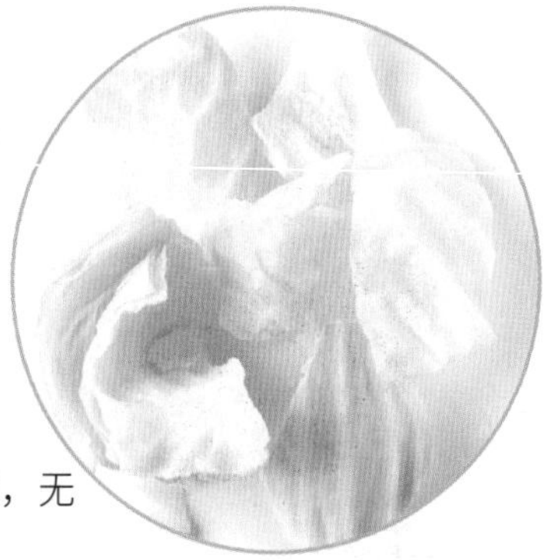

冻 1个月（切开）

想用的时候，能马上使用

切成方便食用的大小，然后冷冻。食用时，无须解冻，直接烹调。

- 卷心菜冷冻后，会像用盐揉搓过一样变软。适合用来制作腌菜或凉拌菜丝。
- 煮过后，口感和味道都和新鲜的卷心菜无异。
- 梗的部分富含鲜味和营养成分，且从冷冻室里拿出来后能立即使用，请不要扔掉。切碎后，可用于各式料理。

营养成分（可食部分每100g）

热量		23kcal
蛋白质		1.3g
脂肪		0.2g
碳水化合物		5.2g
矿物质	钙	43mg
	铁	0.3mg
β-胡萝卜素		0.05mg
维生素B_1		0.04mg
维生素B_2		0.03mg
维生素C		41mg

腌 **1周（冷藏）**

咖喱味泡菜

材料和制作方法（容易制作的量）

❶ 准备 1/4 颗卷心菜，随意切成块。

❷ 在小锅中加入基本的泡菜料（参考 P27）和 1 小匙咖喱粉，开火煮至沸腾后，关火冷却。

❸ 依次将❶、❷放入保存容器，然后在冷藏室放置半天以上。

品种

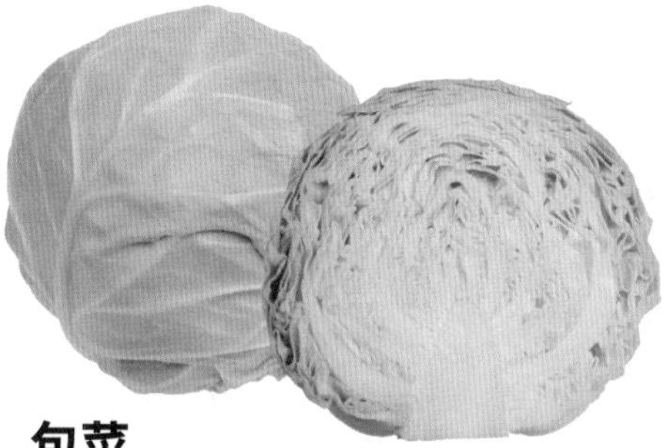

包菜

呈球形，比普通的卷心菜略小。叶子较柔软，颜色深，连中心部分都带有绿色。不易煮烂，除了生吃之外，还适合放在炖菜中煮。

高原卷心菜

春天播种，夏天到秋天收获。容易入口，可生吃，可煮熟，菜品十分丰富。

紫甘蓝

圆形，叶子包裹得十分密实。颜色是由花青素导致的，常被用来制作天然染料。建议做成沙拉或醋腌菜。

抱子甘蓝

由生于叶子根部的腋芽形成的小叶球。维生素 C 的含量是普通卷心菜的 4 倍。焯水后再烹调，口感更佳。

羽衣甘蓝

卷心菜的原种，叶子呈圆形或椭圆形。富含维生素 C 和 β- 胡萝卜素。是青汁的原料，也适合炖煮。

上市时间

1	2	3	4	5	6	7	8	9	10	11	12	常温	冷藏	干燥	冷冻
												×	○	×	○

圆生菜

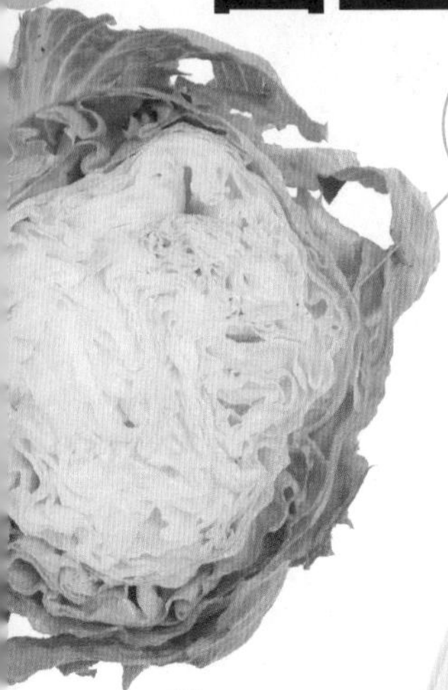

可食部分 100%

冷冻圆生菜最适合做汤

市面上有很多品种，一年四季都可买到。切口处有时候会流出白色的汁水，这是多酚的一种，氧化后，会变成粉色。钾含量比其他蔬菜少，肾病患者也可放心食用。

藏 2周

稍微切掉一点根部，浸泡在水中

切掉根部后挖去菜心，浸泡在装着水的容器中（根部没入水中），放入冰箱冷藏（每2～3天换1次水，可保存得更久）。

冻 3周

想吃的时候，能马上食用，非常方便

切成块、丝等方便食用的大小后，冷冻保存。

- 可用来炒菜或做汤。没有了涩味，容易入口。
- 冷冻后的圆生菜虽然失去了爽脆的口感，但用油炒过后，营养成分的吸收率会提升。因为能够大量食用，还有助于人体摄入更多膳食纤维。

解冻方法

冷冻后的圆生菜叶子比较脆，容易变质，颜色也会变差。从冷冻室拿出来后，请务必立即烹调，无须解冻。

柠檬风味炒圆生菜

材料和制作方法（2人份）

❶ 加热平底锅，放入2小匙橄榄油。油热后，加入2个切成薄片的口蘑，转大火翻炒。

❷ 加入1/2颗冷冻圆生菜、1小匙柠檬汁、少许盐和黑胡椒粉后，快速翻炒。

营养成分（可食部分每100g）

热量	12kcal
蛋白质	0.6g
脂肪	0.1g
碳水化合物	2.8g
矿物质 钙	19mg
铁	0.3mg
β-胡萝卜素	0.24mg
维生素B_1	0.05mg
维生素B_2	0.03mg
维生素C	5mg

常温	冷藏	干燥	冷冻	上市时间 1 2 3 4 5 6 7 8 9 10 11 12
×	○	×	○	

京水菜

冷冻后容易处理，冷藏需要防止干燥

市面上的主流京水菜是在大棚水培的品种，全年都可买到。但是，最佳的食用时间是冬天，味道更加鲜美的露天栽培品种会在冬天上市。京水菜的叶子颜色虽然比较淡，但富含具有抗氧化作用的β-胡萝卜素、维生素C、维生素E，是一种营养价值非常高的蔬菜。β-胡萝卜素和维生素E是脂溶性的，京水菜和油一起烹调，可以提高营养成分的吸收率。

可食部分 100%

藏 2周

太湿润和干燥都不可以

随意切段，用湿润的厨房纸包裹，放入冰箱冷藏。冷藏保存时，如果厨房纸干了，最好用喷雾等将它重新喷湿。这样可以存放更久。

冻 3周

汤和火锅中的明星食材

随意切段后，放入冰箱冷冻。

- 冷冻后的京水菜放入火锅后，口感依然爽脆。
- 冷冻的京水菜富含维生素、矿物质和膳食纤维，可直接生吃或做成腌菜。

解冻方法

冷冻后的京水菜水分比较多，最好立即烹调，不要放置太久。冷冻的京水菜也可以轻松切段。

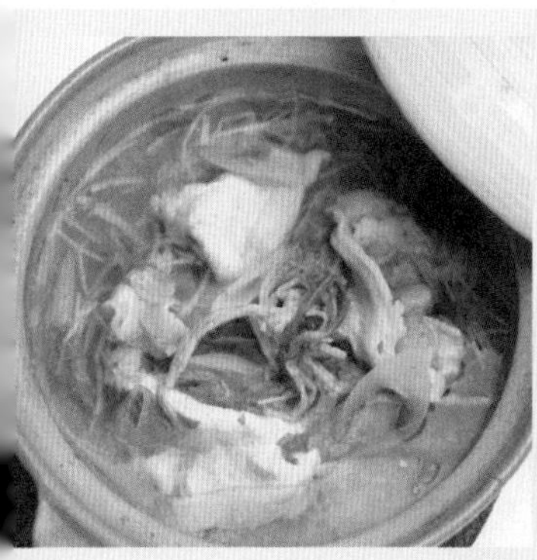

京水菜炖猪肉

材料和制作方法（1 人份）

❶ 准备 1/4 根大葱和 80g 猪肉，大葱斜切成薄片，猪肉切成适合食用的大小。
❷ 在小锅中加入 1 大杯高汤、1 小匙味啉、1 小匙料酒、1 小匙酱油和少许盐，开火煮至沸腾后，放入猪肉。
❸ 等猪肉煮熟后，放入 50g 切成碎段的冷冻京水菜，快速煮一下。

营养成分（可食部分每100g）

热量		23kcal
蛋白质		2.2g
脂肪		0.1g
碳水化合物		4.8g
矿物质	钙	210mg
	铁	2.1mg
β-胡萝卜素		1.3mg
维生素B_1		0.08mg
维生素B_2		0.15mg
维生素C		55mg

上市时间

1	2	3	4	5	6	7	8	9	10	11	12

常温	冷藏	干燥	冷冻
×	○	×	△

紫叶生菜

可食部分 100%

做成什锦沙拉，冷藏保存

叶子边缘呈紫红色褶皱状，质感柔软，适合包裹着肉等食材一起食用。虽然无法长期保存，但通过防止根部和叶片变干燥，可以维持新鲜度。

藏 2周

稍微切掉一点根部，浸泡在水中

切掉根部后挖去菜心，浸泡在装着水的容器中（根部没入水中）冷藏保存。也可以切成方便食用的大小，竖立着放在装着水的盆中冷藏。菜梗部分如果变色了，可以稍微切掉一点根部，然后浸泡在装着水的盆中，冷藏保存。生菜碰到金属后容易变质，处理时可直接用手撕。菜梗部分也可以食用，但需要先将泥土等冲洗干净。

冻 3周

可整个冷冻，也可切好后冷冻

直接冷冻。

- 冷冻的生菜会失去新鲜生菜爽脆的口感，可以用来炒菜或做汤。
- 冷冻的紫叶生菜虽然失去了爽脆的口感，但用油炒过后，营养成分的吸收率会提升。因为可以大量食用，还有助于人体摄入更多膳食纤维。

解冻方法

冷冻后的紫叶生菜叶子比较脆，容易变质。颜色也会变差。从冷冻室拿出来后，请务必立即烹调，无须解冻。

藏 1周

任何时候都水嫩新鲜

也可以洗干净后撕碎，用厨房纸擦干，然后装入保鲜袋或密封容器中冷藏。但这种方式的保存时间较短。

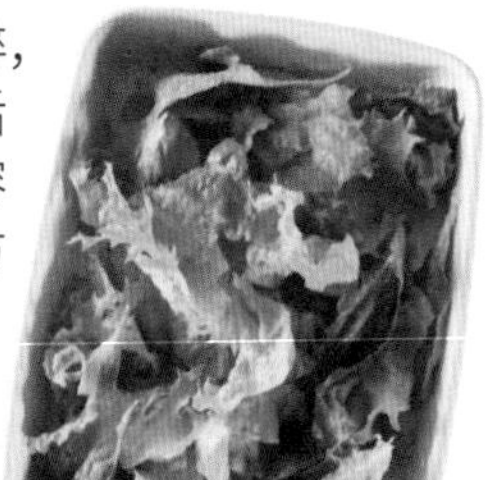

紫叶生菜拌腌萝卜

材料和制作方法（容易制作的量）

准备适量腌萝卜，切成丝。准备2～3片冷冻紫叶生菜，撕成容易食用的大小，然后撒上适量芝麻油和盐，放入腌萝卜拌匀。

常温	冷藏	干燥	冷冻
×	○	×	△

上市时间 1 2 3 4 5 6 7 8 9 10 11 12

绿叶生菜

竖立保存是叶菜保存的基本原则

市面上一年四季都可以看到蔬菜，尤其是夏天至秋天期间，产量会增加。绿叶生菜是卷心菜的一种，叶子边缘呈褶皱状，不结球。颜色是鲜艳的绿色，且没有涩味，适合做成沙拉、汤、炒菜等各式料理。

冻 3周

可整个冷冻，也可切好后冷冻

直接冷冻。

- 冷冻的生菜会失去新鲜生菜爽脆的口感，可以用来炒菜或做汤。
- 用油炒过后，营养成分的吸收率会提升。因为可以大量食用，还有助于人体摄入更多膳食纤维。

解冻方法

冷冻后的绿叶生菜叶子比较薄，容易变质。颜色也会变差，所以从冷冻室拿出来后，请务必立即烹调，无须解冻。

藏 2周

稍微切掉一点根部，浸泡在水中

去掉菜心，浸泡在水中冷藏。也可以切成方便食用的大小，竖立着放在装着水的盆中冷藏。菜梗部分如果变色了，可以稍微切掉一点根部，然后浸泡在装着水的盆中，冷藏保存。生菜碰到金属后容易变质，处理时最好用手撕。菜梗部分也可以食用，但需要先将泥土等冲洗干净。

藏 1周

任何时候都水嫩新鲜

可以洗干净后撕碎，用厨房纸擦干，然后装入保鲜袋或容器中冷藏。但这种方式的保存时间较短。

鸡胸肉生菜沙拉

材料和制作方法（容易制作的量）

❶ 准备 2 块鸡胸肉，去筋后放入耐高温容器，撒上 1/8 小匙盐和 1 大匙料酒后，放入微波炉加热 1～2 分钟。拿出来后撕成鸡丝。

❷ 在碗中加入 1 大匙橄榄油、1/2 小匙白醋、少许盐和黑胡椒粉，搅拌均匀。

❸ 准备 2～3 片冷冻绿叶生菜，撕成适合食用的大小，和❶一起，放入❷中，搅拌均匀。

上市时间
1 2 3 4 5 6 7 8 9 10 11 12

常温	冷藏	干燥	冷冻
○	○	◎	○

白菜

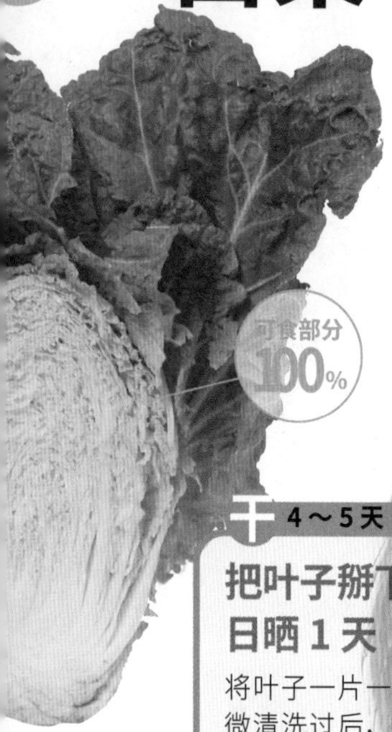

不同的保存方式，不同的美味

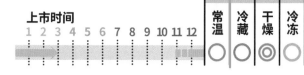

最佳食用时间是秋天和冬天。但是也有春季白菜和夏季白菜等品种，一年四季都可买到。白菜富含鲜味成分谷氨酸，炖煮后，甜味和鲜味会异常突出。白菜还有橘黄色和紫色的彩色品种，分别含有β-胡萝卜素和花青素等具有抗氧化作用的成分。

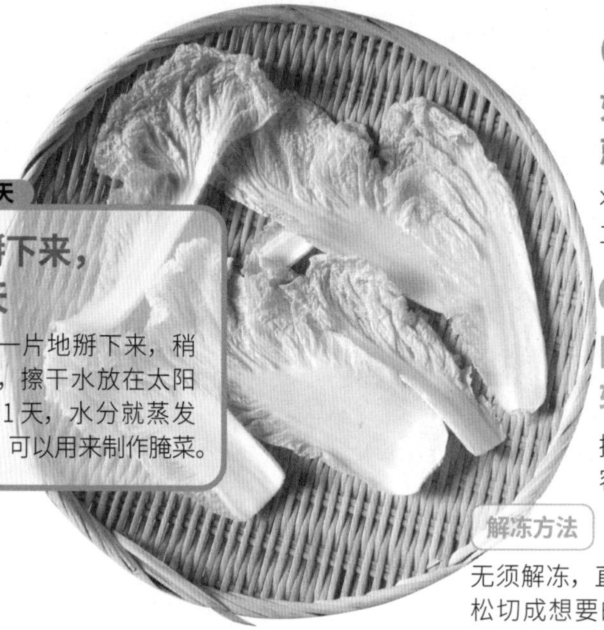

常 3周

如果切了，就冷冻或冷藏保存

将整棵白菜放入纸袋，竖立着保存在阴凉处。

腌 4～5天

随意腌制，轻松保存

撒上盐揉搓一下后，放入容器或保鲜袋保存。

干 4～5天

把叶子掰下来，日晒 1 天

将叶子一片一片地掰下来，稍微清洗过后，擦干水放在太阳下晾晒。晒 1 天，水分就蒸发得差不多了。可以用来制作腌菜。

冻 1个月

放入汤中，会让汤变得黏稠

切成容易食用的大小。叶子和较硬的菜梗部分分开保存，更加方便食用。不要洗，直接装入保鲜袋，冷冻保存。水洗会加速变质，需要注意。

解冻方法

无须解冻，直接烹调。冷冻白菜可轻松切成想要的形状，切丝做成拌菜，美味依旧。

- 冷冻白菜会失去新鲜白菜爽脆的口感，所以适合用来炒菜或做汤。
- 富含维生素、矿物质、膳食纤维的白菜，是汤、火锅、炒菜等的明星食材。使用前无须解冻。

营养成分（可食部分每100g）

热量		14kcal
蛋白质		0.8g
脂肪		0.1g
碳水化合物		3.2g
矿物质	钙	43mg
	铁	0.3mg
β-胡萝卜素		0.1mg
维生素B_1		0.03mg
维生素B_2		0.03mg
维生素C		19mg

藏 2周（带皮）

切成各种尺寸，丰富料理的种类

切成容易食用的大小。叶子和菜梗部分分开保存，更加方便食用。清洗后保存，会加速变质，请不要清洗，直接放入保鲜袋冷藏保存。使用前清洗即可。如果要保存一整棵或1/4棵，请先在菜心的部分切个口子，防止它继续生长。

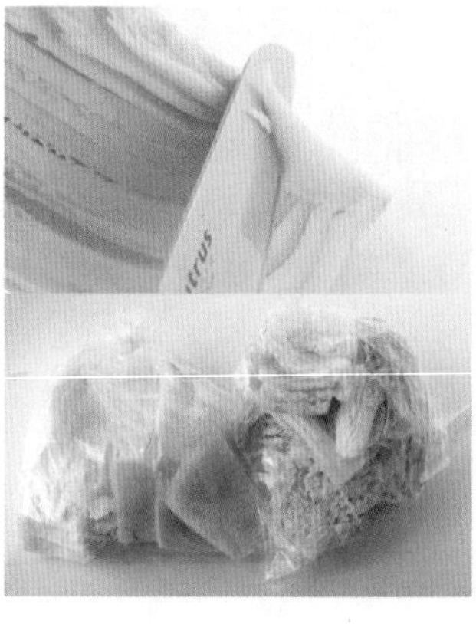

白菜豆腐

材料和制作方法（2 人份）

❶ 准备 150g 南豆腐，切成 1cm 的方块。

❷ 在平底锅中加入 1 小匙芝麻油。油热后，加入 1 小匙蒜末、100g 猪肉末和 1 小匙豆瓣酱，翻炒一下。

❸ 倒入 1/2 杯水，煮至沸腾后，加入❶，煮 2～3 分钟。

❹ 准备 150g 切成方便食用大小后冷冻的白菜，放入❸，继续煮。然后加入 1/4 小匙盐、2 小匙蚝油调味，加入水淀粉 * 勾芡。

❺ 装盘，可根据个人喜好，放上辣椒丝。

*1 小匙马铃薯淀粉和 1 大匙水混合而成。

品种

橙黄色白菜

外面的叶子是绿色的，但里面的叶子是鲜艳的橘黄色。味道甜，口感爽脆，适合用来做沙拉。

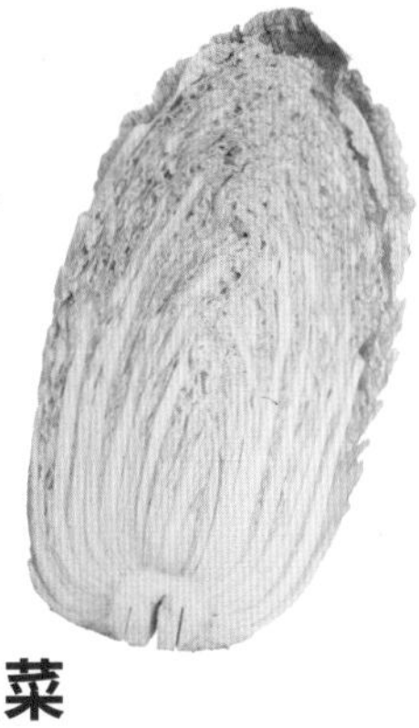

紫色白菜

常被用来制作沙拉。能晒到太阳的外叶带有一点绿色，但里面的叶子呈鲜艳的紫色。含有大量紫色色素花青素。尺寸比普通白菜小。

娃娃菜

小株白菜。可以一次性食用完，深受人们喜欢。口感爽脆，可生吃。煮熟后会变软，也很美味。

腌 1 周（冷藏）

盐渍白菜

材料和制作方法（适合制作的量）

❶ 准备 1/4 棵白菜，纵向对半切（放在太阳下晒 4～5 天后，味道会更加甜）。

❷ 将❶装入保鲜袋，撒入 15g 盐，揉搓均匀。

❸ 加入 1 根红辣椒和 1 片昆布，排出空气后，在常温下放置 3 天左右。

❹ 腌出清爽的酸味后，用水快速冲洗一下，再挤干水分，切成容易食用的大小。如果酸味很强烈，请放在冷藏室保存。

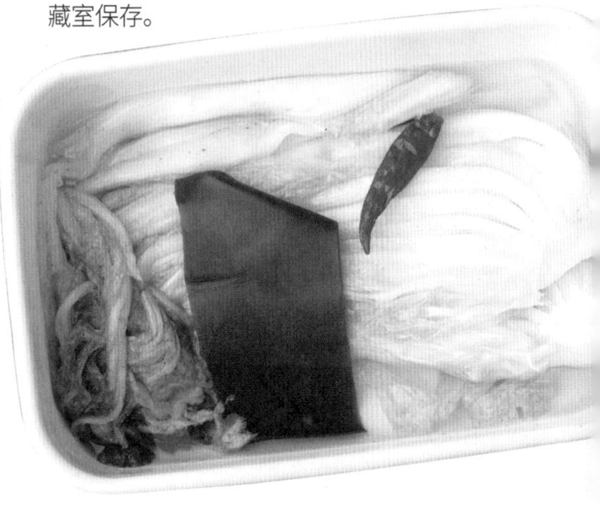

上市时间 1 2 3 4 5 6 7 8 9 10 11 12

常温	冷藏	干燥	冷冻
×	○	×	○

菠菜

冷冻后营养也不会流失

全年都有，但高峰期是在冬天，此时的菠菜味道浓厚，营养价值更高。菠菜含有草酸，会有涩味，一般会先焯水去除涩味后再食用，但涩味较淡的沙拉专用菠菜可以生吃。菠菜是一种富含β-胡萝卜素、维生素C、叶绿素和矿物质的蔬菜。

煮熟后保存的要点

煮熟后冷藏或冷冻时，如果煮得太软了，那么烹调时就会感觉软塌塌的。因此，放在热水中煮至断生后，需要立即捞出放入冷水中，挤干水分后冷冻或冷藏。

藏 1周（生）/5天（煮）

煮至断生即可

煮至断生，不要煮软了，然后放入保存容器保存。也可以不煮，用湿润的厨房纸包裹，放入冰箱冷藏。

解冻方法

无须解冻，可直接烹调。

冻 1个月

分把冷冻，不要重叠在一起

煮至断生后冷冻。冷冻后营养不会流失。

- 不解冻，如果直接放入饭盒，会有水分析出，所以请先把水分挤干。

营养成分（可食部分每100g）

热量	20kcal
蛋白质	2.2g
脂肪	0.4g
碳水化合物	3.1g
矿物质 钙	49mg
铁	2mg
β-胡萝卜素	4.2mg
维生素B_1	0.11mg
维生素B_2	0.2mg
维生素C	35mg

凉拌菠菜

材料和制作方法（2 人份）

❶ 准备 1 把冷冻菠菜，用水快速冲洗一下后切成 5～6cm 的长度，然后轻轻挤干水分。

❷ 将❶放入大碗，加入 2 小匙酱油、2 大匙高汤以及适量木鱼花，食用时搅拌均匀即可。

品种

红梗菠菜

梗呈红色的菠菜。涩味淡，可生吃，为沙拉增添色彩。嫩叶什锦沙拉中的一员。

次郎丸

日本爱知县稻泽市治郎丸地区自大正时代起栽培的品种。叶子呈细长形，缺口较深，根呈鲜艳的红色。遇冷时甜味就会出来。

皱叶菠菜

露天栽培的品种，是暴露在寒冷环境中生长的，不往上长，而是匍匐在地面上。肉厚味甜。

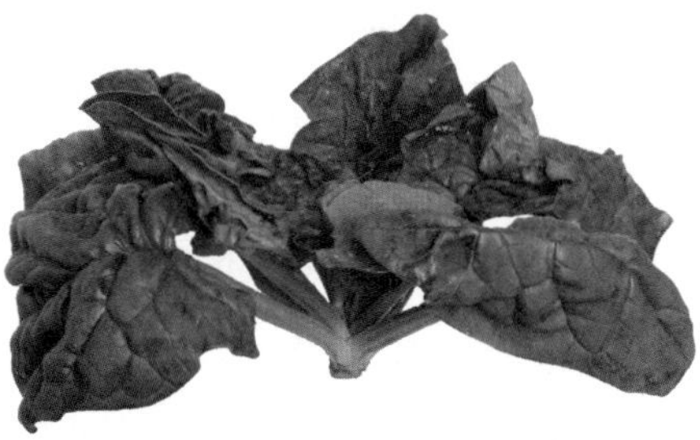

沙拉菠菜

梗长叶圆。可直接做成沙拉，无须焯水，十分方便。

山形红根菠菜

日本山形市栽培的东方品种。从 1927—1928 年栽培的菠菜中，选取根部特别红的进行改良而成。根部呈鲜艳的红色，味道甜。

上市时间：1 2 3 4 5 6 7 8 9 10 11 12

常温	冷藏	干燥	冷冻
×	○	×	○

小松菜

营养丰富，贮存起来做常备菜

全年都有，但天气寒冷时更甜、更美味。小松菜的营养价值十分卓越，尤其是钙含量，甚至可以和牛奶媲美，且营养成分一年四季都很稳定。没有涩味，使用时不需要焯水。原本是江户的传统蔬菜，主要种植于现在的日本东京小松川一带，所以被称为“小松菜”。

冻 1个月

切成容易食用的大小

去掉根部，剩余部分切成容易食用的大小，然后放入保存容器或保鲜袋保存。涩味少，富含钙和铁。即便冷冻，也不会损害营养价值。

- 纤维会被破坏，不会有硬邦邦的感觉，变得容易入口。

解冻方法

无须解冻，可直接烹调。

藏 1周

防止干燥

用轻微湿润的厨房纸包裹，装入保鲜袋冷藏。也可以切碎后装入保鲜袋或保存容器冷藏。

营养成分（可食部分每100g）

热量		14kcal
蛋白质		1.5g
脂肪		0.2g
碳水化合物		2.4g
矿物质	钙	170mg
	铁	2.8mg
β-胡萝卜素		3.1mg
维生素B_1		0.09mg
维生素B_2		0.13mg
维生素C		39mg

品种

传统小松菜

传统小松菜呈鲜艳的绿色，叶子和梗都比较柔软，没有涩味。

皱叶小松菜

暴露在严寒环境中生长的越冬蔬菜。味道甜美，鲜味浓厚。最近通过改良，也出现了皱叶品种。

东京黑水菜

据说，曾经有些地方会将小松菜称为京水菜。这种小松菜呈深绿色，耐寒，可持续收获到初春。适合做成凉拌菜、炖菜、腌菜等。

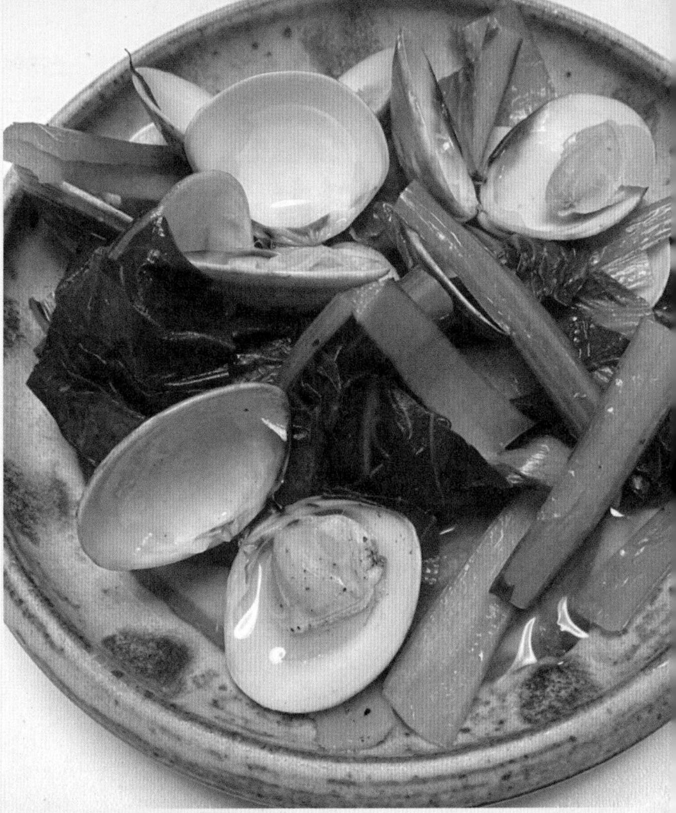

酒蒸小松菜花蛤

材料和制作方法（适合制作的量）

准备 1 把冷冻小松菜和 100g 冷冻花蛤，放入平底锅，加入 2 大匙料酒。然后盖上锅盖，开小火蒸至花蛤开口。可根据个人口味调味。

小松菜香蕉果昔

材料和制作方法（适合制作的量）

将 1/2 把冷冻小松菜、1 根冷冻香蕉和 1 杯牛奶放入榨汁机或搅拌机，打成糊状。

上市时间

1 2 3 4 5 6 7 8 9 10 11 12

常温	冷藏	干燥	冷冻
×	○	×	○

油菜花

在最美味的时期冷冻，灵活使用

十字花科的蔬菜，花蕾、花梗、嫩叶均可食用。冬天和次年春天上市。营养价值高，富含具有抗氧化作用的维生素C、维生素E和β-胡萝卜素。花的部分较柔软，而梗的部分稍硬，因此，烹调时，梗的部分需要多煮一会儿。

可食部分 100%

冻 1个月

用盐水煮后，装入保鲜袋

用盐水煮后，捞出后及时用厨房纸擦干水，并装入保鲜袋冷冻。营养价值几乎不变。

- 可以在冷冻的状态下磨碎，做成酱料或汤。
- 将冷冻的油菜花和木鱼花、酱油放在一起搅拌，腌油菜花就完成了。

解冻方法

无须解冻，可直接烹调。

藏 5天

用盐水煮后，装入保存容器

用盐水煮后，用厨房纸擦干，装入保存容器冷藏。当然，也可以不煮，用湿润的厨房纸将新鲜的油菜花包裹，装入保鲜袋冷藏。

腌 3～4天（冷藏）

咸昆布腌油菜花

材料和制作方法（适合制作的量）

❶ 准备1把油菜花，切掉根部，放入盐水煮，在变软前捞出，挤干水分。

❷ 将❶和2大匙盐渍昆布放入盆中搅拌，然后压上一块较轻的镇石，腌制2～3小时。

❸ 挤干汁水，切成4～5cm长。

品种

营养成分（可食部分每100g）

热量		35kcal
蛋白质		4.1g
脂肪		0.4g
碳水化合物		6g
矿物质	钙	97mg
	铁	0.9mg
β-胡萝卜素		2.6mg
维生素B_1		0.11mg
维生素B_2		0.24mg
维生素C		110mg

芦笋菜

芦笋菜是基于中国的“红菜薹”和“菜心”培育出来的新品种。叶子和梗较软，略带甜味。菜梗的风味似芦笋。

三重油菜花

日本三重县的特产。原本主要是用它的油菜籽来榨油。但在1955年左右，人们开始食用它的嫩叶。自那之后，“三重油菜花”就开始出现在市场上。可用来制作拌菜、炒菜等，菜品十分丰富。

常温	冷藏	干燥	冷冻
×	○	×	○

上市时间 1 2 3 4 5 6 7 8 9 10 11 12

茼蒿

冷冻后，味道会变温和，不再冲鼻

营养价值十分高，β-胡萝卜素的含量甚至高于同为绿叶蔬菜的菠菜和小松菜。独特的香味是茼蒿中含有的一种叫作α-蒎烯的芳香成分产生的，具有放松身心的功效，还能促进发汗和消化。

冻 1个月

生的冷冻茼蒿，香味非常浓郁

整棵冷冻，或者用盐水煮至断生后，切成碎段，装入保鲜袋冷冻。

- 用茼蒿制作的意式青酱，可以用作水煮肉的蘸酱。可以放在保鲜袋或保存容器中冷冻或冷藏保存。
- 水煮后，几乎所有维生素都会流失。所以应直接将冷冻的茼蒿放入汤中，或做成酱料、拌菜等。清炒茼蒿也十分美味。

解冻方法

无须解冻，直接烹调，美味的秘诀是立即食用。

藏 5天

菜梗切成小段

将菜梗切成段，装入保鲜袋冷藏。或者用湿润的厨房纸将新鲜茼蒿包裹，放入保鲜袋冷藏。

品种

小叶茼蒿

香味较温和，苦味少，味道也不冲。特别是细长的梗，美味又有嚼劲。适合用来制作沙拉、拌菜和涮火锅。

大叶茼蒿

叶子的锯齿较浅，不像普通的茼蒿那样呈锯齿状。叶子颜色稍淡，肉厚，香味不是很浓烈。

营养成分（可食部分每100g）

热量		22kcal
蛋白质		2.3g
脂肪		0.3g
碳水化合物		3.9g
矿物质	钙	120mg
	铁	1.7mg
β-胡萝卜素		4.5mg
维生素B_1		0.1mg
维生素B_2		0.16mg
维生素C		19mg

上市时间

1 2 3 4 5 6 7 8 9 10 11 12

常温	冷藏	干燥	冷冻
○	○	○	○

大葱

可食部分 99%

冷冻后，辣味减弱，绿色部分也更容易入口

大葱中冲鼻的辣味是一种叫作硫化丙烯的有效成分带来的，具有挥发性、水溶性。如果想要提高吸收率，请在食用前切碎，并且不要在水中浸泡太长时间。

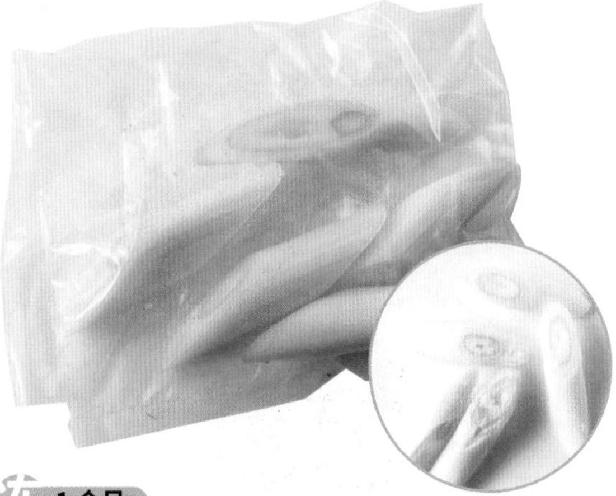

冻 1个月

斜切成厚片后冷冻

斜切成厚片后，装入保鲜袋冷冻。

- 冷冻后，口感会稍微变软，适合用于味噌汤或火锅，可以煮出大葱的甜味。
- 容易变硬的绿色部分，冷冻后反而会变软，大葱的气味也会消失。
- 将冷冻的大葱直接放在烤架上烤，甜味和抗氧化能力都会倍增。

解冻方法

无须解冻，从冷冻室拿出来后，请尽快使用。

藏 10天

切成小圈，食用更方便

将大葱切成小圈，放入容器冷藏或冷冻。做面食或味噌汤时，拿出来撒上，十分方便。也可以用潮湿的厨房纸包住，放入保鲜袋冷藏。

绿色的部分制作葱油味噌

准备1根大葱，切成葱末。用1大匙芝麻油翻炒后，加入1大匙味噌和1大匙味啉调味。这样，葱油味噌就完成了。

装在容器中冷藏或冷冻。可放在水煮萝卜或热米饭上面，也可以用作炒菜的调料。

品种

大葱

最佳食用时间是冬季。此时糖分和果胶会增加，让大葱变得更甜。

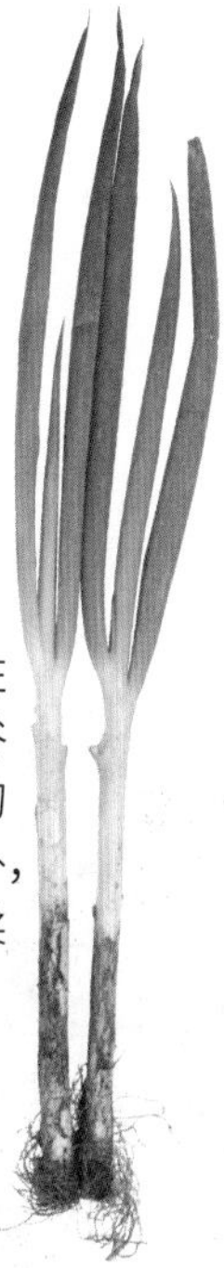

深谷葱

秋冬时期具有代表性的葱，是埼玉县深谷市周边栽培的大葱的总称。糖分较高。另外，纤维也非常细腻、柔软，呈白色。

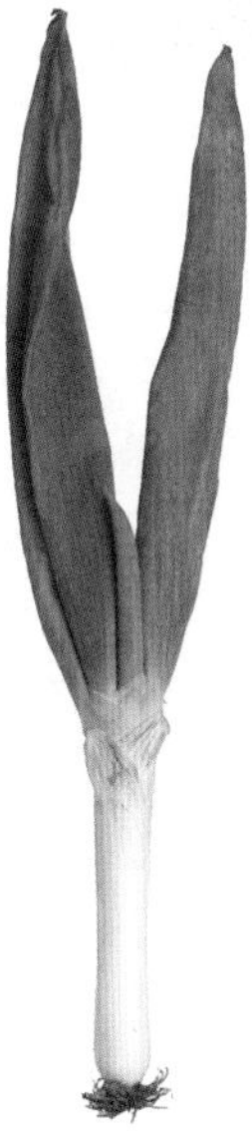

下仁田葱

日本群马县特产。身材又矮又胖，但肉质柔软。既有甜味又有辣味，加热后甜味增加。放在炖菜中可以提鲜。

红葱

软化的部分虽然是紫红色的，但内部是白色的，绿色的叶子很柔软。

香葱

大葱的近种，绿色比大葱浅。主要用作辅料。据说是因为香葱具有杀菌效果，所以经常搭配生鱼片食用。

干 2周（冷藏）

绿色部分切成小圈，晒干

将大葱的绿色部分切成小圈，然后铺在厨房纸上，放在太阳下晒干，鲜味会更加浓郁。

腌 1周（冷藏）

芝麻油拌葱花

材料和制作方法（容易制作的量）

准备 1 根大葱，切成葱花，放入保存容器。然后加入 1 大匙芝麻油、1/2 小匙盐，搅拌均匀后冷藏保存。

常 1周

不要洗，整根保存

不要洗，整根放入纸袋，竖着保存。

营养成分（可食部分每100g）

热量		34kcal
蛋白质		1.4g
脂肪		0.1g
碳水化合物		8.3g
矿物质	钙	36mg
	铁	0.3mg
β-胡萝卜素		0.08mg
维生素B_1		0.05mg
维生素B_2		0.04mg
维生素C		14mg

上市时间

1 2 3 4 5 6 7 8 9 10 11 12

常温	冷藏	干燥	冷冻
△	○	×	○

韭菜

香味新鲜，必须尽早使用

韭菜的历史非常悠久，除了普通的品种外，还有在隔绝阳光的环境下软化栽培而成的韭黄，以及食用柔软的花茎和花蕾的韭菜花。独特的香气是由硫化物造成的。和含有维生素B_1的猪肝等一起食用，可以起到缓解疲劳的作用。因此，韭菜可以说是一种补充体力的蔬菜。

可食部分 100%

冻 1个月 藏 5天

切成容易烹调的长度

将韭菜切成容易烹调的长度，放入保存容器冷冻或冷藏保存。

- 煮太久会失去口感，要注意加热时间。可用来制作饺子的馅料，也可以用来炒鸡蛋。
- 冷冻后，独特的香气会变淡，就算是冷冻，也要尽快用完。
- 韭菜和肉非常搭，冷冻韭菜可以和肉一起烹调，做成炒菜或韭菜猪肝等。

解冻方法

无须解冻，从冷冻室拿出来后，请尽快使用。

韭菜酱料

材料和制作方法（容易制作的量）

❶ 将1/2把冷冻韭菜切成末。切1/2块生姜，研磨成泥。准备1大匙酱油、1大匙醋、1/2大匙芝麻油、1/2大匙熟白芝麻、1/2小匙白砂糖。将所有食材混合在一起。

❷ 放入冷藏室，静置1～2小时。

营养成分（可食部分每100g）

热量	21kcal
蛋白质	1.7g
脂肪	0.3g
碳水化合物	4g
矿物质 钙	48mg
铁	0.7mg
β-胡萝卜素	3.5mg
维生素B_1	0.06mg
维生素B_2	0.13mg
维生素C	19mg

韭菜炒鸡蛋

材料和制作方法（2人份）

❶打散2个鸡蛋。将冷冻韭菜（按个人喜好决定用量）、1小匙白砂糖、少许盐和黑胡椒粉放入鸡蛋液，搅拌一下。

❷在平底锅中倒入色拉油。油热后，倒入❶，用筷子快速翻炒，炒熟后装盘。

常温	冷藏	干燥	冷冻
△	○	×	○

上市时间
1 2 3 4 5 6 7 8 9 10 11 12

小油菜

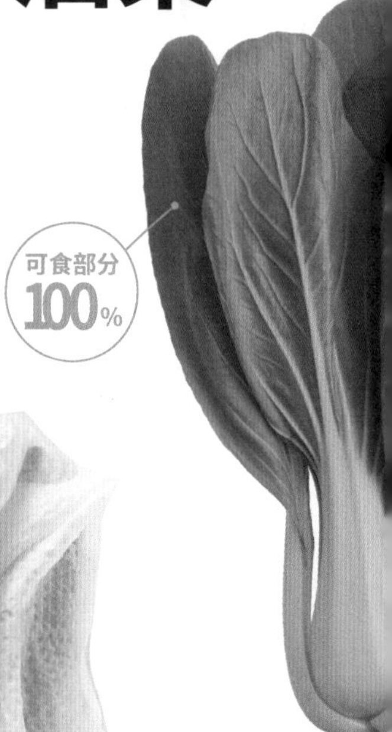

叶子和梗错开时间放入锅中，可以确保爽脆的口感

小油菜是中国菜经常使用的蔬菜，20世纪70年代传入日本。最佳食用时间是秋季，但大棚种植的小油菜一年四季都可以见到。没有涩味，也不易煮烂，适合炒菜、汤、炖菜等各式料理。小油菜中含有丰富的维生素C、β-胡萝卜素、钙、钾等营养成分，营养价值非常高。

冻 1个月

可直接烹调，无须解冻

根据用途，将小油菜切成丝或块等各种形状后，冷冻保存。

- 冷冻后的小油菜熟得快。
- 叶子较薄，所以冷冻后会稍微变软，但梗依旧非常爽脆，带有甜味。
- 小油菜和油一起食用，可以进一步提高营养价值。冷冻的小油菜可以直接用来炒菜，无须解冻。

解冻方法

无须解冻，从冷冻室拿出来后，请尽快食用。

藏 5天

根据用途，直接冷藏或者切好后冷藏

无论是直接冷藏，还是切好后冷藏，都需要用湿润的厨房纸包裹，装入保鲜袋冷藏。

小油菜炒牛肉

材料和制作方法（2～3人份）

❶ 在平底锅中放入1小匙芝麻油，油热后，放入100g牛肉片翻炒。
❷ 肉变色后，加入少许盐和黑胡椒粉以及2小匙蚝油调味。然后加入切成容易食用的大小后冷冻的小油菜，继续翻炒。

营养成分（可食部分每100g）

热量	9kcal
蛋白质	0.6g
脂肪	0.1g
碳水化合物	2g
矿物质 钙	100mg
铁	1.1mg
β-胡萝卜素	2mg
维生素B_1	0.03mg
维生素B_2	0.07mg
维生素C	24mg

上市时间 1 2 3 4 5 6 7 8 9 10 11 12

常温	冷藏	干燥	冷冻
△	◎	○	○

苏子叶

可食部分 100%

冷冻苏子叶是酱油、味噌的绝佳搭档

苏子叶是一种香草，主要使用其叶子。但其实它的嫩芽、花穗和未成熟的果实都可以食用。5月至6月紫苏也会上市。这种紫苏富含具有强抗氧化作用的花青素。香气成分紫苏醛除了有防腐作用外，还有发汗、止咳、增进食欲的作用。

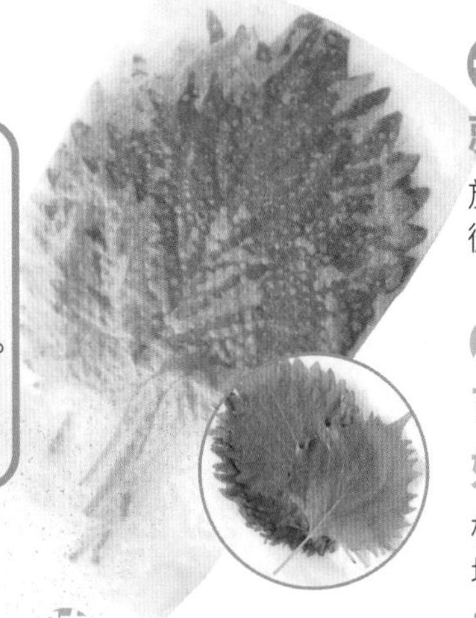

藏 10天

轻微打湿后，放入保存容器

用喷雾将厨房纸打湿，包裹苏子叶，放入保存容器冷藏。这样一来，叶子就会比买回来时还要水嫩。

干 1个月（冷藏）

就像干欧芹一样使用

放在太阳下晒至酥脆，或放入微波炉加热 3 分钟。

冻 3周

可直接冷冻，也可切好后冷冻

根据用途，将苏子叶切成丝或块等各种形状后，冷冻保存。

- 冷冻后香味依旧，但颜色可能会发黑，可以和酱油搭配使用或放在汤中。
- 也可以和味噌搭配，制作苏子叶味噌等。

解冻方法

无须解冻，从冷冻室拿出来后，请尽早食用。

腌 4～5天

腌制后更美味

准备 10 片苏子叶，撒上 1～2 大匙酱油，等苏子叶变软就完成了，可以放入冰箱冷藏保存。可以代替海苔卷饭团，剩下的酱油可用来提香。

营养成分（可食部分每100g）

热量		37kcal
蛋白质		3.9g
脂肪		0.1g
碳水化合物		7.5g
矿物质	钙	230mg
	铁	1.7mg
β-胡萝卜素		11mg
维生素B_1		0.13mg
维生素B_2		0.34mg
维生素C		26mg

苏子叶卷涮肉

材料和制作方法（容易制作的量）

❶ 准备 100g 涮肉用的肉片，一片一片放入热水中煮，煮至变色后，捞出来放入冷水中，再沥干水分。

❷ 用酱油腌制的苏子叶包裹起来。

常温	冷藏	干燥	冷冻	上市时间 1 2 3 4 5 6 7 8 9 10 11 12
△	○	○	○	

香菜

连根都可以切碎了冷冻

香菜，又叫芫荽，是全世界都在使用的食用香草之一。香菜的香味独特，切碎或碾碎后更加浓郁。香菜富含具有抗氧化作用的β-胡萝卜素和维生素C，是一种营养价值非常高的蔬菜。

可食部分 100%

藏 10天

浸泡在水中保存

只摘下叶子，浸泡在装着水的保存容器中冷藏，也可以连根一起，放入装着水的容器，再冷藏保存。这时，根必须完全没入水中，才能保持爽脆感。

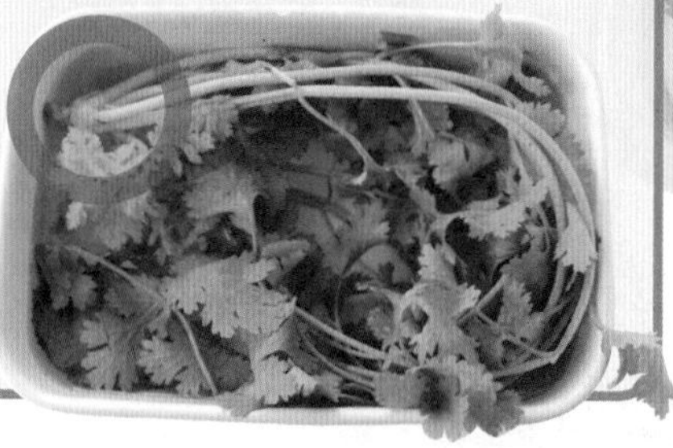

干 1个月（冷藏）

用微波炉制作干香菜

洗干净后，用厨房纸擦干，再挤出水分，在耐高温容器中铺1张厨房纸，将香菜平铺在上面，然后放入微波炉加热3分钟，干香菜就制成了。

冻 1个月

冷冻后，香味依旧

根据用途，将香菜切好后，冷冻保存。梗切成末，和叶子一起冷冻。

- 冷冻后，香味依旧，不会变淡。香气成分具有清肠、健胃、解毒的作用，因此，在胃不舒服时，可以多食用香菜。香菜和酱油也是很好的搭档。

解冻方法

无须解冻，从冷冻室拿出来后，请尽早食用。

香菜牛油果芝士沙拉

材料和制作方法（2～3人份）

❶ 准备1个冷冻牛油果，切成方便食用的大小。

❷ 将❶和1大匙橄榄油、1小匙柠檬汁、20g芝士（可根据个人喜好选择）及1把切好的冷冻香菜混合在一起。

❸ 装盘，撒上适量的黑胡椒粉和黑橄榄。

上市时间

1	2	3	4	5	6	7	8	9	10	11	12

常温	冷藏	干燥	冷冻
△	◎	○	○

鸭儿芹

把根浸在水中冷藏保存，维持爽脆口感

野生的鸭儿芹在日本各地都有，自古就是人们餐桌上的常客。在大棚水培的鸭儿芹一年四季都可以买到。香味清爽独特，具有镇静心情、增进食欲的功效。

可食部分 95% 只需去除根部

藏 1周

连根一起浸泡在水中

连根浸泡在装着水的容器中冷藏。需要尽快食用。将根浸泡在水中，可以让茎叶一直保持爽脆的口感。

冻 1个月

冷冻后，香味依旧

连根一起冷冻，可以让茎从内到外都被冷冻起来。解冻时，香味就恢复了。

- 冷冻的鸭儿芹适合搭配有汁水的料理，比如撒在汤上，或放在蒸鸡蛋上做点缀。也可以做成凉拌菜或醋拌菜等。

解冻方法

无须解冻，从冷冻室拿出来后，立即烹调。

干 1个月（冷藏）

最适合撒在汤上

可以用微波炉加热3分钟，轻松制成干鸭儿芹。

- 干鸭儿芹的香味比新鲜鸭儿芹更加浓郁。

营养成分（可食部分每100g）

热量	13kcal
蛋白质	0.9g
脂肪	0.1g
碳水化合物	2.9g
矿物质 钙	47mg
铁	0.9mg
β-胡萝卜素	3.2mg
维生素B_1	0.04mg
维生素B_2	0.14mg
维生素C	13mg

鸭儿芹拌木鱼花

材料和制作方法（容易制作的量）

准备适量冷冻鸭儿芹，切成方便食用的长度，装在盘中，放上适量木鱼花，淋上适量酱油。

常温	冷藏	干燥	冷冻
△	◎	△	○

上市时间 1 2 3 4 5 6 7 8 9 10 11 12

水芹

最好分装后冷冻

原产地是欧洲，但是因为适合在山区干净的水源周边生长，因此自明治时代引入之后，日本各地都开始出现了野生水芹。水芹味道辣，是因为和萝卜、芥末一样，含有一种叫作异硫氰酸烯丙酯的成分。水芹具有杀菌、增进食欲的功效。

腌 4～5天

酱油腌水芹碎

❶ 准备 2 把水芹，切掉根部，将茎切成碎。
❷ 装入保鲜袋，加入 2 大匙酱油、2 小匙熟白芝麻调味。揉搓均匀后，排出空气，封上保鲜袋，放在冷藏室冷却 1 小时。
· 茎也含有丰富的营养，不要扔掉，切碎食用。

冻 1个月

冷冻后，香味能维持更久

根据用途，切碎或切末后冷冻。水芹容易受温度变化的影响，所以冷冻时请分装在多个保鲜袋中冷冻。

· 2～3 天后香味就会变，请尽快冷冻。
· 冷冻后的水芹不适合生吃，最好煮熟。建议用来做汤、炒菜或拌菜。
· 即便冷冻了，也可以轻松切断茎。可以直接烹调，无须解冻。

解冻方法

无须解冻，从冷冻室拿出来后，立即烹调。

藏 1周

将茎浸泡在水中

将茎浸泡在装水的容器中冷藏，可以让水芹保持新鲜 1 周左右，每 2～3 天需要换 1 次水。

营养成分（可食部分每100g）

热量		15kcal
蛋白质		2.1g
脂肪		0.1g
碳水化合物		2.5g
矿物质	钙	110mg
	铁	1.1mg
β-胡萝卜素		2.7mg
维生素B_1		0.1mg
维生素B_2		0.2mg
维生素C		26mg

上市时间 1 2 3 4 5 6 7 8 9 10 11 12

常温	冷藏	干燥	冷冻
△	○	◎	○

欧芹

可食部分 100%

买多了，就做成干欧芹

通过大棚种植，一年四季都可以买到欧芹，但最佳食用时间是3月至5月和9月至11月，这时的欧芹叶子柔软，风味也更佳。欧芹多被用作菜肴的辅料，但其实它富含维生素C、β-胡萝卜素等营养成分。欧芹独特的香味是来自一种叫作芹菜脑的成分，除了抗菌，还有预防口臭、增进食欲的作用。

藏 10天 常 2～3天

只要浸泡在水中，常温也可以

只要将茎浸泡在水中，就可以常温保存。如果要冷藏，可用湿润的厨房纸包裹茎的部分，再装入保鲜袋冷藏。

干 半年（冷藏）

将叶子放在太阳下晒或用微波炉干燥

将叶子撕成容易食用的大小后，平铺在笸箩等容器中，放在太阳底下晒干。或者在容器中铺一层厨房纸，将去除茎的欧芹放在上面，再放入微波炉，加热 3 分钟即可。干燥后的欧芹质感酥脆，颜色漂亮，香味浓郁。装入密封罐，置于冷藏室保存。

- 欧芹的维生素 C 含量比柠檬还要丰富。在新鲜的时候保存起来，可以锁住其营养价值。
- 自制干欧芹颜色鲜艳，香味也比市面上的干欧芹更浓郁。
- 也可以将干欧芹放入油中，制作欧芹油。

营养成分（可食部分每100g）

热量	43kcal
蛋白质	4g
脂肪	0.7g
碳水化合物	7.8g
矿物质 钙	290mg
铁	7.5mg
β-胡萝卜素	7.4mg
维生素B_1	0.12mg
维生素B_2	0.24mg
维生素C	120mg

冻 1个月

装入保鲜袋

用厨房纸包裹后，装入保鲜袋冷冻。

- 冷冻后的欧芹，可以徒手隔着保鲜袋就能弄散。

解冻方法

无须解冻，从冷冻室拿出来后，立即烹调。

常温	冷藏	干燥	冷冻
△	○	○	○

上市时间 1 2 3 4 5 6 7 8 9 10 11 12

罗勒

做成意式青酱保存

香气成分是丁子香酚，具有抗菌、镇静的作用。看到罗勒，人们容易想到意大利料理，但它的原产地却是印度，在阿育吠陀（印度传统医学的一部分）中，罗勒被认为是可以延年益寿的植物。

冻 1个月

用于酱料或炖菜

用保鲜膜包裹，平铺着冷冻，不要叠在一起。

- 冷冻的罗勒可以为意面或汤增添香味，容易变软，不适合用来制作沙拉。

解冻方法

无须解冻，从冷冻室拿出来后，立即烹调。

干 半年（冷藏）

自制干罗勒，香味更丰富

可以放在太阳下晒干，也可以用微波炉加热3分钟，轻松干燥。

- 干罗勒的绿色没有新鲜罗勒鲜艳，但香味不受影响。

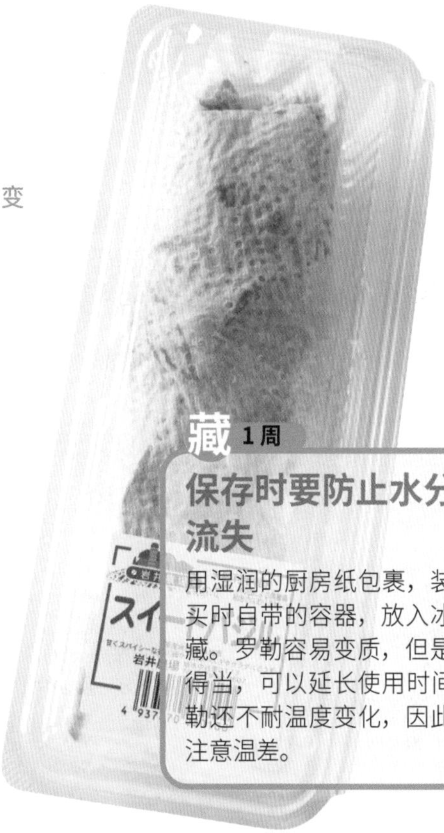

藏 1周

保存时要防止水分流失

用湿润的厨房纸包裹，装回购买时自带的容器，放入冰箱冷藏。罗勒容易变质，但是保存得当，可以延长使用时间。罗勒还不耐温度变化，因此需要注意温差。

意式青酱

材料和制作方法（容易制作的量）

❶ 将40g罗勒叶、30g芝士粉、1瓣大蒜、1/3小匙盐、1/2杯橄榄油放入料理机或搅拌机，打成糊。

❷ 装入密封罐，滴少量橄榄油（不规定量）后，放入冷藏室保存。

营养成分（可食部分每100g）

热量		24kcal
蛋白质		2g
脂肪		0.6g
碳水化合物		4g
矿物质	钙	240mg
	铁	1.5mg
β-胡萝卜素		6.3mg
维生素B_1		0.08mg
维生素B_2		0.19mg
维生素C		16mg

上市时间

1 2 3 4 5 6 7 8 9 10 11 12

常温	冷藏	干燥	冷冻
×	○	○	○

阳荷

可食部分 100%

必须分装保存

辛香类蔬菜，大棚种植的阳荷市场上一年四季都能买到，但最佳食用时间是初夏到秋天。阳荷呈淡红色是因为含有具有抗氧化作用的花青素，和醋、柠檬等酸味食物一起食用，会让颜色变得更加鲜艳，因此人们经常用它来做酱菜等。食用部位主要是聚集了很多花蕾的花穗部分，但茎和叶中也含有有效成分，可用来沐浴。

冻 1个月

用保鲜膜包裹起来后装入保鲜袋

用保鲜膜一个一个单独包裹后，放入保鲜袋冷冻，也可以用厨房纸包裹，再放入保鲜袋冷冻。根据用途，切成小圈或丝状后冷冻也可以。

- 冷冻后虽然失去了爽脆的口感，但会变得更容易入味。

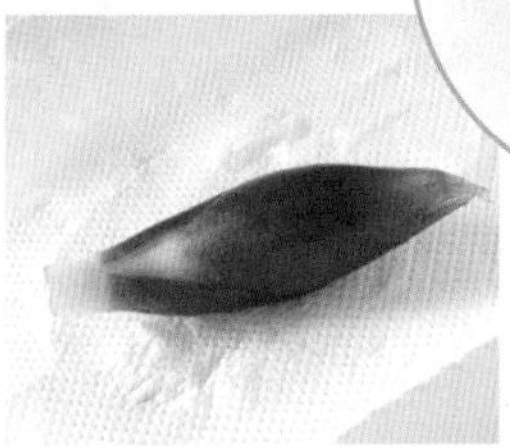

解冻方法

从冷冻室拿出来后，立即烹调。即便刚从冷冻室拿出来，也可以轻松切断。

藏 10天

浸泡在水中，留住爽脆口感

如果10天以内能用完，就将阳荷浸泡在装水的容器中冷藏保存。

干 5天（冷藏）

对半切或切成小圈，晒干

对半切或横切成小圈，放在太阳下晒干。

- 对半切的干阳荷适合炒菜或做汤。
- 切成小圈的阳荷可以用作辅料。

营养成分（可食部分每100g）

热量		12kcal
蛋白质		0.9g
脂肪		0.1g
碳水化合物		2.6g
矿物质	钙	25mg
	铁	0.5mg
β-胡萝卜素		0.03mg
维生素B_1		0.05mg
维生素B_2		0.05mg
维生素C		2mg

腌 2周（冷藏）

阳荷泡菜

材料和制作方法（容易制作的量）

❶ 准备6个阳荷和50g生姜。阳荷纵向对半切，生姜去皮，切成薄片。

❷ 将基本的泡菜料（参考P27）倒入小锅，开中火煮至沸腾后，转小火，加入❶。继续煮1分钟后，关火，静置冷却。

❸ 装入保存容器，在冷藏室放置半天以上。

常温	冷藏	干燥	冷冻
○	○	○	○

上市时间 1 2 3 4 5 6 7 8 9 10 11 12

迷迭香

鸡肉料理中不可或缺的食材。有很多保存方法

抗氧化能力特别强的香草，甚至有“返老还童香草”的美誉。清爽的香味和抗氧化作用的源头都是针叶树中含有的萜烯。如果叶子摸上去有点黏糊糊的，说明含有较多的精油成分，品质较好。

可食部分 100%

藏 1周

保存时要防止水分流失

用湿润的厨房纸包裹，再放回购买时自带的容器，放入冰箱冷藏。

冻 1个月

整株冷冻，保持香味

连带着茎一起，将新鲜的迷迭香装入保鲜袋冷冻。

- 冷冻后，香味依旧。

解冻方法

无须解冻，水分较少，不解冻也可直接烹调。

干 半年（冷藏）

晒干或用微波炉干燥

将叶子从茎上摘下来，放在太阳底下晒干，或放入微波炉加热2分钟。

- 将干迷迭香和黄油或奶油芝士等混合在一起，制成香草酱，香味更浓郁。
- 干迷迭香的香味依旧很浓郁，可以用于肉菜，为肉增添风味。

迷迭香酱

材料和制作方法（容易制作的量）

❶ 将30g核桃、1瓣蒜末、70mL橄榄油、50g撕碎的迷迭香叶（水洗后沥干）放入料理机或搅拌机，再撒入1/3小匙盐。

❷ 打成糊。

❸ 装入密封罐，滴少量橄榄油后，放入冷藏室保存。

上市时间 1 2 3 4 5 6 7 8 9 10 11 12

常温	冷藏	干燥	冷冻
△	◎	○	○

薄荷叶

可食部分 100%

要想保持新鲜，保存时需要及时补充水分

藏 2周

保存时及时补水

放在装着水的保存容器中冷藏。也可以将厨房纸打湿，轻轻拧一下后，将薄荷叶包裹后冷藏。等厨房纸干了，再用喷雾轻轻打湿。这样操作可以冷藏1周。

冻 1个月

茎也一起冷冻

直接装入保鲜袋冷冻。将薄荷叶放入制冰机，再注入水，冷冻之后，薄荷冰就制成了。

- 可放在碳酸水中，也可用来制作薄荷茶，毫不逊色于新鲜的香草。
- 所有香草都含有耐热成分，冷冻后直接加热烹调也没问题。

解冻方法

无须解冻，薄荷从冷冻室拿出来后叶子会很快变黑，须立即使用。

干 半年（冷藏）

干薄荷也非常适合用来制作甜点

将叶子从茎上摘下来，放在太阳下晒干，或放入微波炉加热3分钟。

- 干薄荷和羊肉等有膻味的肉放在一起，可以去除膻味。

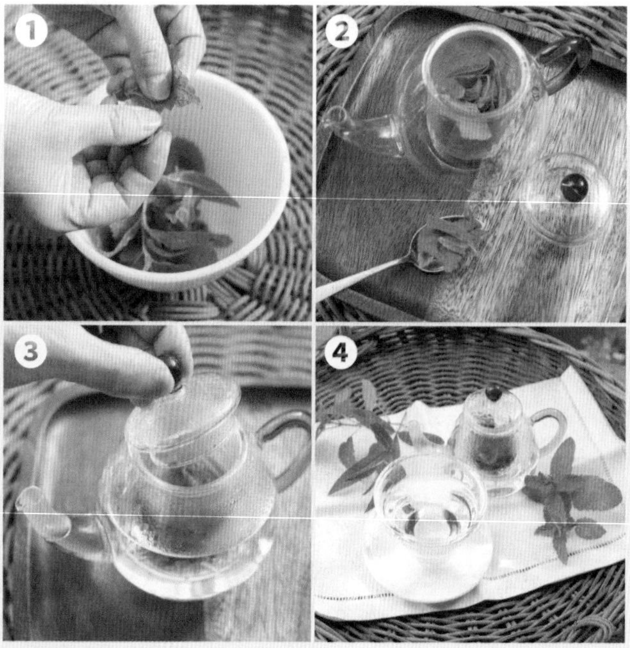

香草茶

❶ 将薄荷叶（冷藏）清洗干净，用手摘掉粗的茎和变质的叶子，取适量香茅，用厨房剪刀剪成合适的长度。

❷ 取1大茶匙❶放入茶壶（1人份）。注入热水（95～98℃），没过叶子，然后盖上盖子，闷3分钟，如果是茎或花蕾等偏硬的部位，则需再闷5分钟。

❸ 轻轻摇晃茶壶，让茶水浓度均匀后，倒入杯子。

※杯子最好预热一下。

常温	冷藏	干燥	冷冻
△	○	△	○

上市时间 1 2 3 4 5 6 7 8 9 10 11 12

花椰菜

冷冻后可用于各式料理

各地都在种植，且收获时间各不相同，一年四季都可以买到，但最好吃的时间是在11月至次年3月。花椰菜的维生素C含量十分丰富，有卷心菜的2倍之多。可以生吃，也适合做成泡菜或腌菜。

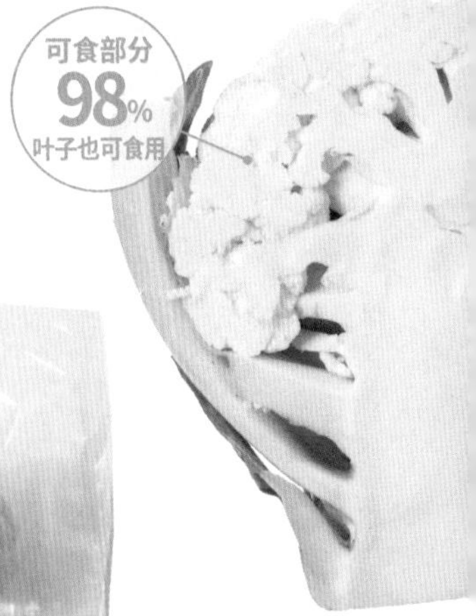

冻 1个月

不要切分，直接保存

茎和花蕾的硬度差不多，不用切分，直接装入保鲜袋冷冻即可。使用时，无须解冻，可直接放入浓汤，或水煮后做成沙拉，也可以做成炒菜等各式料理。

- 冷冻的花椰菜因为纤维遭到破坏，会很快变软，建议用来做汤。
- 水煮后，维生素 C 会溶在水中，建议直接炒或做成泡菜等。

解冻方法

无须解冻，从冷冻室拿出来后，尽早烹调。

花椰菜泡菜

材料和制作方法（容易制作的量）

❶ 准备 150g 冷冻花椰菜，快速用水冲洗后擦干。

❷ 将基本的泡菜料（参考 P27）和 3 粒丁香放入小锅，开火煮至沸腾后，转小火，加入❶，继续煮 2 分钟后，关火，静置冷却。

❸装入保存容器，在冷藏室放置半天以上。

藏 10天

防止干燥

干燥后，花蕾会变黄，味道也会变淡。请用厨房纸包裹后，装入保鲜袋冷藏。

常 1天

整株保存

贮存在阴凉处，花蕾 1 天后可能就会出现褐色的斑点，请多加注意。

干 3天（冷藏）

松软的口感捕获人心

分成小朵，清洗干净后用厨房纸擦干，放在太阳下晒 2 ～ 3 天。适合用来炒菜。

营养成分（可食部分每100g）

热量		27kcal
蛋白质		3g
脂肪		0.1g
碳水化合物		5.2g
矿物质	钙	24mg
	铁	0.6mg
β-胡萝卜素		0.02mg
维生素B_1		0.06mg
维生素B_2		0.11mg
维生素C		81mg

上市时间

1 2 3 4 5 6 7 8 9 10 11 12

常温	冷藏	干燥	冷冻
△	○	△	○

西蓝花

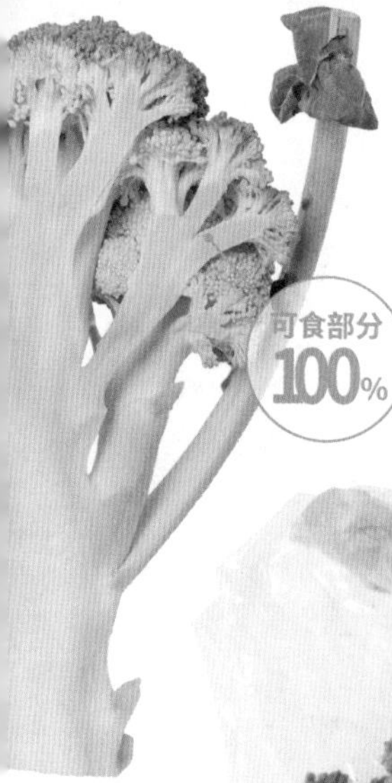

可食部分 100%

冷冻不会影响口感

西蓝花是最具代表性的黄绿色蔬菜，全年都有，富含具有抗氧化作用的β-胡萝卜素和维生素C。值得注意的是它的辣味成分萝卜硫素，具有预防癌症等生活方式病的效果。为了更高效地摄取水溶性维生素，建议加少量水焖蒸，而不是水煮。

冻 1个月

茎和花蕾分开保存

将茎和花蕾切分开，分别装入不同的保鲜袋冷冻。茎和花蕾的硬度不同，所以最好用于不同的料理。将生的西蓝花直接冷冻，可以将维生素等营养成分完好无损地保留下来。花蕾部分可以直接用于炖菜。

- 即便冷冻了，也不会变得太软，还保留了一点嚼劲，可用于沙拉。
- 制作炒菜、蒸菜等时，做法和新鲜的西蓝花一样。

花蕾部分可直接用于炖菜。

解冻方法

无须解冻，从冷冻室拿出来后，尽早烹调。

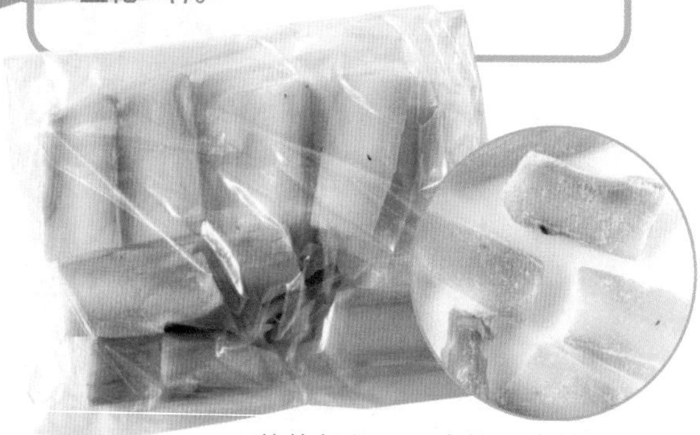

茎的部分可以直接用来炒菜，无须解冻。

营养成分（可食部分每100g）

热量	33kcal
蛋白质	4.3g
脂肪	0.5g
碳水化合物	5.2g
矿物质 钙	38mg
铁	1mg
β-胡萝卜素	0.81mg
维生素B_1	0.14mg
维生素B_2	0.2mg
维生素C	120mg

藏 10天

防止干燥

干燥后，花蕾会变黄，味道也会变淡。建议用厨房纸包裹后，装入保鲜袋冷藏。

常 1天

整株保存

保存在阴暗处，花蕾 1 天后可能就会变成黄色，请稍加注意。

干 3天（冷藏）

爽脆的口感捕获人心

分成小朵，清洗干净后用厨房纸擦干，放在太阳下晒 2 ~ 3 天。适合制作炖菜或炒菜。

品种

西蓝花

原产于地中海沿岸地区。是从野生卷心菜衍变而来的蔬菜。可食用的部位是堆簇着很多小花蕾的花球和茎，小花蕾越密集，品质越好。

长杆西蓝花

不需要分成小花蕾，深受人们的喜欢。长长的茎较软，口感似芦笋。适合用来制作沙拉，或用作肉料理的配菜。

紫西蓝花

花蕾呈鲜艳的紫色。这是多酚花青素的颜色，水煮后会变成绿色。另外，还带甜味。

西蓝花浓汤

材料和制作方法（2 人份）

❶ 在锅中放入 10g 黄油，煮化后，加入 150g 冷冻的西蓝花花蕾，炒至断生。
❷ 加水没过西蓝花，用小火煮至西蓝花变软。
❸ 关火，用搅拌器搅拌至顺滑（如果没有搅拌器，就用大汤勺等压碎）。
❹ 加入 1 杯牛奶，开火加热，加入少许盐和黑胡椒粉调味。
❺ 盛到碗中，可根据个人喜好，淋少许生奶油。

西蓝花焖三文鱼

材料和制作方法（2 人份）

在平底锅中平铺 2 块三文鱼（生）和 6～8 块冷冻西蓝花。撒上少许盐和黑胡椒粉及 2 大匙白葡萄酒后，开火。煮至沸腾后，盖上锅盖，转小火焖 5 分钟左右。

西蓝花番茄香肠意面

材料和制作方法（1 人份）

❶ 准备 100g 意大利面，按照包装袋上的指示煮熟。
❷ 在意大利面快要煮熟的 2 分钟前，加入 5 块冷冻西蓝花和 1 根切片后的冷冻香肠。2 分钟后，捞出全部食材，放入沥水篮，沥干水分。
❸ 在平底锅中加入 2 大匙番茄酱，开小火炒 1～2 分钟后，加入❷炒匀，撒入少许盐和黑胡椒粉调味。
❹ 装盘，撒上适量芝士粉。

上市时间
1 2 3 4 5 6 7 8 9 10 11 12

常温	冷藏	干燥	冷冻
△	○	△	○

芦笋

可食部分 98% 只需去除硬皮

煮熟后浸泡在水中冷藏保存

芦笋一年四季都可以买到，但是露天栽培的芦笋的上市时间是春天到初夏。芦笋富含具有缓解疲劳功效的天门冬氨酸和有助于预防贫血的叶酸，尤其是笋尖的花穗，具有很高的营养价值。水煮芦笋时，将处理芦笋时削下的皮一并放入，可以提升芦笋的风味。

藏 5天（生）/4天（煮熟）

焯过水后冷藏，口感最佳

焯过水后，浸泡在水中，也可以不煮，用湿润的厨房纸包裹新鲜的芦笋后，装入保鲜袋。

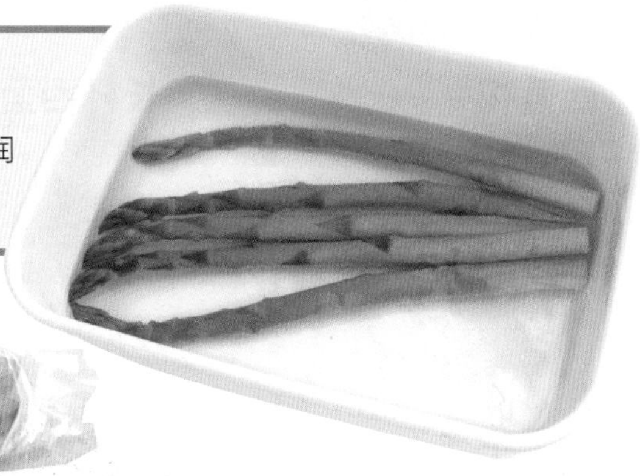

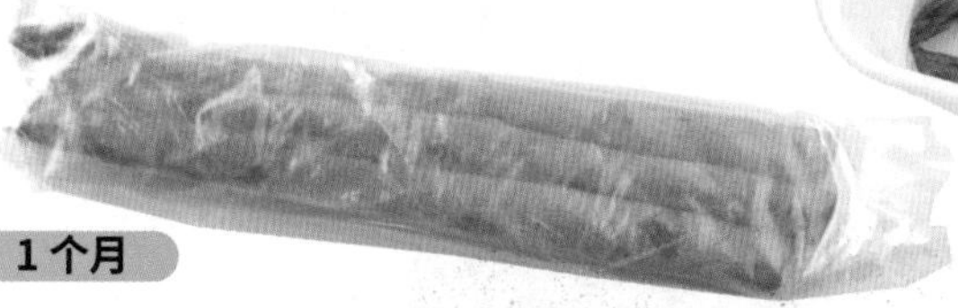

冻 1个月

冷冻新鲜芦笋，使用时无须解冻

将芦笋装入保鲜袋冷冻保存。

- 虽然口感会变软，但也会更容易入味。适合用来制作炖菜等含汤汁的料理。
- 不适合炒菜。
- 应季的芦笋抗氧化力会提升5倍以上，请在应季的时候冷冻芦笋，维持其营养价值。

解冻方法

不需要浸泡在水中解冻，只需在常温下放置30秒左右，就可以轻松切断了。解冻时，不会有水分析出，颜色也不会改变。

切得碎一点，会更美味

冷冻的芦笋用中火炒或水煮后，会变得柔软。但是，芦笋有独特的筋，冷冻后味道会稍显寡淡，比起单独做成料理，更适合和肉或其他蔬菜等一起烹调。另外，切得小一点，会更美味。

营养成分（可食部分每100g）

热量		22kcal
蛋白质		2.6g
脂肪		0.2g
碳水化合物		3.9g
矿物质	钙	19mg
	铁	0.7mg
β-胡萝卜素		0.38mg
维生素B_1		0.14mg
维生素B_2		0.15mg
维生素C		15mg

芦笋炒凤尾鱼

材料和制作方法（容易制作的量）

❶ 准备4根冷冻芦笋，切成容易食用的大小。加热平底锅，放入1小匙橄榄油和1/2小匙蒜末，炒出香味后，加入芦笋翻炒。

❷ 等芦笋炒热后，加入盐渍凤尾鱼碎片，翻炒均匀即可。

常温	冷藏	干燥	冷冻
○	○	○	○

上市时间 1 2 3 4 5 6 7 8 9 10 11 12

西芹

可食部分 100%

冷冻保存后香味会变柔和

各地都在种植西芹，且收获时间各不相同，全年都可以在市场上看到它。独特的香味是由一种叫作芹菜苷的多酚造成的，具有缓解焦虑、镇静心情的功效。比起根部，叶子中含有的营养成分更多，千万不要浪费。

冻 1个月 **常** 2天

切成喜欢的大小保存

即便冷冻了，也可以轻松切断。不过，还是建议先切成方便食用的大小后，再装入保鲜袋冷冻。叶和茎可以放在一起冷冻。

- 冷冻的叶子可用来做汤。
- 放入汤后，会变软，且特有的气味也会消失，不喜欢西芹的人也能食用。
- 西芹中含有的营养成分比较耐热，冷冻西芹可以直接炖煮或炒。

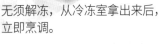

解冻方法

无须解冻，从冷冻室拿出来后，立即烹调。

藏 5～7天

及时补充水分，防止变干

用喷雾轻微打湿厨房纸，然后将西芹包裹，冷藏保存。为了防止厨房纸变干，需要时不时地用喷雾补充水分，这样才能保存久一点。

干 1周（冷藏）

香味更加浓郁

将叶和茎分开干燥。适合制作炖菜和汤。

腌泡西芹鱿鱼

材料和制作方法（2人份）

❶ 准备1根冷冻西芹，去筋后，斜切成5mm厚的片。准备半条鱿鱼（冷冻），去皮，切成7mm宽的圈。

❷ 将❶放入热水中，煮熟后沥干水分。

❸ 在大碗中加入3大匙白葡萄醋、1大匙芥末粒、1大匙蜂蜜和1大匙柠檬汁，搅拌均匀。

❹ 将❸加入❷，在冷却的过程中，等待入味。

营养成分（可食部分每100g）

热量		15kcal
蛋白质		0.4g
脂肪		0.1g
碳水化合物		3.6g
矿物质	钾	410mg
	钙	39mg
	铁	0.2mg
β-胡萝卜素		0.04mg
维生素B_1		0.03mg
维生素B_2		0.03mg
维生素C		7mg

上市时间

1 2 3 4 5 6 7 8 9 10 11 12

常温	冷藏	干燥	冷冻
×	◎	○	○

豆芽

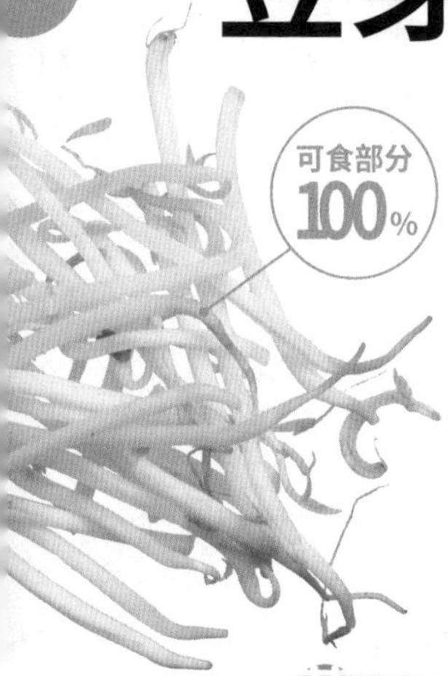

可食部分 100%

口感爽脆！浸泡在水中冷藏保存

豆芽的95%都是水，十分适合减肥人群食用。但它的营养成分也十分丰富，有能够有效缓解疲劳的维生素B_1、能够强化骨头和牙齿的钙，以及具有抗氧化作用的维生素C。冷水下锅，可以保留爽脆的口感，而热水下锅，虽然最后会变软，但营养成分的留存率会提高。

藏 1周

浸泡在水中冷藏

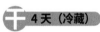

浸泡在水中冷藏，可以保存大约1周。但是，需要每2天换一次水。根部发黑，就预示着最美味的阶段已经过去，虽然还会有爽脆的口感，但风味会流失，还请尽早烹调。

干 4天（冷藏）

分量减少，可以吃很多

清洗后擦干，平铺在沥水篮中，在太阳下晒2天左右。

冻 3周

用厨房纸包裹

用厨房纸包裹，装入保鲜袋冷冻，可以保证食用时豆芽还处于新鲜的状态。解冻时，浸泡在水中或放置在常温下，会让豆芽析出很多水，味道变淡，美味程度减半。

- 口感虽然偏软，但更容易入味。
- 冷冻豆芽时，如果将根须去除了，营养成分就会从切口处流失。所以请不要去除，直接冷冻。根须部分含有丰富的维生素C和膳食纤维。

解冻方法

无须解冻，从冷冻室拿出来后，立即烹调。

营养成分（可食部分每100g）

热量		14kcal
蛋白质		1.7g
脂肪		0.1g
碳水化合物		2.6g
矿物质	钙	10mg
	铁	0.2mg
β-胡萝卜素		0.01mg
维生素B_1		0.04mg
维生素B_2		0.05mg
维生素C		8mg

品种

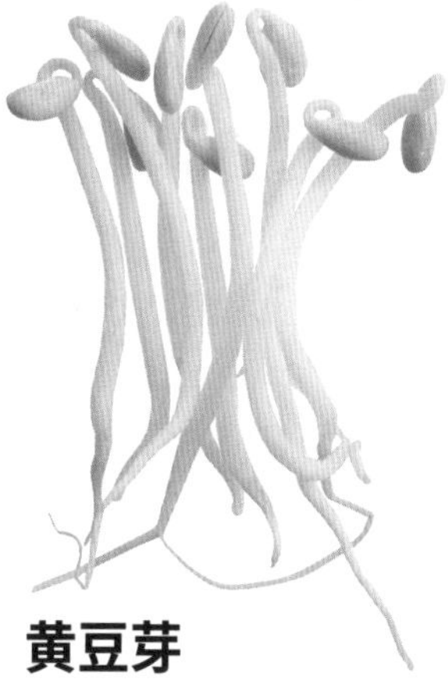

黄豆芽

可以连黄豆一起食用，味道醇厚。

黑豆芽

口感爽脆，豆子甜美。

绿豆芽

绿豆发芽的产物。通体呈晶莹剔透的白色，带有甜味。

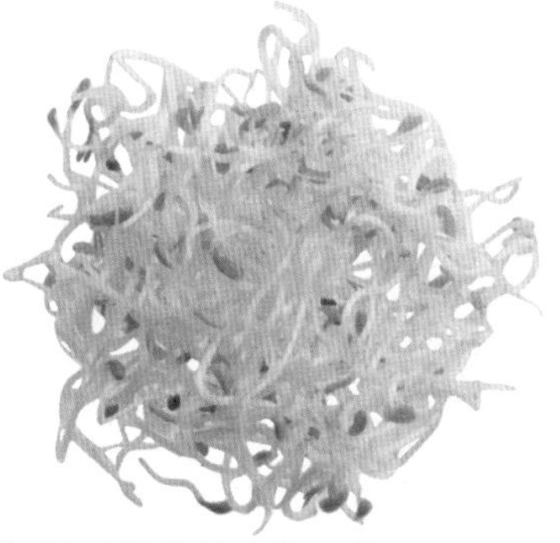

苜蓿芽

是牧草“紫苜蓿”种子发芽的产物，营养丰富。

韩式拌豆芽

材料和制作方法（容易制作的量）

❶ 将1/2袋冷冻黄豆芽放入热水中焯一下，然后捞起，挤干水分。

❷ 在大碗中加入2小匙芝麻油、1/3小匙盐、1大匙白芝麻碎以及少许蒜泥，搅拌均匀。

❸ 将❶放入大碗中，和❷搅拌均匀。

蒜炒豆芽

材料和制作方法（容易制作的量）

在平底锅中放入1小匙蒜末、1小匙橄榄油，开火加热，炒出香味后，加入冷冻绿豆芽，用大火翻炒1分钟，加入1/4小匙盐和少许黑胡椒粉调味，可根据个人喜好，撒上咖喱粉。

上市时间
1 2 3 4 5 6 7 8 9 10 11 12

常温	冷藏	干燥	冷冻
○	○	×	○

豆苗

价格适中，营养满分

豆苗是豌豆发出的嫩芽。水培的豆苗一年四季都可买到。可生吃，但用热水焯一下后，其独特的青草味会减弱不少。豆苗富含β-胡萝卜素、维生素C、维生素K。用油炒过后，体积会变小，且容易入口，脂溶性维生素的吸收率也会提升。

藏 10天 常 1周

防止水分蒸发

去除根部，用湿润的厨房纸包裹茎，放入容器冷藏。也可以浸泡在装着水的容器中保存。这个方法不需要厨房纸，和豆芽的冷藏方法一样。

- 豆苗中含有的营养成分和油的相容性很不错，因此建议做成炒菜。

冻 3周

搭配含汤汁的料理

去除根部，将剩余部分切成5cm长后，装入保鲜袋冷冻。

- 冷冻后会失去爽脆的口感，适合做汤。
- 用来炒菜时，最后最好打入一个鸡蛋液或勾芡。

解冻方法

无须解冻，从冷冻室拿出来后，立即烹调。

金枪鱼豆苗沙拉

材料和制作方法
（容易制作的量）

❶ 在大碗中放入1/2盒切成容易食用大小的冷冻豆苗、1罐金枪鱼罐头（小）、2g木鱼花和少许酱油，搅拌均匀。
❷ 装盘，可根据个人喜好，淋上几滴辣椒油。

营养成分（可食部分每100g）

热量		27kcal
蛋白质		3.8g
脂肪		0.4g
碳水化合物		4g
矿物质	钙	34mg
	铁	1mg
β-胡萝卜素		4.1mg
维生素B_1		0.24mg
维生素B_2		0.27mg
维生素C		79mg

剪掉后，还可以再生长

将豆苗从盒子中拿出来，连带着海绵一起放入装着水的保存容器中，然后放置在光照条件好的地方培养。使用时，剪掉上面的苗，留下根部，剪掉的部分就会重新生长出来。

常温	冷藏	干燥	冷冻
○	○	×	○

上市时间 1 2 3 4 5 6 7 8 9 10 11 12

萝卜苗

用湿润的厨房纸包裹后冷藏

萝卜苗含有很多人体所必需的营养成分。因为水溶性维生素含量较为丰富，生吃新鲜的萝卜苗，可以更高效地摄取营养。

可食部分 90% 只需去除根部

藏 5天

避免水分流失

用湿润的厨房纸包住茎的部分，放入保存容器冷藏，也可以放入装着水的保存容器冷藏。

- 浸泡在水中后，水溶性维生素会流失，但爽脆的口感不会变。

冻 3周

不解冻，直接吃，依旧爽脆

切掉根部，装入保鲜袋冷冻。

- 冷冻后营养价值不会变。
- 冷冻萝卜苗的口感会变差。

解冻方法

无须解冻，从冷冻室拿出来后，立即烹调。

萝卜苗土豆泥

材料和制作方法（容易制作的量）

❶ 准备1个土豆，去皮，切成容易食用的大小后，煮熟压碎，加入2小匙蛋黄酱、少许盐和黑胡椒粉调味。

❷ 加入适量切成容易食用大小的冷冻萝卜苗，搅拌一下。

营养成分（可食部分每100g）

热量		21kcal
蛋白质		2.1g
脂肪		0.5g
碳水化合物		3.3g
矿物质	钙	54mg
	铁	0.5mg
β-胡萝卜素		1.9mg
维生素B_1		0.08mg
维生素B_2		0.13mg
维生素C		47mg

上市时间

1 2 3 4 5 6 7 8 9 10 11 12

常温	冷藏	干燥	冷冻
○	○	○	○

大蒜

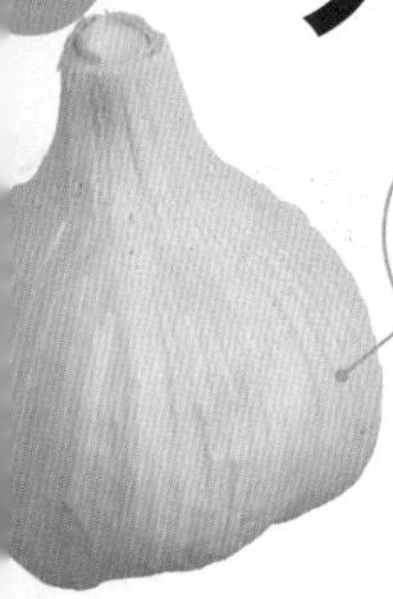

可食部分 95% 只需去除内皮

常备大蒜，丰富菜品

大蒜是具有强大作用的香辛类蔬菜，原本是一种药用植物。大蒜中也含有葱类特有的硫化物，和维生素B_1结合后，可以提升缓解疲劳的效果。大蒜属于刺激性辛辣食材，切忌一次性食用太多生大蒜。

冻 1个月 藏 3周 常 3周

掰开保存

将大蒜掰成一瓣一瓣，不要剥皮，放在保存容器中常温保存，冷冻或冷藏保存时也一样操作。

- 大蒜冷冻后虽然会稍微变软，但用来烹调没有问题。
- 切碎后冷冻的大蒜，放在油里炒，可以提升缓解疲劳的效果。

解冻方法

无须解冻，可直接使用。从冷冻室拿出来放置片刻后，水分会变多，香味会变淡。

发芽了还能吃吗

当然可以吃！但大蒜会变得比较硬，最好切碎后再食用。如果来不及吃或不想吃，那就等芽长大，食用蒜苗也是不错的选择。

腌 1～2个月（冷藏）

酱油腌蒜

材料和制作方法（容易制作的量）

❶ 准备1头大蒜，切除根部，剥去皮后，放入密封罐。

❷ 倒入酱油，直至没过大蒜。

※ 酱油可用作调料，大蒜切碎后可用作辅料。放在冷藏室，可以保存很久。

※ 掰成一瓣一瓣，且没有剥皮的冷冻大蒜，剥去皮后可直接食用。

腌 1～2个月（冷藏）

油腌蒜

材料和制作方法（容易制作的量）

❶ 准备1头大蒜，切成末。

❷ 放入密封罐中，再倒入基础的腌料（参考P08），搅拌均匀。在冷藏室放置1天以上。

干 半年

切成薄片，晒至酥脆

去除蒜心，切成薄片后放在太阳下晒。干燥后，可油炸。

营养成分（可食部分每100g）

热量	136kcal
蛋白质	6.4g
脂肪	0.9g
碳水化合物	27.5g
矿物质 钙	14mg
铁	0.8mg
维生素B_1	0.19mg
维生素B_2	0.07mg
维生素C	12mg

常温	冷藏	干燥	冷冻
○	○	◎	◎

上市时间 1 2 3 4 5 6 7 8 9 10 11 12

生姜

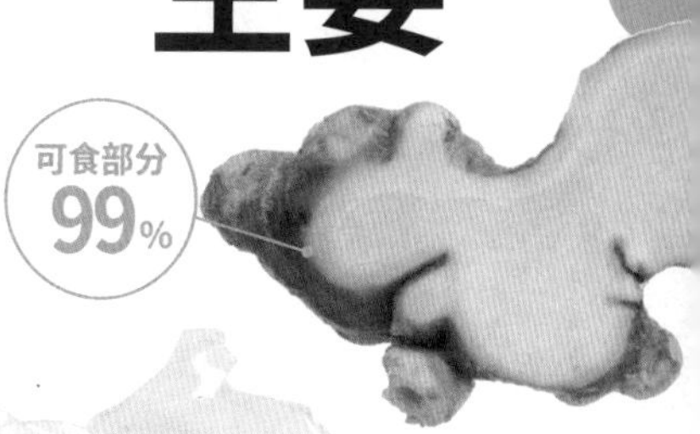

灵活使用各种保存方法，常备生姜

生姜是全年都可买到的香味蔬菜，纤维软、水分多的新生姜于7月至8月上市。特有的辣味源于一种叫作姜辣素的成分，这种成分经过加热或干燥，会转化为具有促进血液循环作用的姜烯酮。

冻 1个月 **藏** 2周 **常** 5天（整块）

用厨房纸包裹后装在保鲜袋中

用厨房纸包裹，装入保鲜袋冷冻或冷藏。

- 冷冻生姜的口感和味道跟新鲜生姜几乎一样，营养价值也不会受到影响。
- 冷冻生姜的辣味比新鲜生姜少。

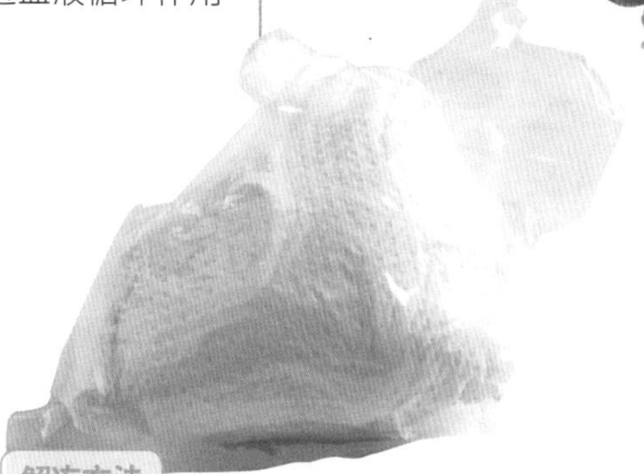

解冻方法

将冷冻生姜在室温中放置 30 秒左右，就可以轻松切块，也很容易磨成生姜泥。香味浓郁，可直接用于料理。

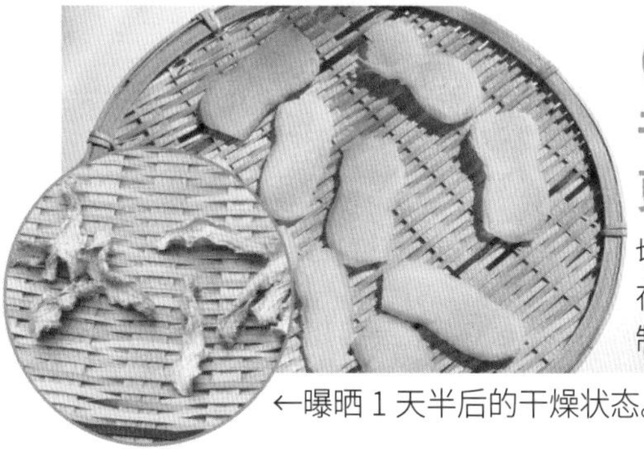

←曝晒 1 天半后的干燥状态。

干 半年（冷藏）

干生姜的暖身效果更佳

切成薄片后，平铺在笸箩中，在太阳底下晒 2 天。可用于制作姜汤、姜茶等。

需要削皮吗

生姜皮香味浓厚，辣味成分也最强，所以使用时不要去皮。用勺子等物将污垢刮去即可。

发霉了该怎么办

如果只是局部出现白色霉菌，那么将这部分去掉后，剩下的部分还能食用。绿色、黑色、粉色的霉菌对身体不好，如果出现的是这些霉菌，最好就不要再食用了。

糖渍生姜

❶ 准备 300g 冷冻生姜，在室温中放置 30 秒至 1 分钟后切片。
❷ 放入锅中，加入 4 杯水和 200g 红糖，开中火煮至汤汁蒸发掉一半后，装入密封罐。

营养成分（可食部分每100g）

热量		30kcal
蛋白质		0.9g
脂肪		0.3g
碳水化合物		6.6g
矿物质	钙	12mg
	铁	0.5mg
维生素B_1		0.03mg
维生素B_2		0.02mg
维生素C		2mg

上市时间
1 2 3 4 5 6 7 8 9 10 11 12

常温	冷藏	干燥	冷冻
○	○	◎	◎

红薯

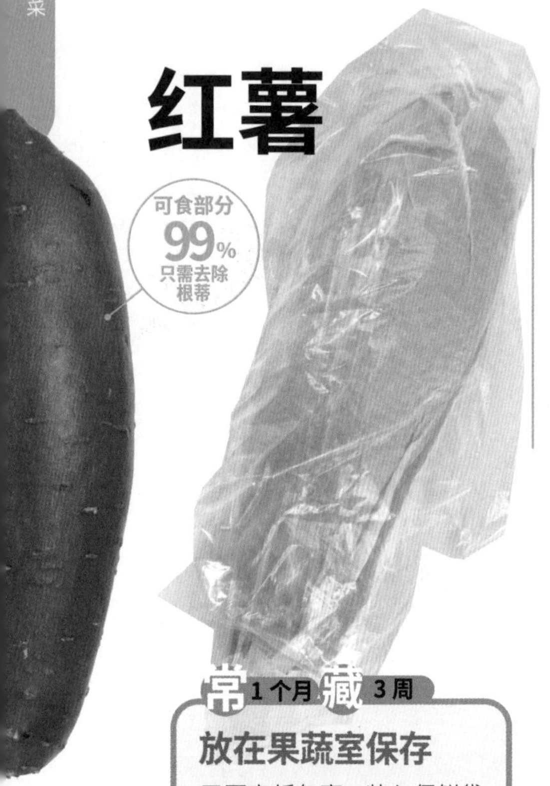

可食部分
99%
只需去除根蒂

冷冻后味道更甜美

红薯在贫瘠的土地上也能生长，自古就被用作歉收或饥荒时的救济粮。除了热量之源糖分外，还含有维生素C、β-胡萝卜素、钾、钙等营养成分，即便煮熟了，也不会被破坏。表皮含有具有抗氧化作用的多酚，可以洗净后，带皮一起食用。红薯不适合直接放在冰箱冷藏，会引起低温冻害。

常 1个月 藏 3周

放在果蔬室保存

用厨房纸包裹，装入保鲜袋，然后置于阴凉处保存，也可以放在冰箱的果蔬室保存。

用煤气灶煮比用微波炉好

比起用微波炉加热，蒸或烤的甜度更甚。皮里面富含具有抗氧化作用的多酚，所以请带皮一起食用。

冻 1个月

可轻轻压碎后保存

将红薯切成 1cm 厚的片，煮软后装入保鲜袋。然后用手轻轻压碎、铺平，放入冰箱冷冻保存，可用来制作丸子、汤、蒸包等各式料理。使用时，将想要使用的量掰下来即可。

- 冷冻的红薯口感绵软，更加甜美。
- 切好后再冷冻，方便食用。

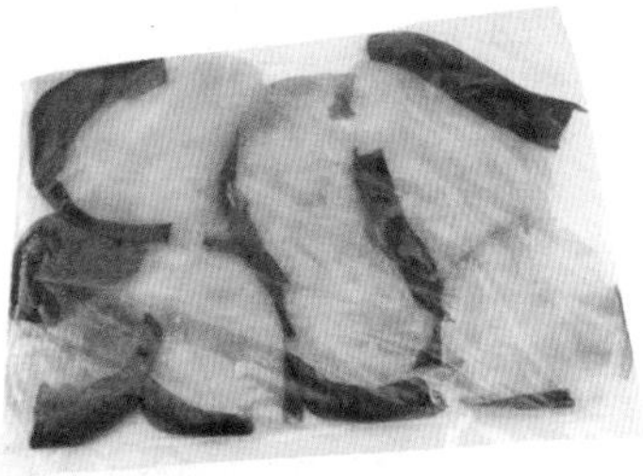

解冻方法

在新鲜的状态下直接整个冷冻的红薯，适合直接烤。烤的时候，包在锡纸中，放入烤箱烤。除此之外，也可以直接蒸或水煮。切块后冷冻的红薯，适合制作天妇罗或炖菜。

营养成分（可食部分每100g）

热量	140kcal
蛋白质	0.9g
脂肪	0.5g
碳水化合物	33.1g
矿物质 钙	40mg
铁	0.5mg
β-胡萝卜素	0.04mg
维生素B_1	0.1mg
维生素B_2	0.02mg
维生素C	25mg

干 1周

蒸熟或煮熟后晒干

将蒸熟或煮熟后的红薯放在太阳下晒1周左右。红薯干甜度高，可直接食用。

品种

红东

果肉呈鲜艳的黄色。购买时，要选择表皮颜色均匀、形状饱满的，口感粉糯香甜。

安纳芋

日本鹿儿岛县种子岛安纳地区的特产。甜度高，烤过后口感绵密多汁。果肉呈橘黄色，含有β-胡萝卜素，也有果肉是紫色的品种。如今，日本各地都在栽培这一品种。

板栗薯

表皮颜色均匀，呈鲜艳的红色。比较有黏性，煮熟后，会有很高级的甜味。适合用来制作烤红薯和拔丝地瓜等。

紫甘薯

这个品种的紫薯和传统的紫薯美味程度不是一个级别的，广受好评。甜度高，无论是蒸还是烤都可以。颜色鲜艳，可用来制作甜品。

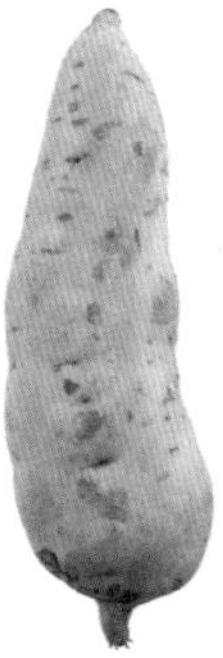

黄金千贯

著名的烧酒原料。表皮颜色似土豆，坑坑洼洼不平滑。果肉呈白色，甜味清爽，口感绵密。

腌 4～5天

糖腌红薯

将红薯切成1cm厚的片，煮至变软。将白砂糖放入等量的清水中，待溶化后，将煮熟的红薯浸入其中冷藏保存。

巴萨米克酱炒红薯和猪里脊

材料和制作方法（4人份）

❶ 准备300g猪里脊，切成厚1cm的片，用菜刀拍打之后，撒上少许盐和黑胡椒粉。

❷ 准备300g**整个冷冻的红薯**，放入微波炉，加热4分钟左右解冻（取决于红薯大小）。等软到菜刀能切动后，带皮随意切成块状。过一遍冷水后，平铺在耐高温容器内，盖上保鲜膜，放入微波炉加热4～5分钟。

❸ 在平底锅中倒入适量橄榄油，油热后，放入❶，煎至两面金黄。

❹ 加入❷和适量欧芹，倒入巴萨米克酱（将3大匙巴萨米克醋、1小匙酱油、1小匙蜂蜜混合在一起，开火炖煮而成），快速翻炒，使所有食材都裹上酱料。

上市时间

1 2 3 4 5 6 7 8 9 10 11 12

常温	冷藏	干燥	冷冻
△	◎	◎	◎

栗子

冷冻后，甜度增加 3 倍

栗子是秋季的代表性食材之一，最佳食用时间是9月至10月末，非常短暂。可食部分富含淀粉、维生素B_1、维生素C和钾等，内皮富含具有抗氧化作用的丹宁酸。生栗子容易干燥，所以需要装入保鲜袋后，再放入冷冻室保存。

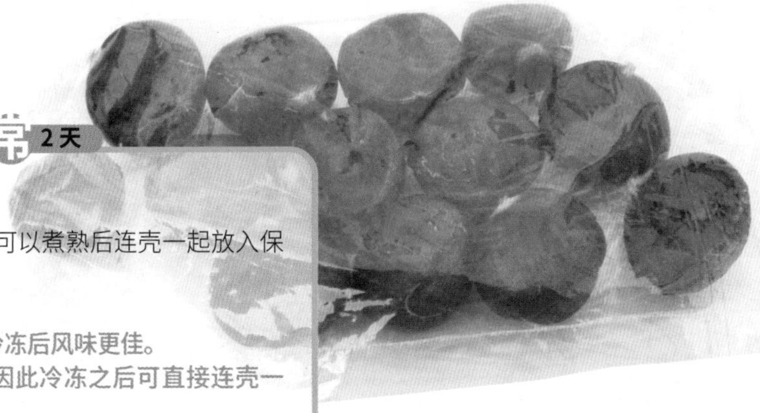

冻 3个月 藏 3天 常 2天

连壳一起保存

生栗子可以直接冷冻，也可以煮熟后连壳一起放入保鲜袋，冷藏或冷冻保存。

- 冷冻之后甜度更高。
- 常温下无法长期保存，冷冻后风味更佳。
- 栗子的营养成分耐热，因此冷冻之后可直接连壳一起煮或蒸。

解冻方法

如果是连壳冷冻的生栗子，可以直接放入热水，小火煮50分钟左右。冷冻后，壳和果实之间会形成间隙，变得容易剥掉。

糖水煮栗子

材料和制作方法
（容易制作的量）

❶ 在锅中加入足量水，煮沸后关火。放入500g装在保鲜袋里的带壳的冷冻栗子。等水变温后，捞出栗子，去壳，放入冷水中。

❷ 将栗子放入锅中，加入刚好可以没过栗子的水。加入1小匙小苏打，搅拌均匀后，开火煮。等水沸腾后，转小火，继续煮20分钟左右。

❸ 将栗子捞出，放入沥水篮中沥干水分，然后用清水冲洗栗子。

❹ 将❷和❸再重复2遍。

❺ 用竹签去除栗子的筋，然后用手指轻轻剥掉内皮，放入冷水。

❻ 沥干❺的水分，称重。准备白砂糖，使用量是栗子重量的40%。

❼ 将栗子放入锅中，加入刚好可以没过栗子的水，然后开火煮。沸腾前，加入1/3的白砂糖，剩余的白砂糖分两次加入。转至文火煮1小时左右，去除涩味，关火，静置冷却。

❽ 将❼捞出，放入沥水篮，剩下的汤汁开大火煮，等汤汁只剩2/3的时候，重新放入栗子，沸腾前关火，并趁热放入密封罐。

营养成分（可食部分每100g）

热量		164kcal
蛋白质		2.8g
脂肪		0.5g
碳水化合物		36.9g
矿物质	钙	23mg
	铁	0.8mg
β-胡萝卜素		0.04mg
维生素B_1		0.21mg
维生素B_2		0.07mg
维生素C		33mg

常温	冷藏	干燥	冷冻
×	○	○	○

上市时间
1 2 3 4 5 6 7 8 9 10 11 12

竹笋

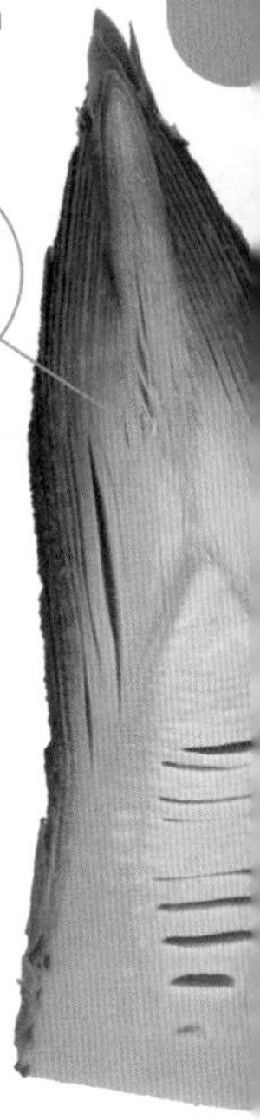

可食部分 100%

冷冻竹笋要在 1 个月内用完

竹笋是从土里挖出来的竹子的嫩芽，收获时间是4月至6月。富含鲜味成分谷氨酸、天门冬氨酸以及有助于预防高血压的钾等。收获后，随着时间的流逝，造成涩味的草酸会不断增加，需尽早进行焯水等处理。

冻 1 个月 切成方便食用的大小

煮熟后切成方便食用的大小，装入保鲜袋冷冻保存。装袋时，要平铺，不要重叠。保存时间超过 1 个月后，竹笋会出现空隙，需要注意。

- 冷冻的竹笋可直接水煮食用。煮过后，无论是口感，还是含有的营养成分，都几乎不变。

解冻方法

无须解冻，从冷冻室拿出来后，立即烹调。

藏 1 周 整个浸泡在水中

煮熟后，放入装着水的保存容器，冷藏保存。

干 1 周（冷藏） 将煮熟的竹笋切片后再晒干

晒干后，水分消失，鲜味更加突出。可用来制作竹笋焖饭。

竹笋炒春季蔬菜

材料和制作方法（2人份）

❶ 准备1/2个冷冻竹笋、红黄彩椒各1/2个、1/2块油炸豆腐。竹笋和彩椒切丝，豆腐块切成1cm宽的条。

❷ 在平底锅中加入适量色拉油。油热后，加入❶翻炒。炒熟后，加入3大匙蚝油、2小匙鱼露、1大匙白砂糖、1小匙蒜泥调味。用水淀粉勾芡，翻炒均匀即可。

营养成分（可食部分每100g）

热量		26kcal
蛋白质		3.6g
脂肪		0.2g
碳水化合物		4.3g
矿物质	钙	16mg
	铁	0.4mg
β-胡萝卜素		0.01mg
维生素B_1		0.05mg
维生素B_2		0.11mg
维生素C		10mg

楤木芽

上市时间
1 2 3 4 5 6 7 8 9 10 11 12

常温	冷藏	干燥	冷冻
△	○	○	○

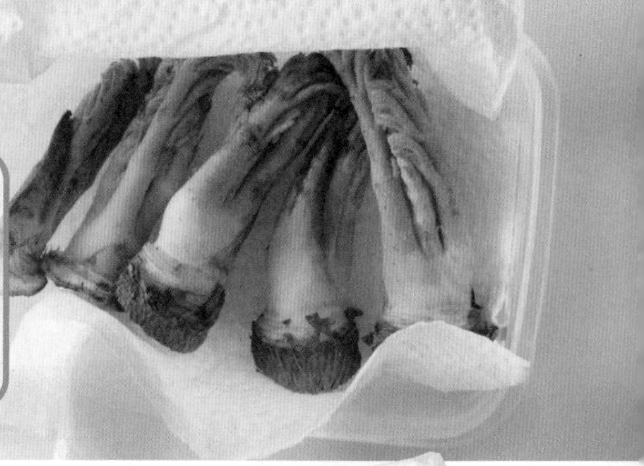

可食部分 98%

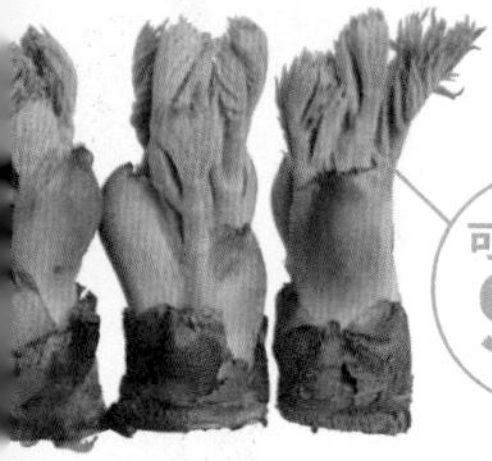

藏 3天

直接放在保存容器中保存

用厨房纸包裹新鲜的楤木芽，放入保存容器冷藏保存。

藏 3天

水煮后，擦干再冷藏

水煮30秒左右，捞起用厨房纸擦干后，切下褐色较硬的部分。然后装入保鲜袋冷藏。

冻 1个月

水煮后，擦干再冷冻

水煮30秒左右，捞起用厨房纸擦干后，切掉褐色较硬的部分，然后装入保鲜袋冷冻。也可以抹上少许盐，放入保存容器或保鲜袋冷冻。

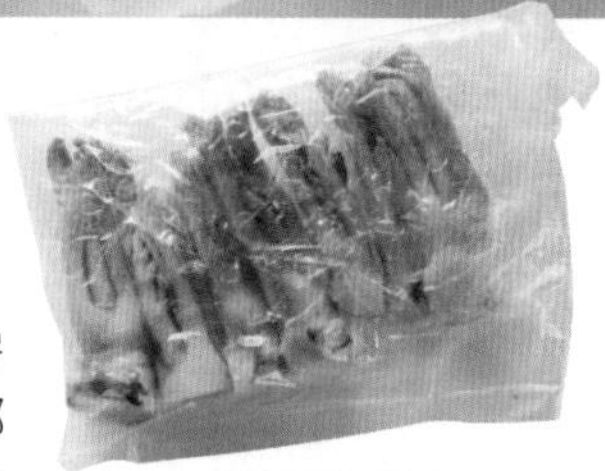

解冻方法

无须解冻，从冷冻室拿出来后，立即烹调。

蕨菜

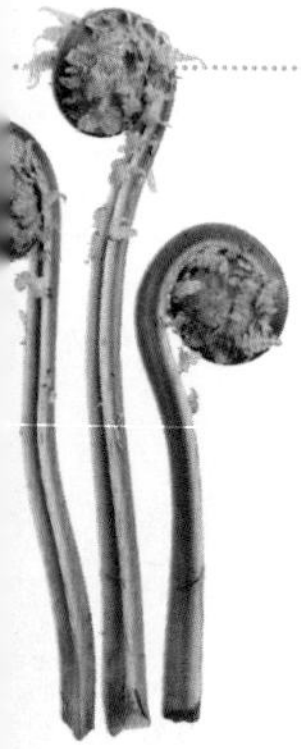

解冻方法

无须解冻，从冷冻室拿出来后，立即烹调。

上市时间
1 2 3 4 5 6 7 8 9 10 11 12

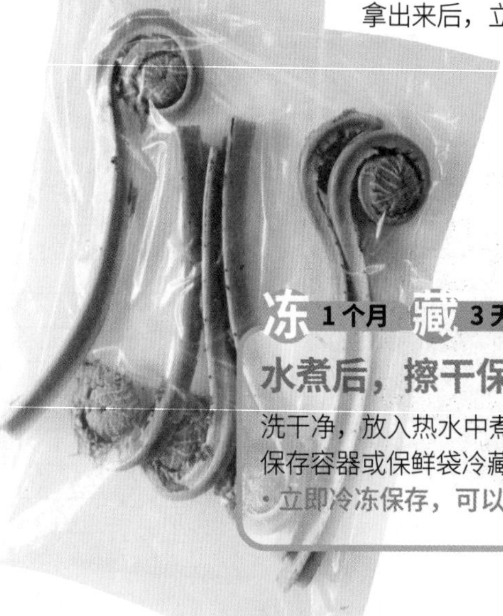

冻 1个月 藏 3天

水煮后，擦干保存

洗干净，放入热水中煮1分钟，然后擦干，放入保存容器或保鲜袋冷藏或冷冻。

- 立即冷冻保存，可以完好地保留香气。

抹上少许盐，放入保存容器或保鲜袋，冷藏或冷冻均可。

第2章

水果

水果保存的基本原则

水果包括草莓、哈密瓜这类“人工栽培作物”，以及柿子、桃子这类“果树结果作物”。

其中，有些水果是成熟后收获的，有些则是收获后“催熟”的。如果保存在冷藏室，可能会导致催熟变慢，味道变淡。如果放置在常温下保存，可能会加速成熟，导致快速变质。

水果的甜味是由蔗糖、果糖和葡萄糖带来的。其中，果糖在冰镇后会让人感觉更甜。苹果、梨、葡萄等水果的果糖含量较高，而香蕉、菠萝等水果则几乎不含有果糖。

水果的味道是由甜味、酸味和香味等决定的。掌握正确的保存方法，能让水果维持美味。

热带地区栽培的水果，如果放置在低温环境中保存会有损风味。但是，夏季的时候，人们又往往喜欢吃冰镇的水果。这时，建议在吃之前，将水果放在冷藏室冰镇几小时。

常温 需要催熟的水果

很多水果都是在未成熟的时候被采摘下来的，然后配合上市的时间，进行催熟。这是因为成熟后采摘下来的水果上市时间短，且容易变质。

香蕉、菠萝、洋梨等水果需要催熟。冬季上市的橘子，最近也开始在收获后先催熟一段时间，等甜度提高后再上市。

掌握食用的最佳时间，做好温度管理，是水果好吃的关键。

冷藏 小心会释放乙烯气体的水果

草莓、樱桃、蓝莓等柔软、容易变质的水果需要放在冷藏室保存。另外，会释放大量乙烯气体的苹果、哈密瓜、柿子、桃子等，如果要放在果蔬室保存，请务必先装入保鲜袋，完全密封后再放入果蔬室，否则会导致其他蔬果变质。另一方面，将想要催熟的水果和苹果等释放乙烯气体的水果一起放入保鲜袋，催熟的速度就会加快。

干燥 在家也可以轻松自制水果干

将切成薄片的水果平铺在网上或笸箩中，注意不要叠放。然后放在通风良好的地方干燥。等干透后，水果干就制成了。一般需要2个昼夜，不过这也要视水果的种类和含水量而定。冬季较干燥，可以在室内干燥。制成的水果干要放在密封容器中，置于冷藏室保存，并且在1周内吃完。

现在有专门制作蔬果干的小家电，会更加方便。

冷冻 解冻冷冻水果时需要注意

水果成熟后，如果不立即食用，建议冷冻保存。冷冻后的水果，如果过度解冻，水分就会析出，变得软绵黏腻。水果在半解冻的状态下，会呈现水果冰沙的口感。也可以将冷冻的水果直接放入炖菜、酱料中，加热食用。

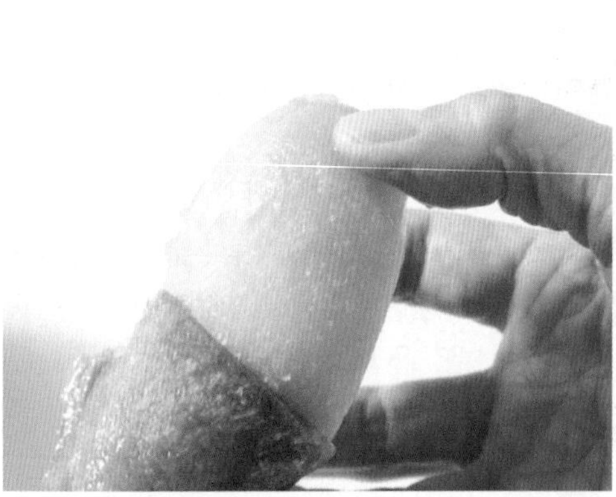

用保鲜膜包裹

猕猴桃、桃子、柿子等果皮较薄的水果，可以用保鲜膜包裹后整个冷冻。解冻时，将水果浸泡在水中，等其变成半解冻状态时，可用手将皮剥掉。

切法

柠檬、菠萝等水果，切成容易食用的大小后再冷冻，会比较方便。菠萝纤维质较多，口感不容易发生变化，是冷冻后直接食用也很美味的水果之一。

制作果酱的基本原则

果酱是古人为了保存采摘过多的水果而想出来的保存方法，是一种古老的智慧。当水果太多吃不完时，不妨考虑将其做成果酱，延长它们的美味。白砂糖可以有效地提高食材的贮存性，所以糖分越高的果酱，保存的时间越久。水果和白砂糖以2：1的比例制成的果酱，可以在冷藏室保存2周，而以3：1的比例制成的果酱，大致可以保存7～10天。

❶ 梅子酱

材料（适合制作的量）

完全成熟的梅子……300g

白砂糖…………………100～150g

（根据个人喜好调整）

水………………………1/2 杯

制作方法

❶ 去掉梅子的根蒂。在锅中放入梅子和足量的水（材料外），直接开火煮，去除涩味。沸腾前，将热水倒掉。

❷ 加入能刚好没过梅子的水（材料外），开小火煮 20 分钟。关火后将梅子倒出沥干，等放凉后，用木铲将果肉和核剥离。

❸ 将去掉核的梅子果肉放入锅中，加入白砂糖和 1/2 杯水，开火煮。煮至沸腾后，转小火，一边搅拌一边再煮 10～15 分钟。冷却后，转移至保存容器中，放在冷藏室保存。

❷ 草莓酱

材料（适合制作的量）

草莓（去蒂）………400g

白砂糖…………………160g

（草莓果肉重量的 40%）

柠檬汁…………………1 大匙

制作方法

❶ 将草莓清洗干净后，擦干放入碗中。然后将每颗草莓都裹上白砂糖，静置 3 小时以上，让水分析出。期间需要时不时地轻轻翻拌，注意不要压碎果肉。

❷ 将❶的草莓用筛网捞出，使果肉和汁水分离，汁水留着备用。

❸ 将❷的汁水倒入锅中，开中火煮至黏稠。

❹ 在❸中加入❷的果肉和柠檬汁，继续煮，去除涩味。等到果肉中充满糖浆，整体都很黏稠时就完成了。

上市时间 1 2 3 4 5 6 7 8 9 10 11 12

常温	冷藏	干燥	冷冻
○	○	○	◎

苹果

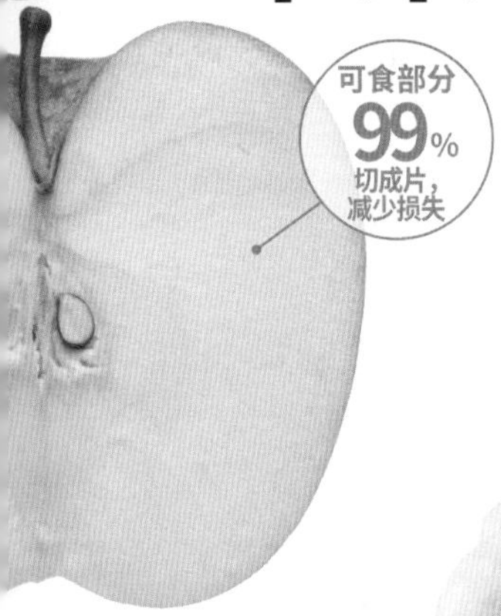

冷冻后可轻松去皮

苹果是秋冬季的时令水果，但因为长期保存不会影响风味，所以几乎全年都能看见它。苹果被认为是人类吃过的最古老的水果，含有丰富的营养成分，甚至有“一天一苹果，医生远离我”的说法。苹果含有钾，可以帮助人体排出多余的盐分，对预防生活方式病有一定的效果。

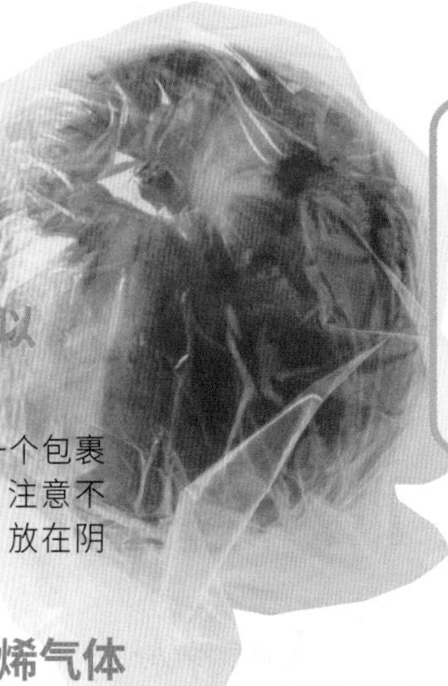

冻 3 个月（整个）/1 个月（切块）

整个冷冻，拒绝浪费

不削皮，直接用保鲜膜包裹，放入保鲜袋冷冻或冷藏。为了防止苹果释放乙烯气体，必须将其放在保鲜袋中，并且放置时要底端朝下。冷冻的苹果甜度增加，口感爽脆。

· 苹果皮中富含具有抗氧化作用的多酚。

常 1 个月

常温下也可以保存很久

用厨房纸一个一个包裹好，放入纸袋，注意不要叠放在一起，放在阴凉处保存。

灵活使用乙烯气体

苹果会释放乙烯气体，可以和偏硬的猕猴桃、柿子等放在同一个袋子里保存，加速催熟。但是有个例外，那就是土豆。当苹果和土豆放在一起时，反而会发挥延缓发芽的功效。

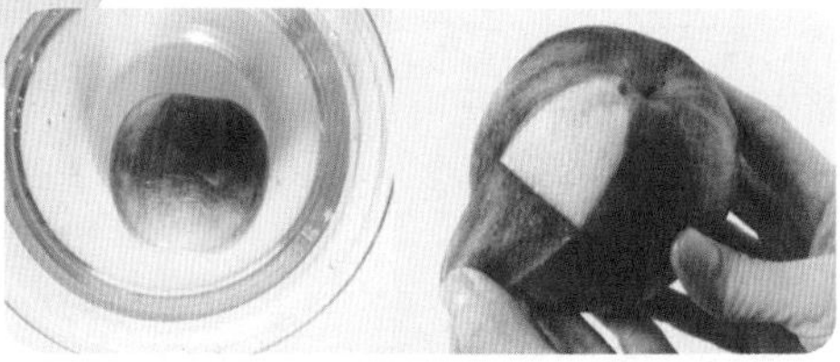

解冻方法

将苹果放入装着水的盆中，浸泡 30 秒至 1 分钟，即可徒手剥苹果皮了。

苹果蜜饯

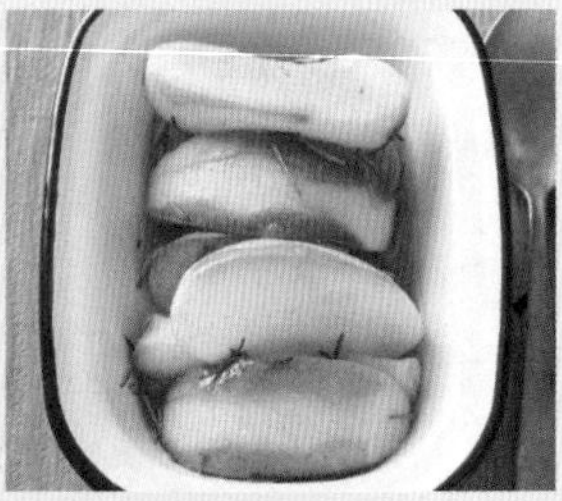

材料和制作方法（容易制作的量）

❶ 从保鲜袋中取出 1 个冷冻苹果，放在水中浸泡 30 秒至 1 分钟。然后用手撕掉部分皮，切成 12 等份，去核。

❷ 将❶放入耐高温的碗中，加入 30g 白砂糖、1 大匙柠檬汁、1 大匙白葡萄酒、1/2 小匙迷迭香，混合均匀。将苹果排列整齐，先紧贴着苹果覆一层保鲜膜，再在耐高温的大碗上松松地盖一层保鲜膜。

❸ 放入微波炉加热 4 分钟左右，放凉后即可享用。

※ 水分较少，所以放入微波炉加热时，需要盖两层保鲜膜，以免水分蒸发。等苹果稍微变透明后就可以了。

营养成分（可食部分每100g）	
热量	61kcal
蛋白质	0.2g
脂肪	0.3g
碳水化合物	16.2g
矿物质　钙	4mg
铁	0.1mg
β-胡萝卜素	0.03mg
维生素 B_1	0.02mg
维生素 B_2	0.01mg
维生素C	6mg

品种

红玉

原产于美国的品种。皮呈深红色，香味浓厚，口感酸甜。不易煮烂，适合加热烹调。富含苹果酸。

信浓柔

2005 年注册的品种。兼具苹果原本的清爽酸味和甜味，果汁多。最佳食用时间只有短短的 2 周，市面上不太能见到。

信浓金

“金冠”和“千秋”的杂交品种。果肉偏硬，香味浓郁，果汁丰富。除了生吃外，也适合制成点心，耐贮藏。

津轻

多汁味甜且温和，酸味少，是比较好吃的早生种，口感也十分爽脆。

富士

产量第一的经典品种。果汁丰富，酸甜可口。口感还很爽脆，耐贮藏。

世界一号

被称为“世界上最大的苹果”，最大的甚至可以超过 1kg。甜度高，且多汁，果肉偏硬。

乔纳金

“金冠”和“红玉”的杂交品种。表皮呈红色，略带粉色，有光泽，酸甜多汁。

秋映

主产地为日本长野县，“千秋”和“津轻”的杂交品种。果汁极多，香味浓郁，口感浓厚。完全成熟的秋映，果皮呈暗红色。

未希生活

主产地为日本青森县，“千秋”和“津轻”的杂交品种。口感爽脆，酸甜可口，非常清爽。

信浓甜

日本长野县培育的“富士”和“津轻”的杂交品种。甜味多，酸味少，且多汁。果肉非常爽脆，耐贮藏。

阳光富士

“富士”去掉袋子后栽培的品种。因为直接沐浴阳光，所以甜度比“富士”高，颜色也更深，表皮有斑点。

王林

最具代表性的黄色品种，口感和梨很相似。酸味少，甜度高。皮薄，可以直接咬着吃，耐贮藏。

上市时间

1 2 3 4 5 6 7 8 9 10 11 12

常温	冷藏	干燥	冷冻
○	○	○	◎

梨

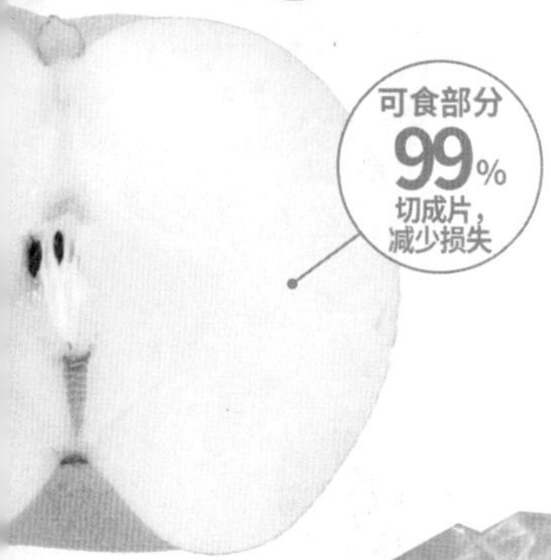

冷冻后更甜

最佳食用时间是8月至11月。梨大致可分为两大类，一类是红梨，果皮呈黄褐色，一类是绿梨，果皮呈黄绿色。梨的口感很独特，有颗粒感。这种颗粒是一种叫作石细胞的膳食纤维的结块，可以增加肠道内大便的体积，从而促进排便。梨和芦笋一样，含有可以缓解疲劳的氨基酸天门冬氨酸。

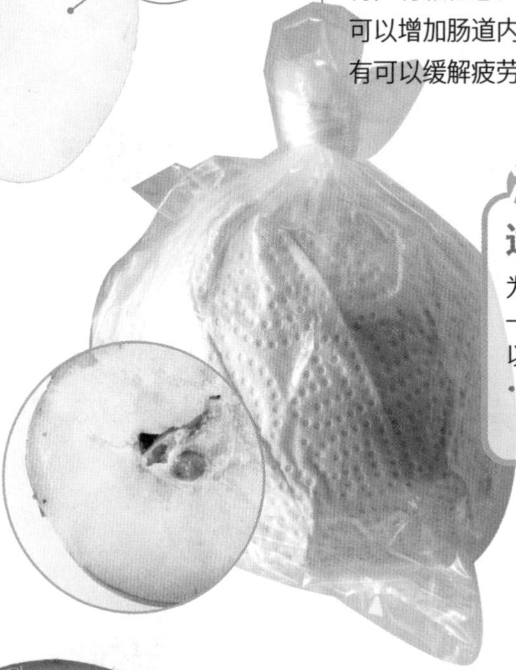

冻 2个月（整个）/1个月（切块）

适合做水果冰沙或果汁

为了不伤到梨，可先用水果网套或厨房纸将梨一个一个包裹起来，然后放入保鲜袋冷冻或冷藏。也可以用保鲜膜包裹后，放入保鲜袋冷冻或冷藏。

- 解冻时会析出水分，建议在半解冻的状态下，做成水果冰沙或果汁等。

藏 1个月 **常** 2周

解冻方法

将梨放入装着水的大碗中浸泡30秒至1分钟后，用手将皮剥掉，这种方法带来的风味损失比用刀切少。直接放置在常温中解冻，梨会变软，有损口感，所以请尽快食用。

腌 2～3天

醋泡梨

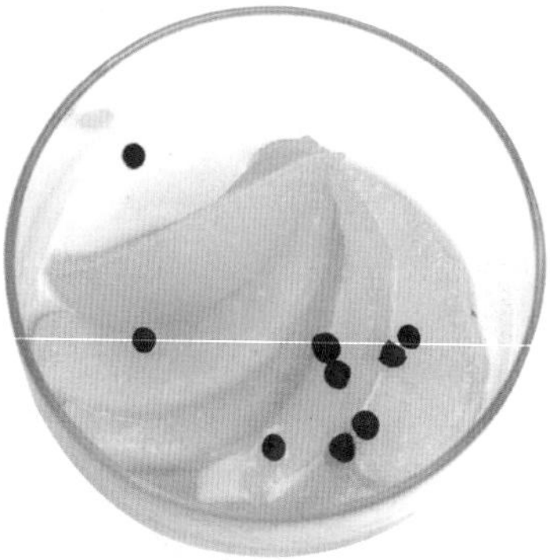

材料和制作方法（容易制作的量）

❶ 准备1个冷冻梨，不要解冻，直接去皮，切成1cm厚的月牙形。

❷ 在保存容器中加入2大匙白葡萄醋、少许盐，如果有的话，再放入适量粉红胡椒粒，搅拌均匀后，放入❶。等梨开始变软后，就可以吃了。

营养成分（可食部分每100g）

热量	43kcal
蛋白质	0.3g
脂肪	0.1g
碳水化合物	11.3g
矿物质　钙	2mg
维生素B_1	0.02mg
维生素C	3mg

常温	冷藏	干燥	冷冻
○	○	×	◎

上市时间 1 2 3 4 5 6 7 8 9 10 11 12

洋梨

吃的时候，从冷藏室拿出来催熟

和日本的梨相比，洋梨下端比较丰满，呈葫芦状，且表面凹凸不平。市售的品种主要有拉法兰西（La France）和李克特 (Le Lectier)等。洋梨口感顺滑，甜味浓厚。洋梨含有柠檬酸、苹果酸等有机酸和蛋白质分解酶。

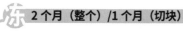

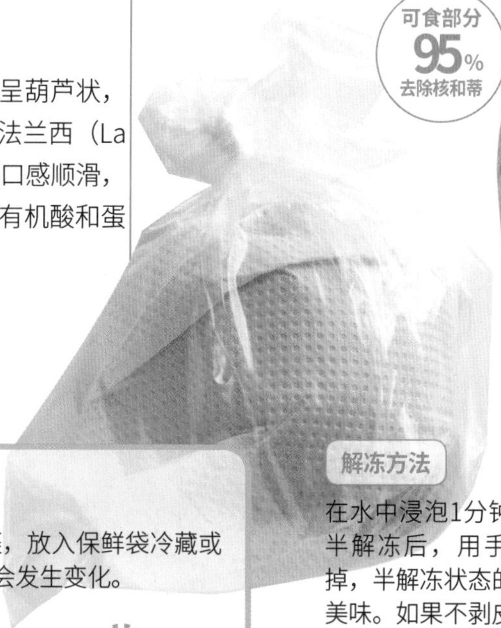

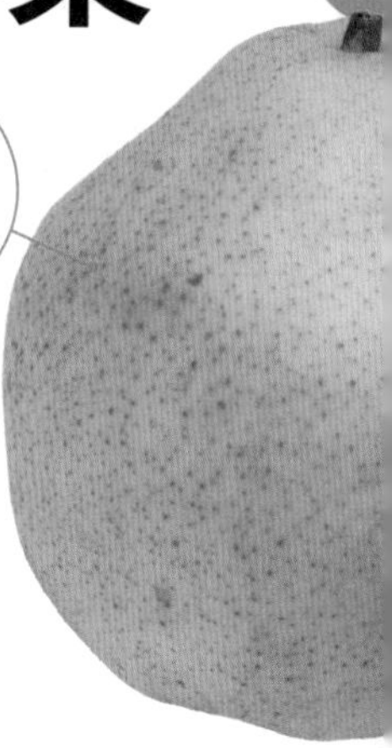

可食部分 95% 去除核和蒂

冻 2个月（整个）/1个月（切块）

细心处理，以免弄伤

不要削皮，直接用保鲜膜或厨房纸包裹，放入保鲜袋冷藏或冷冻。不管是冷藏还是冷冻，状态都不会发生变化。

・冷冻后更加香甜。

藏 1个月 常 2周

解冻方法

在水中浸泡1分钟左右，半解冻后，用手将皮剥掉，半解冻状态的梨非常美味。如果不剥皮直接放在室温下，梨会变软、变难吃，需尽快食用。

红酒炖洋梨

材料和制作方法（容易制作的量）

❶ 准备2个完整冷冻的洋梨，放入水中浸泡1分钟后，去皮，然后切成4等份，去核。

❷ 在小锅中放入100g白砂糖、1杯水、1杯红酒，开火煮至白砂糖溶化后，关火。放入❶，排列好，不要叠放。

❸ 准备2片柠檬，对半切开。将柠檬片、1根肉桂和4粒丁香放入锅中，盖上锅盖，开中火煮至沸腾后，转小火继续煮15～20分钟，然后关火，放凉即可。

※ 建议选择偏硬的洋梨，完全成熟的洋梨较软，容易煮烂。

营养成分（可食部分每100g）

热量		54kcal
蛋白质		0.3g
脂肪		0.1g
碳水化合物		14.4g
矿物质	钙	5mg
	铁	0.1mg
维生素B_1		0.02mg
维生素B_2		0.01mg
维生素C		3mg

上市时间	常温	冷藏	干燥	冷冻
1 2 3 4 5 6 7 8 9 10 11 12（9月至12月）	△	○	◎	◎

柿子

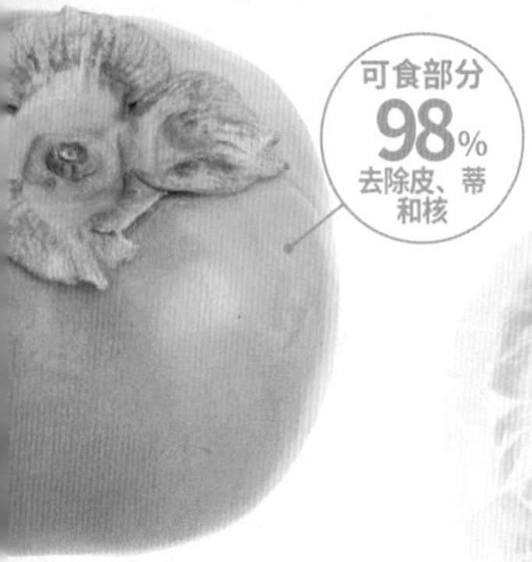

不去皮，不去蒂，整个冷冻

上市时间是9月至12月。柿子营养成分十分丰富，甚至有“柿子红了，医生的脸就绿了”的说法。维生素C的含量比橘子还高，还富含具有强抗氧化作用的β-胡萝卜素。涩味成分丹宁酸具有分解酒精的作用，可以有效缓解宿醉。

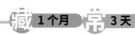

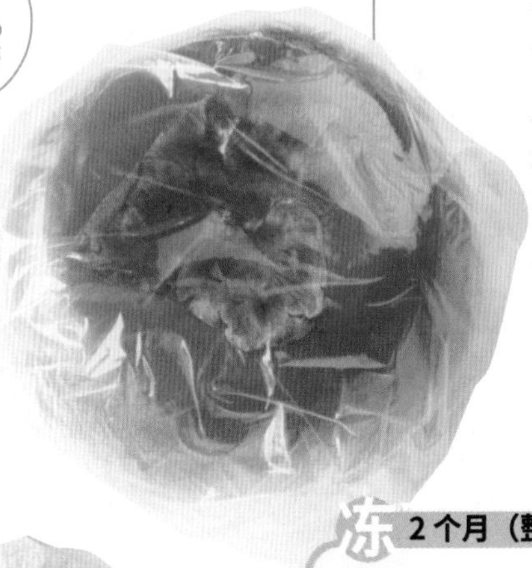

冻 2个月（整个）/1个月（切块）

整个冷冻，维持新鲜度

不要削皮，用保鲜膜或厨房纸将整个柿子包裹后，装入保鲜袋冷藏或冷冻。

藏 1个月　常 3天

柿饼也可以通过冷冻长期保存

涩柿子制成柿饼后，虽然维生素 C 的含量会减少，但 β- 胡萝卜素、钾、膳食纤维的含量会增加。柿饼用保鲜膜一个一个包裹，装入保鲜袋冷冻保存。

营养成分（可食部分每100g）

热量	60kcal
蛋白质	0.4g
脂肪	0.2g
碳水化合物	15.9g
矿物质　钙	9mg
铁	0.2mg
β-胡萝卜素	0.42mg
维生素B_1	0.03mg
维生素B_2	0.02mg
维生素C	70mg

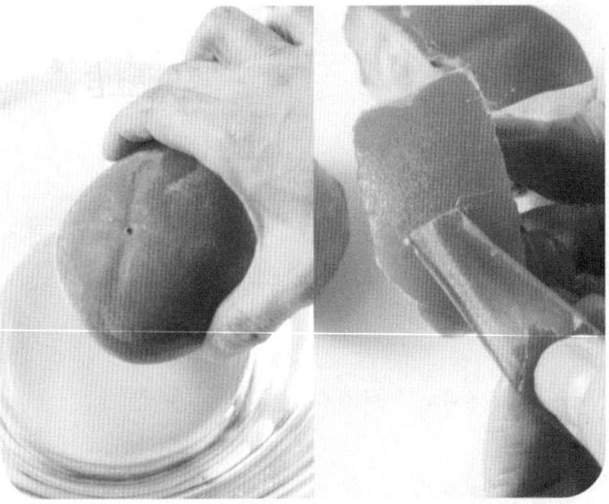

解冻方法

将柿子放在水中浸泡 30 秒至 1 分钟解冻后，可以用手轻松地将皮剥下来。甜度增加，更加多汁。

品种

甜

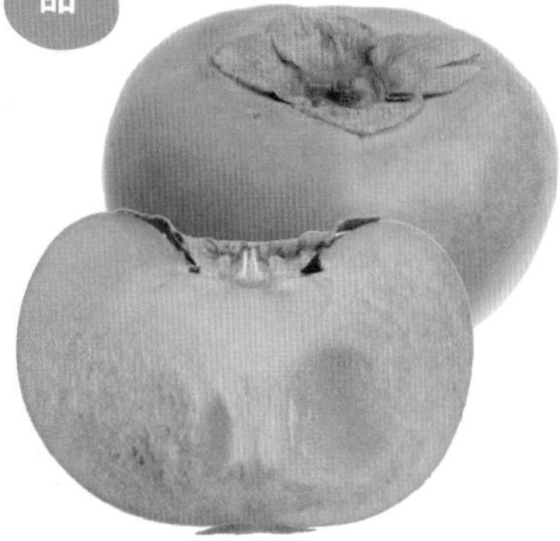

富有

最具代表性的晚生甜柿，其产量占了甜柿总产量的一半以上。口感顺滑，甜度高。

笔柿

果形似毛笔尖，因此得名笔柿。味道醇厚，甜味柔和。

次郎

属于晚生甜柿。果形有四个棱角，果肉偏硬，口感爽脆。

涩

平核无

属于涩柿，各个地方的名称和品牌名都不同。没有核，果汁丰富，甜味柔和。除了生吃外，人们也喜欢用它制作柿饼。

西条

果形细长，有 4 个沟。去除涩味后，甜味会变得非常高级。也可做成柿饼。

柿子果昔

材料和制作方法（容易制作的量）

❶ 准备 1 个冷冻柿子，不要解冻，去皮，去核。

❷ 将❶放入搅拌器，加入 150mL 牛奶，搅拌均匀。

上市时间 1 2 3 4 5 6 7 8 9 10 11 12

常温	冷藏	干燥	冷冻
△	△	×	◎

桃子

冷冻后，可轻松去皮

原产于中国的水果。上市时间是从夏季到初秋。品种有白凤、白桃、黄桃等，富含可溶性膳食纤维果胶。果皮附近含有一种叫作儿茶素的多酚，削皮时尽量不要削得太深。

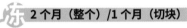

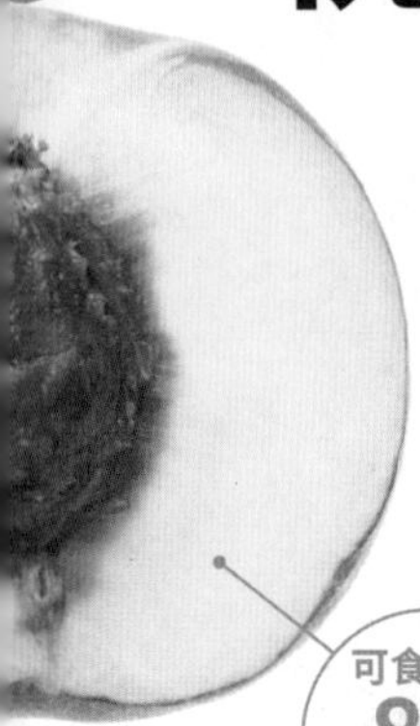

可食部分 80% 只需去核

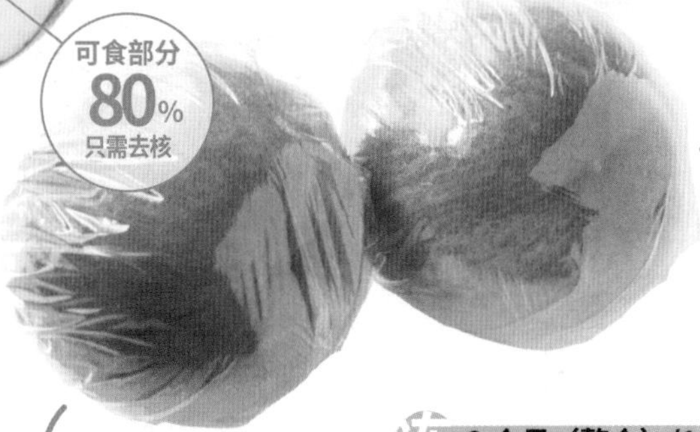

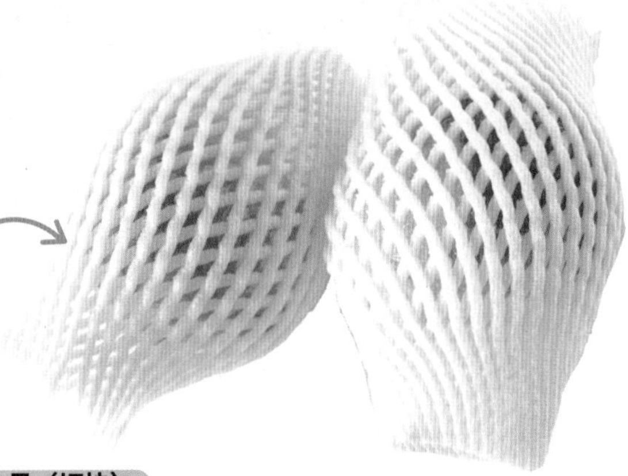

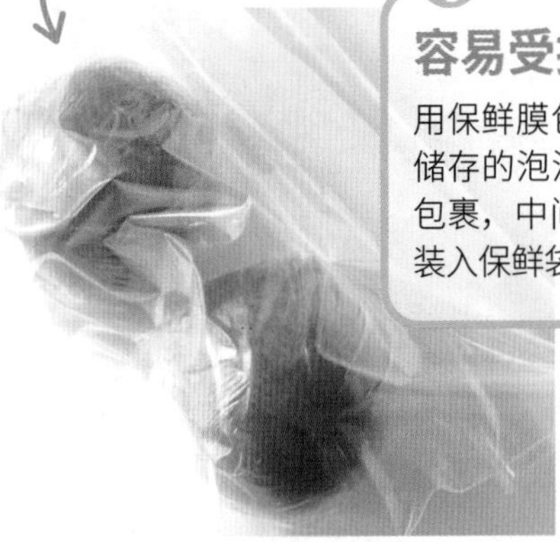

冻 2 个月（整个）/1 个月（切块）

容易受损，处理时要小心

用保鲜膜包裹，再在外面套一层用于储存的泡沫网。也可以用 1 张保鲜膜包裹，中间不要留有任何空隙，然后装入保鲜袋保存。

常 2 天

不要过度冰镇

桃子冰镇后，味道会下降，所以不适合冷藏。将尚未成熟的桃子放入冷藏室后，甜味会出不来，需在常温下催熟。

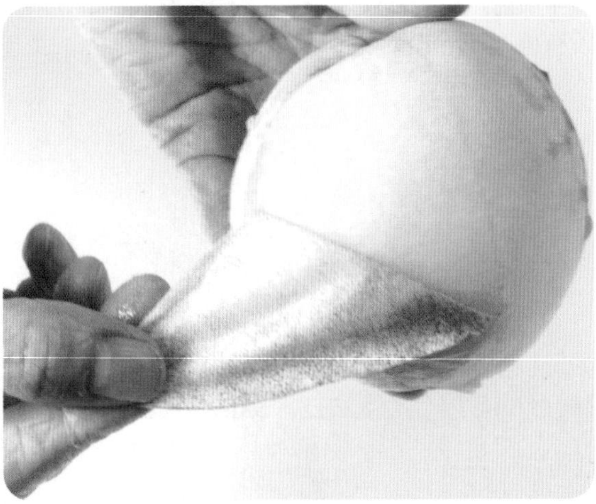

解冻方法

将桃子在常温下放置约 30 秒后，就可以用手轻松将皮剥下来了。

营养成分（可食部分每100g）

热量	40kcal
蛋白质	0.6g
脂肪	0.1g
碳水化合物	10.2g
矿物质 钙	4mg
铁	0.1mg
β-胡萝卜素	0.01mg
维生素B_1	0.01mg
维生素B_2	0.01mg
维生素C	8mg

品种

白凤

桃子的品种不多，白凤是人气最高的一种。果肉呈白色，柔软。酸味少，甜味丰富。

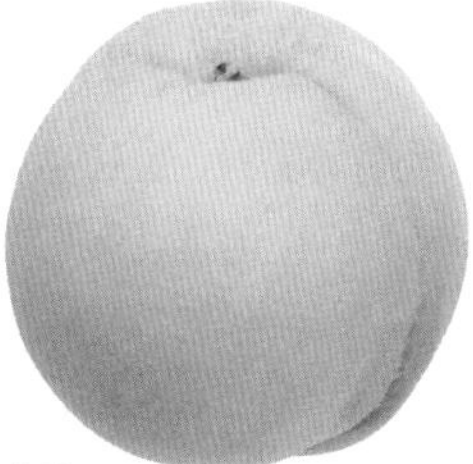

黄金桃

偶然从“川中岛白桃”培育出来的品种。果皮、果肉均为黄色。和白桃不同，黄金桃的甜味非常醇厚，口感黏腻。

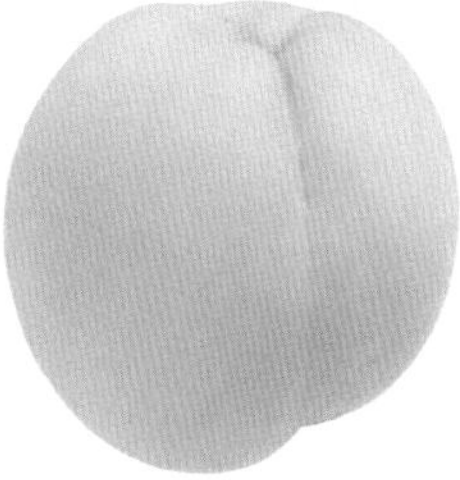

清水白桃

果皮和果肉都是非常干净的白色。果肉细腻多汁，甜度高。无法存放很久，建议尽快食用。

油桃

桃子的变种，果皮通红，没有绒毛，非常光滑。果肉比较硬，大多酸甜可口。

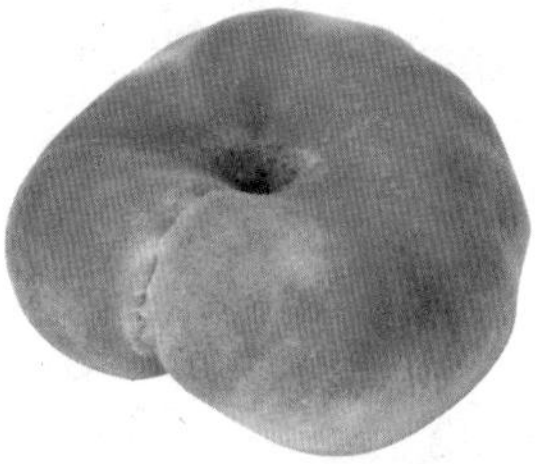

蟠桃

原产于中国，在《西游记》中也出现过。呈扁圆形。味道浓厚，甜美、黏稠。

糖渍黄金桃

材料和制作方法（容易制作的量）

❶ 准备 2 个冷冻黄金桃，在常温下放置 30 秒左右，去皮。
❷ 去核，将果肉切成月牙形，淋上 1 大匙柠檬汁。
❸ 在锅中加入 100g 白砂糖和 2 杯水，开火煮至白砂糖溶化后，将桃子并排着放入。盖上盖子，转文火煮 10 分钟左右。然后关火，放凉即可。

桃子冰沙

材料和制作方法（1 人份）

❶ 准备 1 个冷冻桃子，快速过冷水，用手将皮剥掉。
❷ 将❶切开去核。
❸ 用搅拌器、叉子或打泡器将❷碾碎。
※ 如果要再次冷冻，最好滴几滴柠檬汁。

上市时间

常温	冷藏	干燥	冷冻
△	○	◎	◎

葡萄

可食部分 100% 去果梗

冷冻、冷藏时绝不可以剪掉果梗

最佳食用时间是8月至10月，在此期间，会有很多品种上市。果皮呈黑色和红色的品种富含具有抗氧化作用的多酚。覆盖在表皮上的白色粉状物叫作“果粉”，是葡萄为了保护果实所产生的物质，可以放心食用。

果皮营养丰富

果皮中含有具有抗氧化作用的多酚，能够延缓衰老，改善视力。建议食用时连皮一起吃。

冻 2个月（整串） 藏 10天 常 3天

保留果梗，锁住新鲜

冷冻或冷藏时可以保留果梗。葡萄比较脆弱，为了防止损伤，冷藏时需要先在容器里铺一层厨房纸，然后放入葡萄，再在葡萄上面盖一层保鲜膜。冷冻保存时，需要让保鲜膜和葡萄严丝合缝地紧贴着，然后盖上容器的盖子，隔绝外部空气。

营养成分（可食部分每100g）

热量	59kcal
蛋白质	0.4g
脂肪	0.1g
碳水化合物	15.7g
矿物质　钙	6mg
铁	130mg
β-胡萝卜素	0.02mg
维生素B_1	0.04mg
维生素B_2	0.01mg
维生素C	2mg

解冻方法

不要将葡萄浸泡在水中，在常温下放置30秒钟左右，就可以用手轻松地将皮剥下来。冷冻后的葡萄甜度增加，汁水丰富，颜色依旧漂亮。

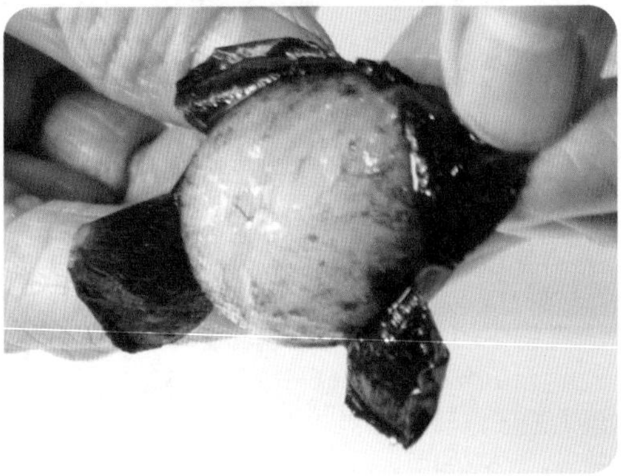

品种

先锋

黑皮的大粒品种，甜度高。味道好，口感佳，价格适中，近年来很受人们喜爱。

巨峰

产量很高的黑皮品种，被誉为“葡萄之王”。甜美多汁，近年来还出现了很多无籽的巨峰。

特拉华

无籽小粒品种，深受人们喜爱。甜度高，酸味少，容易入口。

阳光玫瑰

麝香葡萄中最甜的品种，没有籽。果皮薄，可以连皮一起吃，市场上的流通量正在逐年增加。

乒乓葡萄

颗粒大，果肉柔软多汁，甜度高。容易去皮，吃起来很方便。

美人指

甜味清爽，酸味适中，口感清脆。果皮柔软，可带皮食用。

巨峰果酱

材料和制作方法（容易制作的量）

❶ 将冷冻巨峰（净重 400g）切成 4 等份，如果有籽，就去籽。

❷ 将❶放入厚底锅中，开火煮至沸腾后，转中火继续煮 10 ～ 15 分钟，去除涩味。过程中，需要时不时地搅拌一下。

❸ 等皮变软后，加入 100g 白砂糖、1 大匙柠檬汁，继续煮 5 分钟左右。

❹ 再加 50g 白砂糖，煮 5 分钟左右后，关火。

上市时间 1 2 3 4 5 6 7 8 9 10 11 12

常温	冷藏	干燥	冷冻
△	○	×	◎

无花果

可食部分 100%

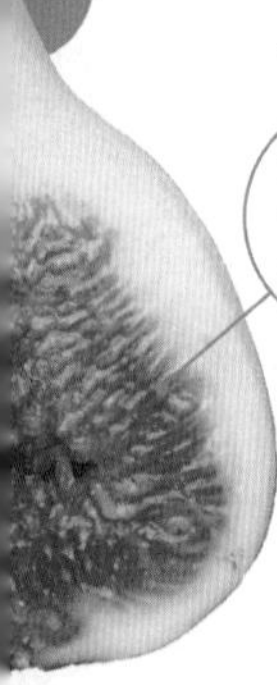

不耐放，必须立即冷冻

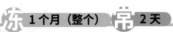

最佳食用时间是8月至11月。味道清甜，籽有种软弹的口感，可以带皮一起食用。无花果富含水溶性膳食纤维果胶，能够有效地缓解便秘、预防生活方式病。切口处流出来的白色汁水是一种叫作无花果蛋白酶的蛋白质分解酶，皮肤碰触到可能会产生刺痛感，因此一旦沾到，请立即用清水冲洗干净。

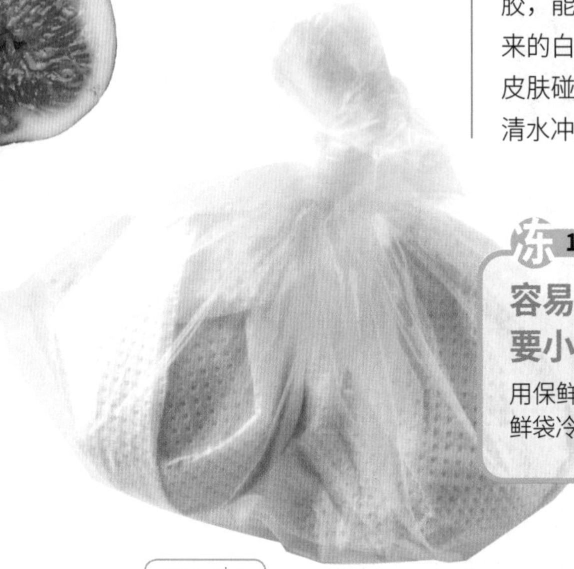

冻 1个月（整个） 常 2天

容易受损，处理时要小心

用保鲜膜或厨房纸包裹，装入保鲜袋冷冻。

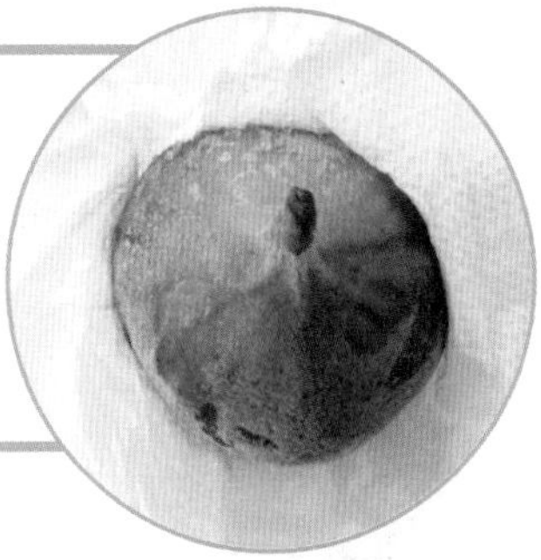

解冻方法

将无花果从冷冻室拿出后，必须在开始溶化前，将皮剥掉。去皮后，果肉依旧处于冷冻的状态，不太能吃出甜味。放置 1 分钟左右，解冻后，果肉就会变得柔软，依旧清甜。如果要制作果酱，可以将皮一起放入，颜色会变成粉色。如果不剥皮，直接放在室温中解冻，里面的水分就会析出，导致果实变得软绵无味。

藏 5天

保持甜味的最佳保存方法

用厨房纸包裹，装入保鲜袋冷藏，新鲜的状态可以维持 1 周左右。果皮可以用手撕掉，甜度很高。

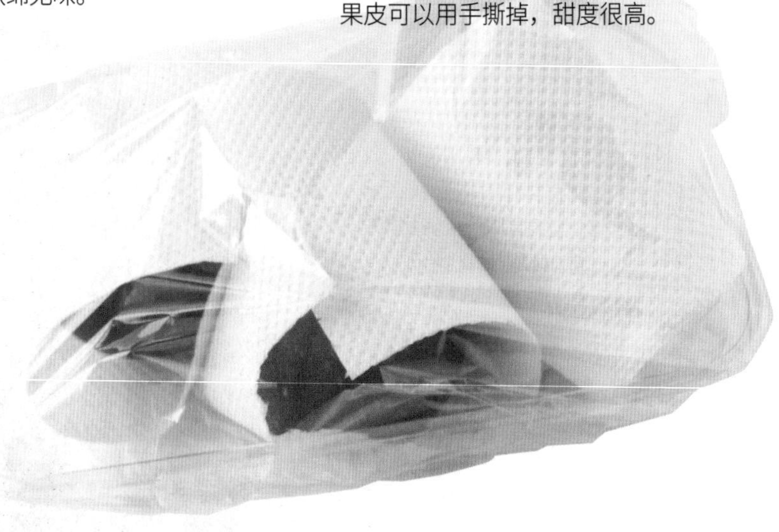

营养成分（可食部分每100g）

热量		54kcal
蛋白质		0.6g
脂肪		0.1g
碳水化合物		14.3g
矿物质	钙	26mg
	铁	0.3mg
β-胡萝卜素		0.02mg
维生素B_1		0.03mg
维生素B_2		0.03mg
维生素C		2mg

品种

玛斯义·陶芬

日本市场占有率最高的代表性品种。甜度适中，非常清爽，耐贮藏。

丰蜜姬

2006 年注册登记的日本福冈县限定名品种。肉厚，口感软糯，甜度高。

芭劳奈

皮呈淡绿色，肉质软糯，有酸味，适合用来烹调。

卡独太

尺寸小，一口就能吃掉，甜度高，市面上很多都是用来家庭栽培的，人们常用它来制作加工食品。

日本紫果

原产于法国。在法国和土耳其，日本紫果是主流品种。尺寸偏小，果皮呈深紫色。果肉柔软，甜度高。

蓬莱柿

自古就有栽培，被称为早生日本种，主要的产地是日本西部。甜味高级，酸味适中，不耐放。

果王

果皮呈鲜艳的绿色。果肉柔软，口感顺滑，夏季上市。

糖渍无花果

材料和制作方法（容易制作的量）

❶ 将 5 个冷冻无花果从冷冻室拿出后，立即去皮（保留根蒂），果皮不要扔掉。

❷ 在锅中加入❶的无花果皮、3/4 杯白葡萄酒、1 杯水和 150g 白砂糖，开火煮至白砂糖溶化，待汤汁变粉后，关火，用筛网过滤，滤出的汤汁留着备用。

❸ 在❷的锅中放入无花果的果肉和 2 片柠檬片、1 大匙柠檬汁，再重新倒入❷的汤汁，盖上锅盖，开中火煮。煮开后，转小火继续炖煮 10 分钟左右。然后关火，静置冷却。

上市时间
1 2 3 4 5 6 7 8 9 10 11 12

常温	冷藏	干燥	冷冻
△	○	○	◎

猕猴桃

可食部分 95% 去除皮

冷冻后，可轻松去皮

日本市面上一年四季都可见的是进口猕猴桃，但近年来，日本也在积极地栽培。猕猴桃富含具有抗氧化作用的维生素C和维生素E，两者相辅相成，可以有效地改善肌肤粗糙问题，预防感染和生活方式病。

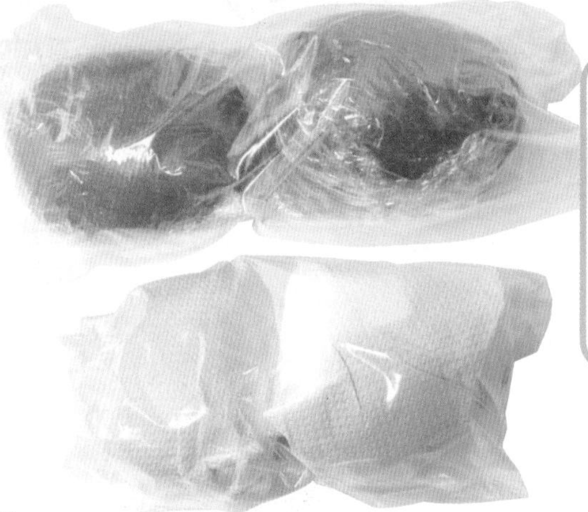

冻 1个月（整个）

整个冷冻，锁住水分

可以不剥皮，直接冷冻或冷藏。用保鲜膜包裹，装入保鲜袋冷冻。

藏 1～2周

常 2天

营养成分（可食部分每100g）
绿心

热量	53kcal
蛋白质	1g
脂肪	0.1g
碳水化合物	13.5g
矿物质　钙	33mg
铁	0.3mg
β-胡萝卜素	0.07mg
维生素B_1	0.01mg
维生素B_2	0.02mg
维生素C	69mg

营养成分（可食部分每100g）
黄心

热量	59kcal
蛋白质	1.1g
脂肪	0.2g
碳水化合物	14.9g
矿物质　钙	17mg
铁	0.2mg
β-胡萝卜素	0.04mg
维生素B_1	0.02mg
维生素B_2	0.02mg
维生素C	140mg

干 5～7天

猕猴桃干甜味更浓

猕猴桃去皮，切成5mm厚的片。在笸箩中铺一层厨房纸，将猕猴桃片平铺在上面，注意不要叠放。一天至少翻一次面，直至水分完全蒸发。也可以用微波炉干燥，每一面加热2分钟即可。

猕猴桃可以让肉变得软嫩

猕猴桃富含蛋白质分解酶。烹调肉类前，先用猕猴桃汁或果肉腌一下，肉就会变得软嫩无比，还有助于消化。

猕猴桃果酱

材料和制作方法（容易制作的量）

❶ 将整个冷冻的猕猴桃（净重 400g）放入水中浸泡 30 秒钟，然后用手剥去皮，将果肉切成 5mm 见方的块状。

❷ 将❶放入平底锅中，再加入 80g 白砂糖，开火煮至沸腾后，转中火继续煮 15 分钟，去除涩味。

❸ 加入 80g 白砂糖、1 大匙柠檬汁，一边搅拌一边继续煮 5～10 分钟后，关火。

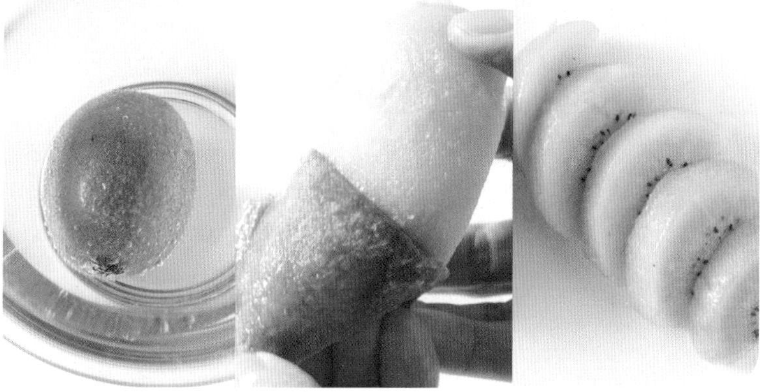

解冻方法

将冷冻的猕猴桃放在水中浸泡30秒左右后，就可以轻松地用手剥皮了。切开后，果肉还处于冷冻的状态。甜度高，去皮切片后可直接食用，非常美味。如果在室温中放置太久，果汁会渗出来，导致果肉变软，影响口感。

品种

海沃德

世界上栽培最多的品种。酸甜可口，口感独特，容易入口。

香绿

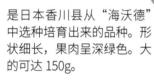

是日本香川县从“海沃德”中选种培育出来的品种。形状细长，果肉呈深绿色。大的可达 150g。

迷你猕猴桃

直径 2 ～ 3cm 的小品种。表皮无绒毛，可带皮食用。原本是日本“猴梨”的同类，从日本出口后，又被反向引入日本。

黄金猕猴桃

其特征是底部的形状很特别，果肉呈鲜艳的黄色。甜度高。

红心猕猴桃

极早生种。尺寸偏小，酸味少，甜度高，果肉的中间部位有红色渐变色。

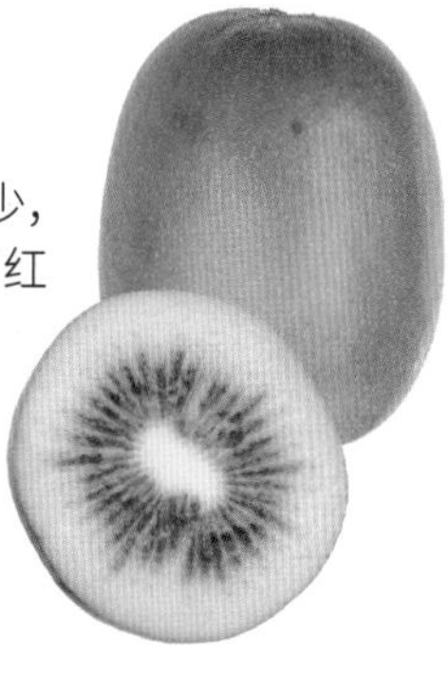

上市时间
1 2 3 4 5 6 7 8 9 10 11 12

常温	冷藏	干燥	冷冻
○	○	○	◎

菠萝

可食部分 80% 去除叶和皮

整个保存时，倒放会更甜

菠萝是亚热带地区栽培较多的水果。含有蛋白质分解酶，可以促进消化，食用时，嘴巴有刺痛感就是因为这种酶。除此之外，还含有可以缓解疲劳的维生素B_1、维生素B_6、维生素C和柠檬酸。

冻 1个月（切块）

切块后冷冻，可随时食用

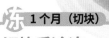

切块后放入保鲜袋冷冻。从冷冻室拿出来后，可直接食用。

藏 10天（整个）/5天（切块）

常 10天（整个）

用皮熬煮菠萝茶

菠萝皮可以用来熬制菠萝茶，甜甜的，有菠萝的香味，也可以兑入气泡水饮用。

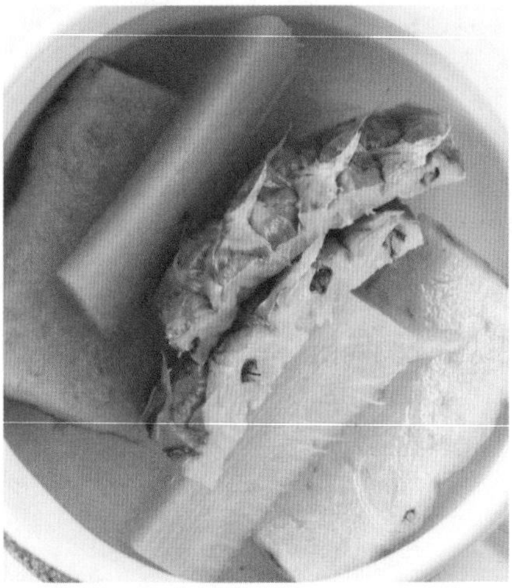

菠萝会让猪肉更加多汁嫩滑

需要炒猪肉时，先将1块菠萝和1块猪肉装入保鲜袋，腌制20分钟（超过20分钟，在酶的作用下，猪肉会变得容易煮烂，需要注意时间）。

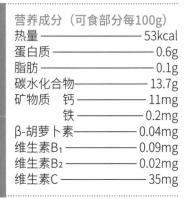

营养成分（可食部分每100g）

热量		53kcal
蛋白质		0.6g
脂肪		0.1g
碳水化合物		13.7g
矿物质	钙	11mg
	铁	0.2mg
β-胡萝卜素		0.04mg
维生素B_1		0.09mg
维生素B_2		0.02mg
维生素C		35mg

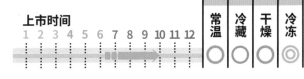

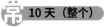

品种

手撕菠萝

相比普通菠萝，酸味少，容易入口。可以将皮撕下来直接食用，故得此名。

金菠萝

酸甜可口的热带水果。甜度和香味都很浓郁。除了生吃外，也可以加工成果汁、点心等。

水蜜桃菠萝

果肉偏白，散发像桃子一样的香味。酸味柔和，甜度高。表皮变红后就可以食用了。

菠萝果酱

材料和制作方法（容易制作的量）

❶ 将切块后冷冻的菠萝肉（净重400g）直接放入料理机，搅拌成泥状。
❷ 将❶放入平底锅中，再加入80g白砂糖，开小火煮至沸腾后，转中火继续煮10分钟，去除涩味。
❸ 加入80g白砂糖和1大匙柠檬汁，继续煮10分钟左右。等变得黏稠后关火。

菠萝烤鸡肉

材料和制作方法（1 人份）

❶ 准备 1 个青椒，1 块鸡胸肉。青椒切成圆圈，鸡胸肉切成适口大小。
❷ 在锡纸上放上❶和 2 片切好后冷冻的菠萝，然后淋上 1/4 杯烤肉酱，再用锡纸将食材全部包起来，直接放在烤架上烤 20 分钟左右，直至鸡肉烤熟。

上市时间

1 2 3 4 5 6 7 8 9 10 11 12

常温	冷藏	干燥	冷冻
○	◎	×	◎

西瓜

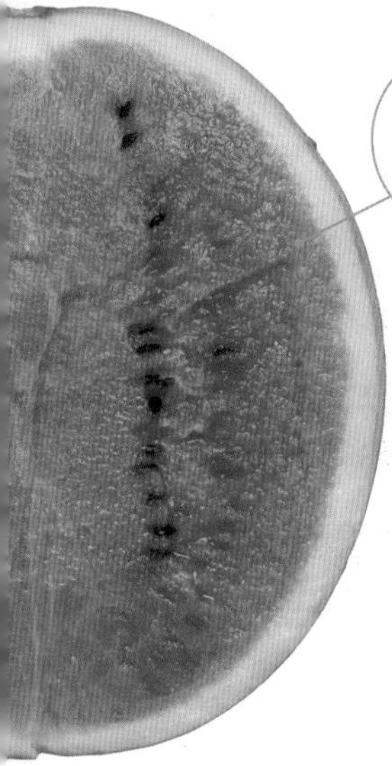

可食部分 90% 皮和籽都可利用

西瓜皮富含可以让血管“返老还童”的瓜氨酸

西瓜的90%以上都是水，是夏季补水的一大帮手。红瓤西瓜含有丰富的番茄红素，黄瓤西瓜含有β-胡萝卜素，这两种成分都具有抗氧化作用。皮和籽中也有有益于健康的成分，且两者均可食用，不要浪费，好好利用起来。

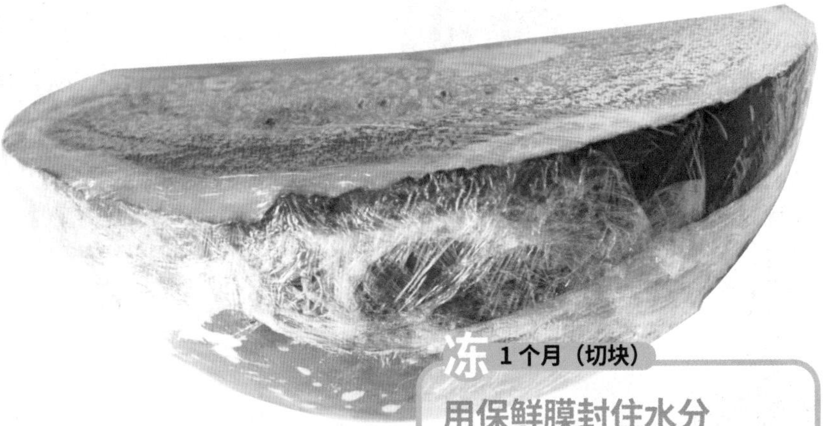

冻 1个月（切块）

用保鲜膜封住水分

整个保存比较占空间，可以切成4等份，用保鲜膜包裹严实后，冷冻或冷藏保存。

藏 10天（整个）/5天（切块）

常 10天（整个）

解冻方法

将西瓜在常温下放置1分钟左右，就可以轻松地切成方便食用的大小。切块后再冷冻，汁水会流失。建议食用时再切块。既能保证爽脆的口感，又能留住甘甜的味道。

营养成分（可食部分每100g）	
热量	37kcal
蛋白质	0.6g
脂肪	0.1g
碳水化合物	9.5g
矿物质　钙	4mg
铁	0.2mg
β-胡萝卜素	0.83mg
维生素B_1	0.03mg
维生素B_2	0.02mg
维生素C	10mg

腌 4～5天

味噌腌西瓜皮

材料和制作方法（容易制作的量）

❶ 准备200g西瓜皮，切掉绿色的表皮，再切成方便食用的大小。

❷ 放入大碗，并撒上稍微多一点的盐（稍咸一点），盖上保鲜膜，静置一晚。挤干水分（如果太咸，先用清水稍微冲洗一下），加入1小匙味噌，拌一下，放入冷藏室。

品种

佩斯利

形似橄榄球的品种。香味浓，甜度高，可整个放入冰箱。

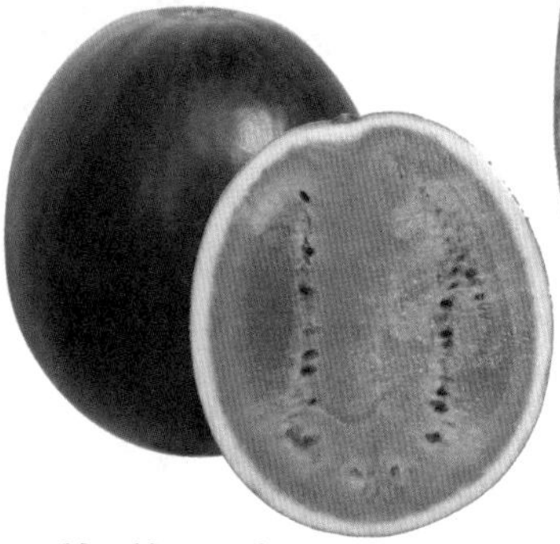

炸弹西瓜

日本北海道月形町栽培的品种，是原产于欧洲的黑皮西瓜和日本的条纹西瓜杂交而成的。味道清甜，口感爽脆。

黑美人

椭圆形的小西瓜。表皮颜色深，看上去像黑的一样，果肉口感爽脆。

黄小玉

黄瓤小西瓜。甜度适中，口感水润。纤维少，容易入口。

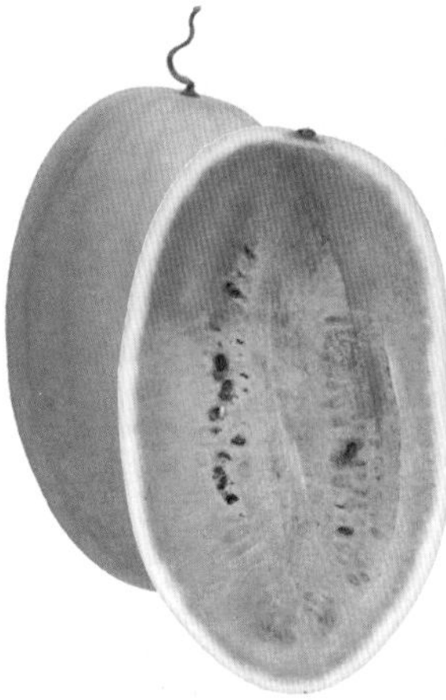

夏花火（金美人）

日本千叶县富里町生产的稀有品种。果皮呈黄色，果肉呈红色。果肉细腻，甜度高。

红小玉

尺寸小，皮薄，可食部分多。可整个放入果蔬室，冰镇后再食用。

皮和籽的美味吃法

皮除了盐渍外，还可以用米糠、味噌腌制。除此之外，还可以用来炒菜。籽可以日晒1～2天后食用，也可以用盐调味后炒着吃。

腌 4～5天

腌西瓜皮

材料和制作方法（容易制作的量）

❶ 准备 200g 西瓜皮，切掉绿色的表皮，再切成容易食用的大小。
❷ 放入大碗或保存容器，撒 1 小匙盐，抹匀后，放置在冷藏室保存半天以上。
❸ 等水分析出后，就可以吃了。

上市时间

1 2 3 4 5 6 7 8 9 10 11 12

常温	冷藏	干燥	冷冻
○	◎	○	◎

蓝莓（莓果类）

可食部分 100%

冷冻蓝莓，直接食用就很美味

最佳食用时间是6月至9月。在日本，自20世纪80年代后期开始，蓝莓就成为深受大家喜爱的明目水果。蓝莓中富含花青素，具有改善视力、缓解眼睛疲劳的功效。蓝莓中还含有脂溶性维生素E，和酸奶等乳制品一起食用，可以提高吸收率。

解冻方法

无须解冻，直接食用就很美味。

冻 1个月

冷冻蓝莓，吃法多多

用厨房纸包裹后，装入保鲜袋冷冻。

- 冷冻蓝莓和新鲜蓝莓的营养价值是一样的。
- 食用方法有很多，可以直接吃，可以放在冰激凌或酸奶上面，也可以做成果昔等。

藏 10天 常 4天

用厨房纸包裹这一步非常重要

如果买回来的蓝莓是盒装的，就用厨房纸包裹蓝莓，再放回盒子冷藏。

惊人的抗氧化效果

蓝莓的抗氧化效果是苹果、香蕉的5倍以上。无须剥皮，食用简单。莓果虽然有很多种类，但每一种的营养价值都差不多。

营养成分（可食部分每100g）

热量	49kcal
蛋白质	0.5g
脂肪	0.1g
碳水化合物	12.9g
矿物质 钙	8mg
铁	0.2mg
β-胡萝卜素	0.06mg
维生素B_1	0.03mg
维生素B_2	0.03mg
维生素C	9mg

蓝莓果酱

材料和制作方法（容易制作的量）

❶ 准备300g冷冻蓝莓，放入小锅，再加入70g白砂糖，开小火煮至水分析出，转中火，煮10分钟左右。

❷ 再加入70g白砂糖和1大匙柠檬汁，煮10～15分钟，等变得黏稠后关火。

品种

覆盆子

含有香味成分覆盆子酮，香味浓郁。可生吃，但因为甜味少，经常被加工成果酱。

黑莓

酸甜可口，是一种深受欧美人喜爱的夏季水果。黑莓在还没有成熟时，表面会带有红色，完全成熟后，会变成黑色。富含花青素。

蔓越莓

完全成熟变红后，就可以食用了。酸味强，不适合生吃。人们一般会用它制作果酱或果干。富含维生素 C。

针叶樱桃

富含维生素 C，多被用来制作果汁等加工食品。

枸杞

干枸杞比葡萄干还要小，是药膳中不可或缺的一味，常被用作中式甜点杏仁豆腐的配料。

混合莓果酱

材料和制作方法（容易制作的量）

❶ 在小锅中放入 200g 白砂糖和 1/4 杯水，开火煮。

❷ 白砂糖溶化后，加入 400g 冷冻莓果（蓝莓、黑莓、红醋栗等）。

❸ 沸腾后转小火，煮至黏稠，去除涩味。

上市时间
1 2 3 4 5 6 7 8 9 10 11 12

常温	冷藏	干燥	冷冻
△	○	○	○

草莓

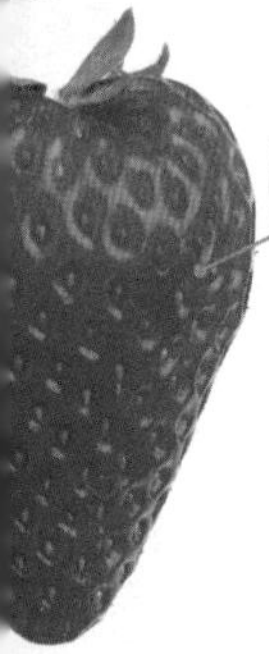

可食部分
98%
只需去除蒂

保存时不要去除根蒂

露天种植的草莓最佳食用时间是5月至6月。但随着大棚种植技术的进步，冬季至次年初夏，大约半年时间都可收获。草莓富含维生素C，具有预防感冒和美肤的功效。草莓中还含有木糖醇，有助于预防蛀牙。

冻 1个月 藏 5天

食用时再清洗，才能够留住美味

草莓买回来后，立即冷藏或冷冻保存，不要洗，不要去除根蒂，直接用厨房纸一个一个包裹，放入保存容器，盖上盖子保存。食用前，再清洗，去蒂。

解冻方法

无须解冻，直接切成小块后食用，美味鲜嫩。外表也和新鲜草莓一模一样。

常 1天

注意不要叠放

直接放置在常温下保存，汁水会流出来，口感变差。

干 1周

甜味浓厚，营养价值更高

将草莓切成薄片后，平铺在笸箩中，放在太阳下晒2天，中途需要翻面。草莓干甜度更高，营养价值也更高。可以夹在松饼或混在谷类中食用。

❶ 将草莓洗干净，擦干后去除根蒂。
❷ 切成薄片后，平铺在笸箩中。
❸ 在太阳下晒2天（晚上收回室内）。也可以使用烤箱，130°C烤30分钟左右即可。

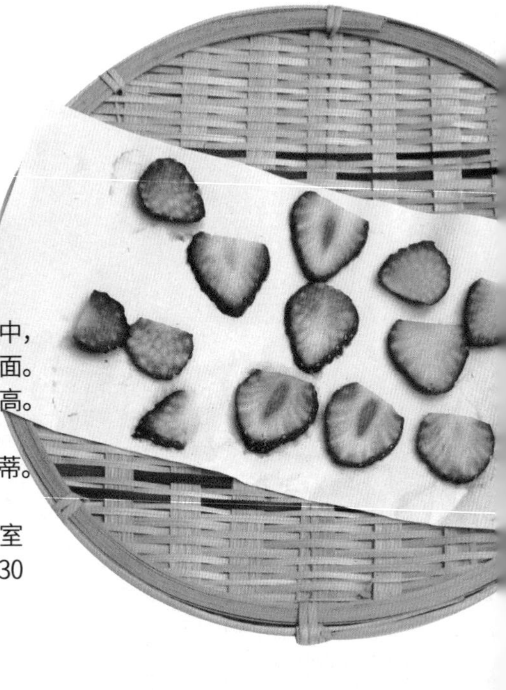

营养成分（可食部分每100g）

热量		34kcal
蛋白质		0.9g
脂肪		0.1g
碳水化合物		8.5g
矿物质	钙	17mg
	铁	0.3mg
β-胡萝卜素		0.02mg
维生素B_1		0.03mg
维生素B_2		0.02mg
维生素C		62mg
叶酸		0.09mg

品种

栃木少女

日本栃木县栽培的品种，在东日本的市场占有率高居第一。果粒大，酸味少，甜度高。

女峰

名字源自日本日光市的女峰山。酸甜可口，香味浓厚。颜色和形状都很美，也经常作为制作草莓味食品的原料。

甘王

日本福冈县的品种。命名来自“akai（鲜红）”“marui（圆润）”“ookii（大颗）”和“umai（美味）”这四个词的一部分“a-ma-o-u”，即“甘王”。

章姬

日本静冈县培育的品种，主要在东日本流通。口感佳，肉质平滑。甜度高，酸味少。

初恋的香味

又称“和田初恋”。酸味少，甜度高，白色的外表给人眼前一亮的感觉。红白草莓的组合套装人气很高。

黑胡椒草莓酱

材料和制作方法（容易制作的量）

❶ 准备 400g 冷冻草莓（去蒂），放入大碗，再加入 160g 白砂糖，静置 3 小时以上。需要时不时地轻轻翻拌，注意不要弄碎果肉。

❷ 将❶用筛网过滤，让果肉和汁水分离，均留着备用。

❸ 将❷的汁水倒入平底锅中，开中火煮。等汁水黏稠后，加入❷的果实和 1 大匙柠檬汁，继续煮，去除涩味。

❹ 等果肉裹满糖浆，变得黏稠后，撒入 1/4 小匙粗磨黑胡椒粉，搅拌均匀，关火。

上市时间

1 2 3 4 5 6 7 8 9 10 11 12

常温	冷藏	干燥	冷冻
○	○	○	○

柠檬

可食部分 99% 只需去除籽

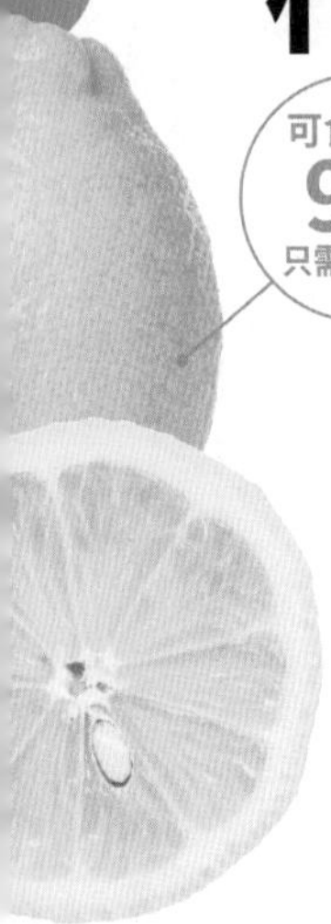

切片后冷冻或冷藏更方便

柠檬的维生素C含量是柑橘类水果中的佼佼者，香味成分柠檬烯具有促进血液流通、健胃的作用，人们也经常用它来制作香氛。

冻 1个月

切成使用时的形状后冷冻

将柠檬切成使用时的形状后，放入保存容器，盖上保鲜膜后冷冻保存。

藏 1个月 常 10天

解冻方法

在室温中放置3～5分钟即可。这样一来，挤的时候，汁液就不会四处乱溅了。

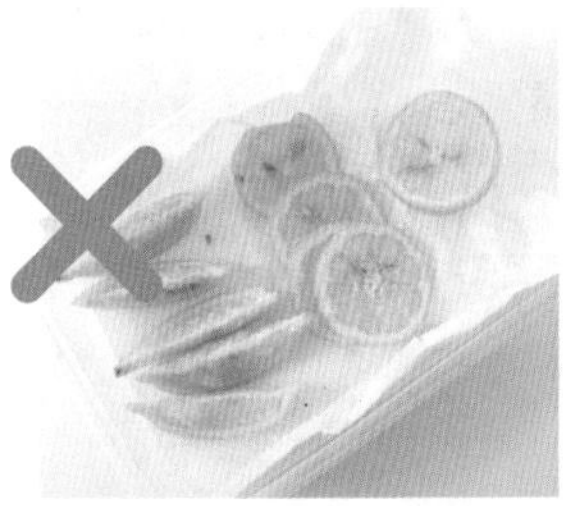

将柠檬平铺在厨房纸上冷冻，会导致柠檬片粘在纸上，难以拿下来。

干 3个月（仅皮）

皮切丝，晒干

将皮切成丝，平铺在笸箩中，放在太阳下晒两三天，中途需要翻面。也可以在耐高温容器中垫一张厨房纸，然后将切成丝的柠檬皮平铺在上面，放入微波炉加热2～3分钟。

- 晒干后，可以将皮碾碎，和盐或黑胡椒粗粒混合在一起，用作调料。

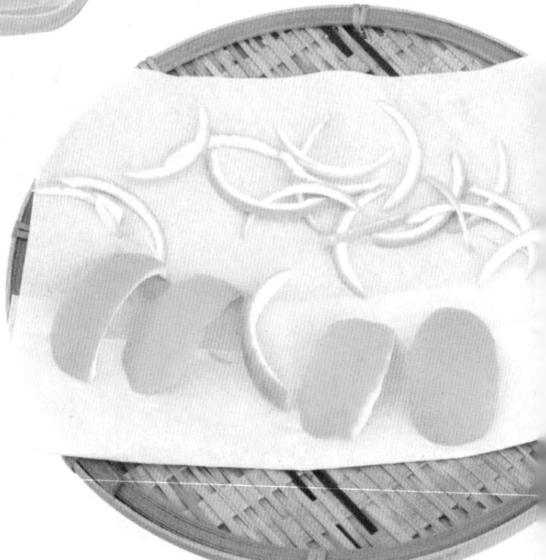

营养成分（可食部分每100g）

热量		54kcal
蛋白质		0.9g
脂肪		0.7g
碳水化合物		12.5g
矿物质	钙	67mg
	铁	0.2mg
β-胡萝卜素		0.03mg
维生素B_1		0.07mg
维生素B_2		0.07mg
维生素C		100mg

用柠檬干制作调料

柠檬盐的制作方法

将干燥的柠檬皮放在研磨臼中碾碎，然后和盐（按个人喜好决定用量）混合在一起。

柠檬胡椒粉的制作方法

将干燥的柠檬皮放在研磨臼中碾碎，然后和黑胡椒粗粒（按个人喜好决定用量）混合在一起。

蜂蜜柠檬

材料和制作方法（容易制作的量）
将切成圆片的冷冻柠檬（3个柠檬的量）放入瓶中，压实一点，不要留有空隙。然后倒入蜂蜜，没过柠檬片。
※尽可能使用新鲜的、表面没有蜡的柠檬。

品种

樱花柠檬

原产地是日本爱媛县。这是一种装饰品种，在柠檬的生长过程中，将其放入成形模具，最后形成花卉的形状，常被用来装饰菜肴。

里斯本

香酸柑橘类水果的代表。富含维生素C和柠檬酸，特别适合用来缓解疲劳。

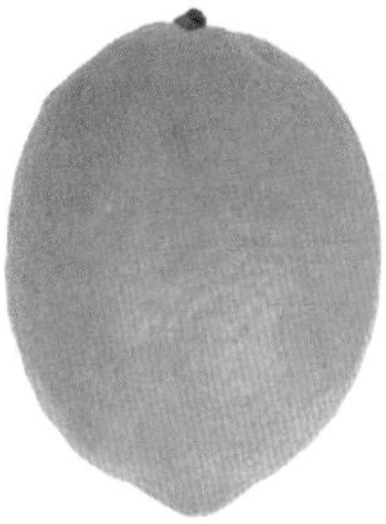

梅尔柠檬

据说是柠檬和橙子的杂交品种。酸味比普通的柠檬柔和，且带有些丝甜味。形状偏圆，表皮略带红色。

青檬

柠檬和青柠的杂交品种。酸甜可口，果肉多汁，容易挤汁。

小笠原柠檬

梅尔柠檬的一种。是日本东京都小笠原村的特产，完全成熟后再收获，果子大且多汁。

上市时间

1	2	3	4	5	6	7	8	9	10	11	12

常温	冷藏	干燥	冷冻
○	○	△	○

葡萄柚

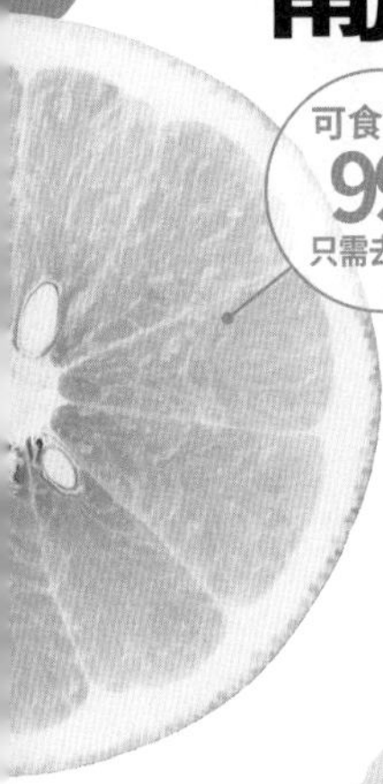

可食部分 99% 只需去除籽

冷冻后可徒手剥皮

主要是进口品种，一年四季都能买到，且价格稳定。日本鹿儿岛和熊本等气候温暖的地区也在栽培。据说是柚子和橙子自然交配孕育出的品种，香味清爽，具有振奋精神的作用。

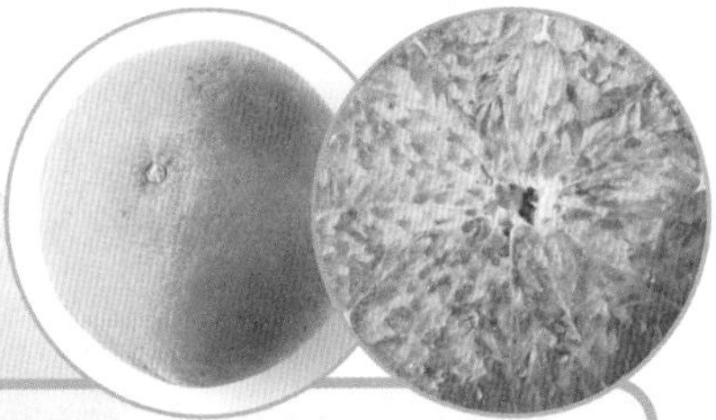

解冻方法

将整个冷冻的葡萄柚放在水中浸泡 2 分钟左右，等表面变软后，就可以徒手剥皮了。可用于烧酒或威士忌。

冻 2 个月

不剥皮，整个冷冻

装入保鲜袋，整个冷冻。整个冷冻有助于锁住水分，维持新鲜水润的口感。

藏 1 个月 **常** 10 天

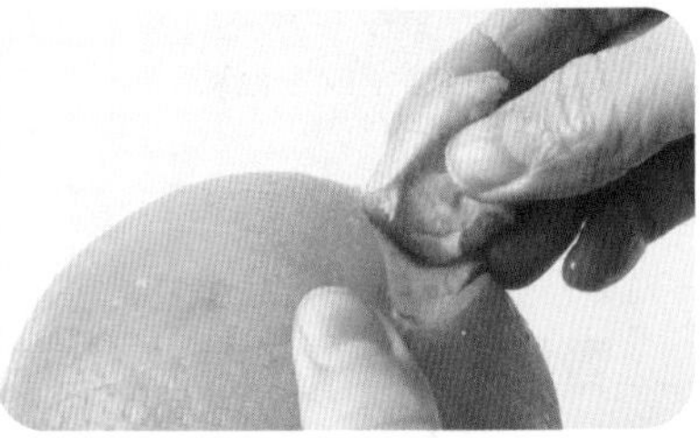

如果要使用皮

表皮有除霉剂，使用前要先将盐抹在皮上，揉搓一下后用清水冲洗干净。

干 3 个月（仅皮）

皮切成任意形状，晒干

将皮剥下来，直接晒干。或者切成自己喜欢的形状后晒干。大概需要晒 2 天左右，中途不要忘了翻面，可用来制作点心。

营养成分（可食部分每100g）

热量	38kcal
蛋白质	0.9g
脂肪	0.1g
碳水化合物	9.6g
矿物质　钙	15mg
维生素B_1	0.07mg
维生素B_2	0.03mg
维生素C	36mg

醋拌葡萄柚和海藻

材料和制作方法（容易制作的量）

❶ 将 1 个冷冻的葡萄柚放在水中浸泡 1 分钟，用手剥掉皮。再在室温下放置 2 分钟左右，剥掉内皮。

❷ 准备 8g 什锦海藻（干燥），放在水中泡开，和❶混合到一起。

❸ 在大碗中加入 1/2 小匙酱油、2 大匙醋、2 小匙寡糖、少许盐，混合均匀。

❹ 将❸浇在❷上，拌一下。

常温	冷藏	干燥	冷冻
○	○	△	○

上市时间 1 2 3 4 5 6 7 8 9 10 11 12

橘子（柑橘类）

用皮制作的果酱是一绝

柑橘类水果的皮可以用手剥，非常方便，是人们非常喜欢的维生素C补给源。果肉的颜色是由一种叫作β-隐黄质的色素成分造成的，据说这种成分能让骨头更强健。瓤瓣的内皮和上面的白色筋络中含有可以促进毛细血管生长的成分。

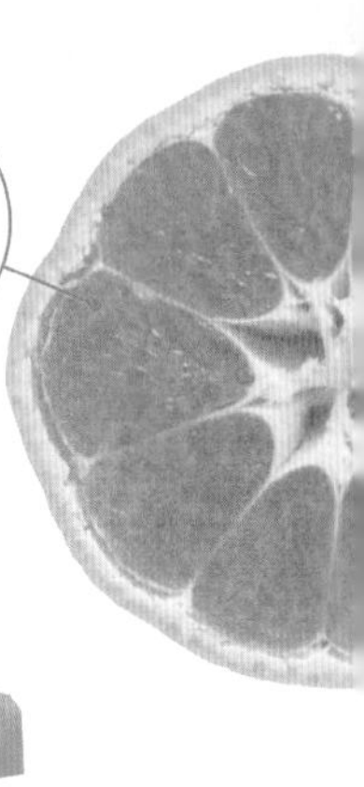

冻 1个月

不剥皮，直接冷冻

不要剥皮，放入保鲜袋冷冻或冷藏。

如果橘子皮有他用，可以将皮剥掉，然后放入保鲜袋冷冻或冷藏。

常 2周

解冻方法

将橘子放入水中浸泡1分钟左右，在其半解冻的状态下食用。皮可以用手剥掉。

冷冻的橘子过一遍冷水，可以防止干燥，也不会影响味道。

干 3个月（仅皮）

将皮撕碎，晒干

将皮剥下来，撕碎晒干，等晒至酥脆，就完成了。可以将干橘子皮放入孔眼很细的网，做成入浴剂，在泡澡时使用。将干橘子皮碾碎成粉状，泡茶喝可以预防感冒。

制作简单的橘子皮果酱

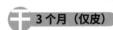

将冷冻的橘子放在水中浸泡1分钟左右，皮就会变软。此时，用勺子将内侧的白色筋络刮掉。然后将橘子皮切成丝，放入小锅，煮沸2次。以1个橘子的皮加入1大匙白砂糖的比例加入白砂糖，添加水至刚刚没过橘子皮，然后开小火，煮至黏稠即可。

糖渍橘子

材料和制作方法（容易制作的量）

❶ 准备5个没有剥皮、整个冷冻的橘子，放入水中浸泡1分钟左右，用手把皮剥掉。

❷ 在小锅中加入180g白砂糖和2.25杯水，开火煮至白砂糖溶化，且水沸腾后，关火。将❶并排放入，加入1大匙柠檬汁。

❸ 盖上盖子，转小火煮5分钟左右。然后关火，静置冷却。

营养成分（可食部分每100g）

橘子

热量	46kcal
蛋白质	0.7g
脂肪	0.1g
碳水化合物	12g
矿物质　钙	21mg
铁	0.2mg
β-胡萝卜素	1mg
维生素B_1	0.1mg
维生素B_2	0.02mg
维生素C	32mg

上市时间

1	2	3	4	5	6	**7**	**8**	**9**	**10**	**11**	**12**

常温	冷藏	干燥	冷冻
○	△	○	○

香蕉

冷冻后表皮会变黑，但果肉很白

香蕉富含果糖、葡萄糖、蔗糖等可以在体内快速转化为能量的糖类。熟透的香蕉上会出现一种叫作“糖点”的黑色斑点，表明这根香蕉可以食用了。除了可以促进蛋白质代谢的维生素B_6和可以有效预防高血压的钾之外，香蕉还含有丰富的色氨酸，可以在体内转化为稳定情绪的物质。

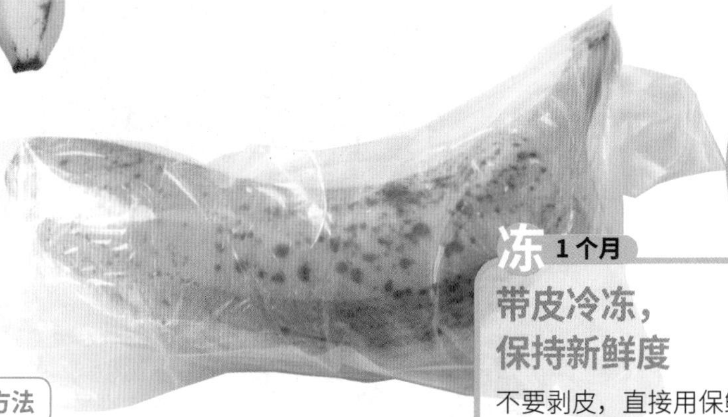

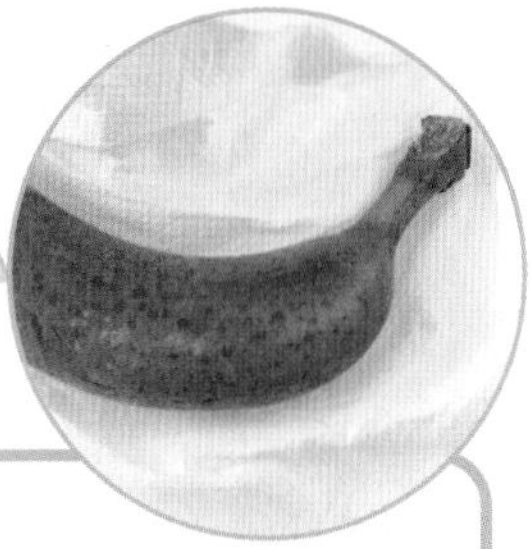

冻 1个月

带皮冷冻，保持新鲜度

不要剥皮，直接用保鲜膜或厨房纸包裹香蕉后，放入保鲜袋冷冻。也可以剥皮后，用保鲜膜包裹整根香蕉或切好的香蕉后，放入保鲜袋冷冻。

常 5天

解冻方法

将冷冻的香蕉放入水中浸泡 30 秒左右，就可以用轻松切断了。

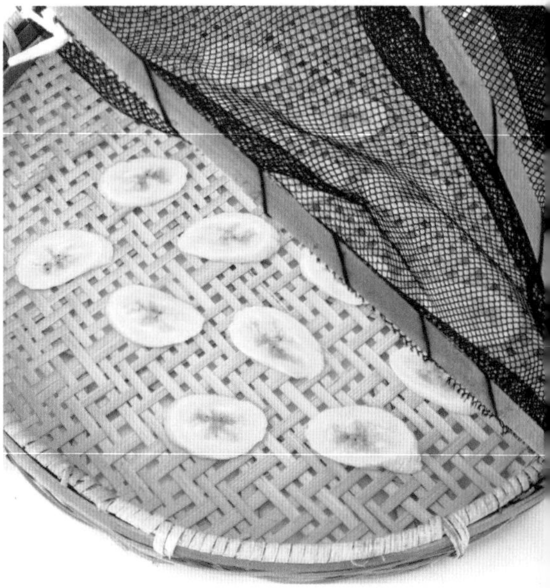

干 3周

干燥后甜味更浓

香蕉剥皮，切成 5mm 厚的片，泡过柠檬汁后平铺在笸箩上，放在太阳下晒 2～3 天，过程中需要时不时地翻面。甜美的香味会招虫子，最好选择有网罩的笸箩。

- 可以用来搭配点心或酸奶。

营养成分（可食部分每100g）		
热量		86kcal
蛋白质		1.1g
脂肪		0.2g
碳水化合物		22.5g
矿物质	钙	6mg
	铁	0.3mg
β-胡萝卜素		0.06mg
维生素B_1		0.05mg
维生素B_2		0.04mg
维生素C		16mg

焦糖香蕉果酱

材料和制作方法（容易制作的量）

❶ 将 1 根没有剥皮、整根冷冻的香蕉放在水中浸泡 30 秒钟左右，去皮，切成 1.5cm 厚的片，然后撒上 1/2 大匙柠檬汁。

❷ 在平底锅中加入 100g 白砂糖和 1 大匙水，开中火煮，需要时不时地转锅。等变成焦糖色后，关火，加入 2 大匙水。

❸ 将❶放入❷，开小火煮 20 ～ 30 分钟，需要时不时地轻轻搅拌。

❹ 加入 1 大匙朗姆酒和少许肉桂粉后，关火。

品种

卡文迪什

日本市面上的香蕉大都是这个品种，全球范围内的市场占有率高达 50%。口感平滑清爽，耐贮藏。

贡蕉

长度不足 15cm 的小香蕉，在海拔超过 500m 的高原地区栽培。皮薄，甜味浓厚。果肉柔软，小孩子也容易入口。

拉卡坦香蕉

原产地是菲律宾。个头小，呈矮胖状，携带方便。富含矿物质、柠檬酸，适合运动员补充营养时食用。

莫拉德

果皮呈红褐色，偏粗的圆柱状。口感粉糯，甜度适中，略带酸味，非常清爽。

台湾香蕉

从昭和初期开始，日本人就非常喜爱中国台湾产的香蕉，市面上流通的是“北蕉”和“仙人蕉”两个品种。果肉绵密、粉糯，味道浓郁。

上市时间 1 2 3 4 5 6 7 8 9 10 11 12

常温	冷藏	干燥	冷冻
○	△	△	○

樱桃

可食部分 98% 去除核和蒂

营养丰富，但果肉容易受损

樱桃含有叶酸和铁，可以有效地预防贫血。还含有多酚和维生素C，能够帮助人体抗氧化。樱桃的产地有限，价格昂贵。上市时间是从5月至8月，非常短暂。果肉柔软，容易变质，如果采用普通的保存方法，请尽早食用。

冻 1个月

冷冻时不要去除果梗

不去除果梗，将樱桃直接放入容器中冷冻。去除根枝后，果实上就会出现一个缺口，水分会从那里流失，变得干燥寡淡。

解冻方法

将樱桃从冷冻室拿出来放置1分钟左右，等表面变软后，就可以食用了。

常 5天

过度冷却会影响风味

樱桃不耐冷藏，请常温保存，并放置在通风良好的地方，然后在食用的1～2小时前放入冰箱冷藏降温。

干 3周

用白砂糖煮过后晒干

❶ 将100g樱桃（去籽）和2大匙白砂糖混合在一起，开小火煮10分钟。
❷ 倒入沥水篮，沥去汁水。将樱桃平铺在硅油纸上，放在太阳下晒。
❸ 晒3天左右，就完成了，中途需要时不时地翻面，也可以放在烤箱中100℃烤90分钟。

营养成分（可食部分每100g）

热量	60kcal
蛋白质	1g
脂肪	0.2g
碳水化合物	15.2g
矿物质 钙	13mg
铁	0.3mg
β-胡萝卜素	0.1mg
维生素B_1	0.03mg
维生素B_2	0.03mg
维生素C	10mg

酸樱桃果酱

材料和制作方法（容易制作的量）

❶ 准备400g冷冻樱桃，在常温下放置1分钟左右，然后放入料理机，打成泥。
❷ 将❶放入平底锅中，然后加入80g白砂糖，开中火煮10分钟左右，去除涩味，记得时不时搅拌一下。
❸ 再加入80g白砂糖和1大匙柠檬汁，继续煮5～10分钟，等汁水黏稠后关火。

常温	冷藏	干燥	冷冻
○	○	△	○

上市时间 1 2 3 4 5 6 7 8 9 10 11 12

哈密瓜

切块后冷藏更方便

上市时间是6月至9月。哈密瓜中含有能够快速转化为能量的蔗糖、葡萄糖，以及具有缓解疲劳功效的柠檬酸，可以说哈密瓜是非常适合夏天食用的水果。在成熟之前，可常温保存。

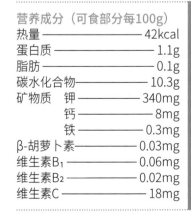

可食部分 95% 只需去除外皮

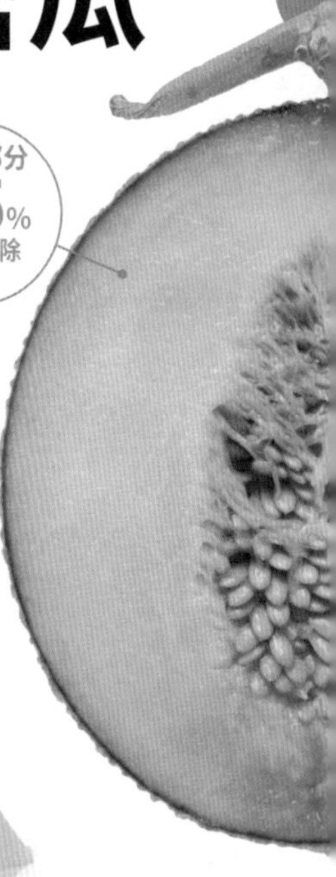

解冻方法

将哈密瓜从冷冻室拿出来放置 1 分钟左右，变成半解冻的状态。

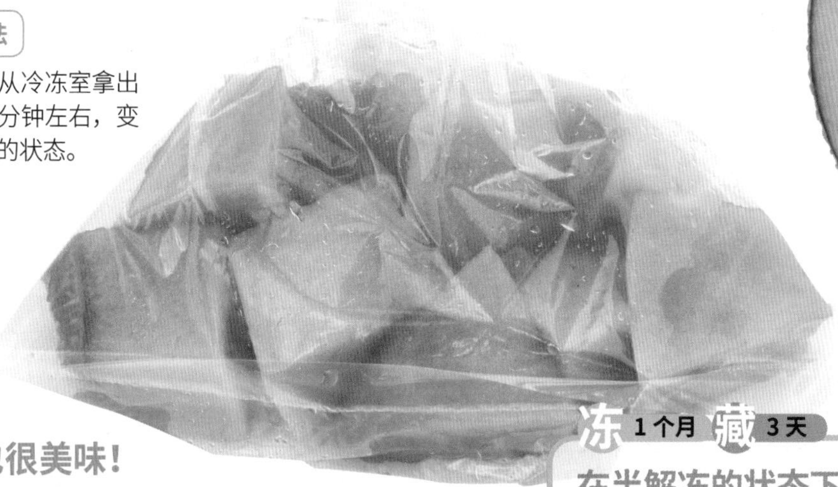

冻 1个月 藏 3天

在半解冻的状态下，直接食用

哈密瓜去皮，切成适口大小的块状，装入保鲜袋冷冻。

- 将半解冻状态的哈密瓜拌入冰激凌，也很美味。

常 5天

果皮也很美味！腌哈密瓜皮

材料和制作方法（容易制作的量）

❶ 将哈密瓜的皮（削掉外皮）切成薄片，2 片火腿肉切成丝。

❷ 将❶和 1/4 小匙盐、2 小匙橄榄油、1 小匙白醋搅拌在一起，静置 30 分钟左右。

营养成分（可食部分每100g）

热量		42kcal
蛋白质		1.1g
脂肪		0.1g
碳水化合物		10.3g
矿物质	钾	340mg
	钙	8mg
	铁	0.3mg
β-胡萝卜素		0.03mg
维生素B_1		0.06mg
维生素B_2		0.02mg
维生素C		18mg

上市时间 1 2 3 4 5 6 7 8 9 10 11 12

常温	冷藏	干燥	冷冻
○	○	○	○

芒果

可食部分 90% 去除核和皮

经常用于各式料理中

芒果虽然是一种热带水果，尚未成熟的芒果需要放在常温下催熟，成熟的芒果则建议尽快食用或冷冻保存。

冻 1个月 藏 3天

将应季的美味冷冻起来，随时品尝

芒果去皮，切成适口大小的块状，放入保鲜袋冷冻。

常 3天

解冻方法

室温解冻。刚从冷冻室拿出来的芒果没什么甜味，但放置一会儿后，甜味就会恢复。

比目鱼芒果卷

材料和制作方法（容易制作的量）

❶ 准备 6 片比目鱼生鱼片，撒上少许盐。
❷ 用❶将切块的冷冻芒果卷起来。
❸ 装盘，淋上适量橄榄油，撒上切成丝的罗勒叶（1 片的量）。

芒果酸辣酱

材料和制作方法（容易制作的量）

❶ 将整个冷冻的芒果（净重 200g）在常温下放置 30 秒钟左右，将果肉切成小块，果核上的果肉可以用勺子刮下来。
❷ 在小锅中放入 50g 洋葱末、5g 生姜末、1/4 杯白葡萄酒、1 大匙白醋、1/4 杯番茄汁、25g 白砂糖、1/4 小匙盐、1/2 根去籽红辣椒和❶，煮至沸腾后，转中火，继续煮 15 分钟左右，去除涩味。
❸ 加入少许香辛料（肉豆蔻粉、肉桂粉等自己喜欢的东西），煮至稍微黏稠后关火。

营养成分（可食部分每100g）

热量		64kcal
蛋白质		0.6g
脂肪		0.1g
碳水化合物		16.9g
矿物质	钙	15mg
	铁	0.2mg
β-胡萝卜素		0.61mg
维生素B_1		0.04mg
维生素B_2		0.06mg
维生素C		20mg

常温	冷藏	干燥	冷冻	上市时间
○	○	○	○	1 2 3 4 5 6 7 8 9 10 11 12

牛油果

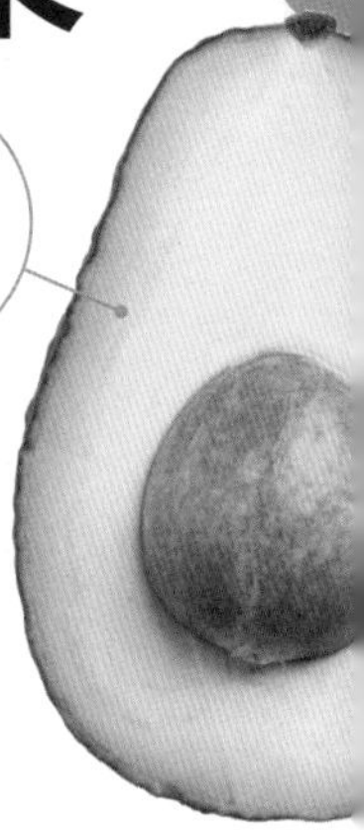

可食部分 70% 去除核和皮

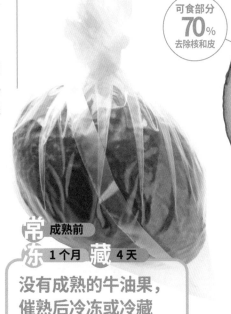

被称为“森林牛油”“植物奶酪”的水果

日本市面上90%以上的牛油果都是墨西哥产的，全年都可买到。牛油果中含有丰富的不饱和脂肪酸，能有效地预防一些生活方式病。还没成熟时，放在常温下保存。等到成熟变软后，装在保鲜袋中，放入冰箱中的果蔬室保存。

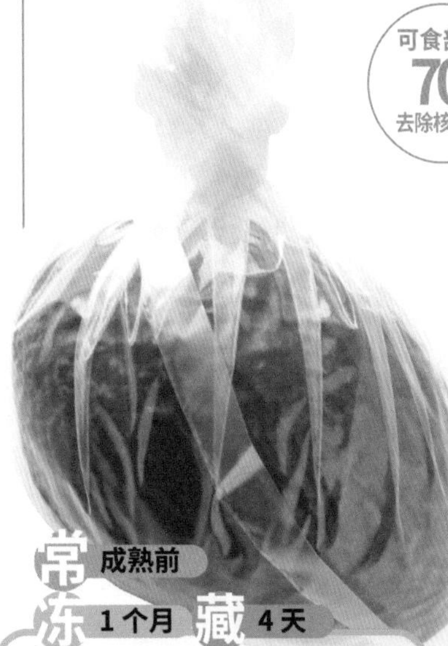

常 成熟前

冻 1个月 藏 4天

没有成熟的牛油果，催熟后冷冻或冷藏

不要剥皮，整个放入保鲜袋，冷冻或冷藏保存。

解冻方法

浸泡在水中解冻后，可用手轻松去皮。果肉会变得非常柔软，可以和奶油芝士等混合在一起，做成美味的牛油果酱。

在常温下解冻，果肉不会出水。为了防止刀打滑，可以在牛油果下垫块布。和浸泡在水中的解冻方法一样，对半切后，即可用手轻松将皮剥掉。和蜂蜜等有黏性的食物混合在一起食用，会非常美味。牛油果切好后，为了防止氧化变色，可以淋上柠檬汁。

牛油果酱

材料和制作方法

（2～3人份）

❶ 准备1个整个冷冻的牛油果，去皮去核后，放入大碗，用木铲等压碎。

❷ 在❶中加入2大匙蛋黄酱、2小匙柠檬汁、少许盐和黑胡椒粉，搅拌均匀。

营养成分（可食部分每100g）	
热量	187kcal
蛋白质	2.5g
脂肪	18.7g
碳水化合物	6.2g
矿物质 钙	9mg
铁	0.7mg
β-胡萝卜素	0.08mg
维生素B_1	0.1mg
维生素B_2	0.21mg
维生素C	15mg

不浪费的精神和日本的“粮食损失”

全世界每9个人中就有1个人饱受饥饿之苦。发展中国家的粮食不足问题愈加严重，而像日本这样的发达国家，却出现了粮食吃不完就扔掉的“粮食损失（Food Loss）”问题。

据说，日本每年都会产生大约646万吨的粮食损失。相当于每个人每天都会浪费1碗食物（约139g）。

具体来讲，其中55%是生产商、经销商、店铺等产生的，剩下的45%则是由家庭产生的。

1. 还在保质期内的粮食都扔掉的过度清理。
2. 已经过期，还没来得及食用就直接扔掉的直接废弃。
3. 烹调了，但没吃完的剩菜。

不管是哪个理由，只要我们改变自己的意识，情况就会得到改善。

减少家庭垃圾

造成直接废弃的原因是过期。但过期又分为“超过保质期”和“超过最佳赏味期限”，我们必须理解这两者的区别。

保质期一般会印在不耐贮存的熟菜、便当、食用肉等食材的包装上。因为一过该日期，食物的质量就会急剧下降，必须在显示的日期前食用完。购买时，也必须考虑能吃完的量，按需购买。

最佳赏味期限一般出现在零食、点心、罐头等加工食品上。这是制造商设定的期限，离真正过期还有一段时间。因此只要保存方法得当，即便稍微过了最佳赏味期限，也可食用。

一些超市和便利店还会自行设定销售期限，就算最佳赏味期限还没过，有些商品也会被撤下。

从货架上选择商品时，很多人都会选择放在货架里面的、离保质期还有一段时间的牛奶和其他食材。请根据自己使用的时间，尽量选择放在外侧的商品，留下离最佳赏味期限还有一段时间的商品。这必定能够大幅削减食品的废弃量。

请改变自己的观念，以身作则关心粮食浪费问题，从家庭厨房开始，重新审视21世纪的“不浪费精神”吧。

第3章

水产

水产保存的基本原则

鱼贝类是公认的高蛋白低脂肪食材，尤其是银色的鱼中含有的DHA（二十二碳六烯酸）和EPA（二十碳五烯酸），能够有效地减少心肌梗死的风险，增强大脑记忆力。因此，我们应该更积极地摄入。

但是，作为食材，海鲜等水产的新鲜度很容易降低。天气炎热的时候，购买后还没到家，可能就变质了。

温度一旦上升，海鲜就会散发出腥臭味，这主要是杂菌增殖导致的。

很多人虽然喜欢吃鱼，但不擅长处理鱼。将盒装的鱼片买回去之后，不要只保存在冷藏室内，要学会灵活使用不同的保存方式。这样，食材才会变得更加美味。

干燥 出乎意料地简单——自制“一夜干”

水分蒸发后，鱼的鲜味会变得更加浓郁，贮存性也会变高。人们一般都直接购买市面上卖的鱼干，但其实在自己家里做也很简单，且更美味。虽然用家里的工具也可以制作，但为了防鸟虫，最好还是使用制作干货专用的网比较方便。

材料

喜欢的鱼（沙丁鱼、秋刀鱼、甘鲷鱼等）、浓度 10% ～ 15% 的盐水。

※ 根据脂肪的多少，调整盐分。脂肪较少的白身鱼用 10% 的盐水，脂肪较多的银色鱼就使用浓度高一点的盐水。

制作方法

❶ 将鱼切开，去除鳃、内脏和血块，清洗干净，将水擦干。

❷ 放入盐水浸泡20～60分钟（如果盐水浓度较低，就多浸泡一会儿）。

❸ 将表面的盐分冲洗干净，将水擦干。

❹ 放在通风良好、阳光直射的地方曝晒3～5小时。等表面完全干燥就完成了。

冷藏 根据新鲜度，考虑保存时间

新鲜的鱼贝类使用冷藏保存的方式，新鲜度最多能维持4～5天。也就是说，捕捞起来后，最多维持4～5天。

鱼的种类以及保存时的状态都会影响其新鲜度。没有去除内脏的整条鱼，会因为内脏中细菌的繁殖而变质，保质期会变短。

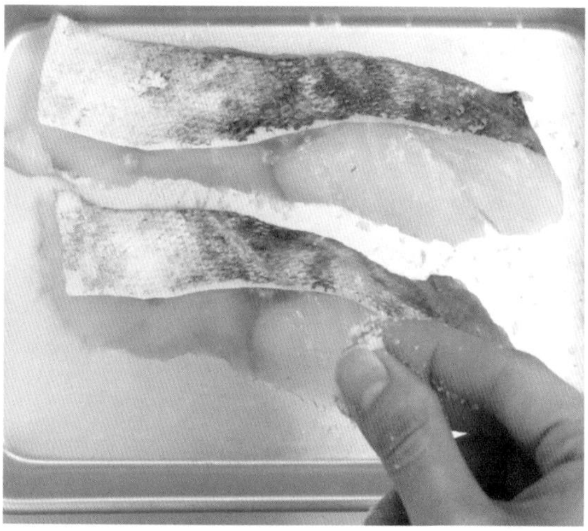

撒上盐后保存

盐有助于抑制表面杂菌的增殖，除了用作刺身的鱼之外，其他鱼片或切开的鱼都可以撒上盐后冷藏。

请根据最终的烹调方法，调节盐的使用量。

如何保存生鱼片

冷藏保存生鱼片时，已经切片的务必在当天吃完。如果是块状的，最晚请在次日吃完。为了不让鱼肉中的血水流出，要先用厨房纸等将鱼片包裹，再用保鲜膜紧紧包裹，然后放入零度室保存。如果刺身没吃完，就以2∶1∶1的比例将酱油、酒和味啉混合在一起，然后将剩余的刺身放在里面浸泡5～6小时，这样，第二天也能品味到美味。

冷冻 冷冻保存生鱼片

冷冻保存生鱼片时，必须先擦干水，然后用保鲜膜包裹后放入保鲜袋冷冻。但是，切成片时，鱼肉已经和空气接触过了，新鲜度肯定不如一整条鱼。冷冻保存时，可以先用调料腌一下后再冷冻。

鱼块

生鱼片

整条鱼

搭配的调料

冷冻的生鱼解冻时，可能会散发腥味。冷冻前先腌制，不仅可以更入味，还能去除腥味。冷冻的鱼可直接煮或烤，因此可以省下解冻和调味的时间。但是，保存时间应控制在2周以内。

❶ 基础面包糠

（200g 青背鱼、白肉鱼等）

帕马森干酪粉 ………1 小匙
盐 ……………1/4 小匙
胡椒 ………… 少量
牛至 …………1/2 小匙
百里香 ……1/4 小匙
面包糠（干燥）……1/3 杯

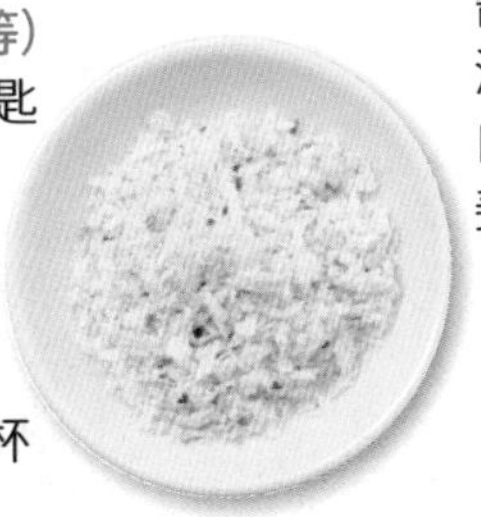

使用方法

将所有材料都混合在一起后，涂满鱼身，然后冷冻。

❷ 酱油汁

（4 片生鱼片）

酱油 ………1 ～ 2 大匙
清酒 ……………1 大匙
白砂糖 …………1 大匙
姜丝 …………1 片的量

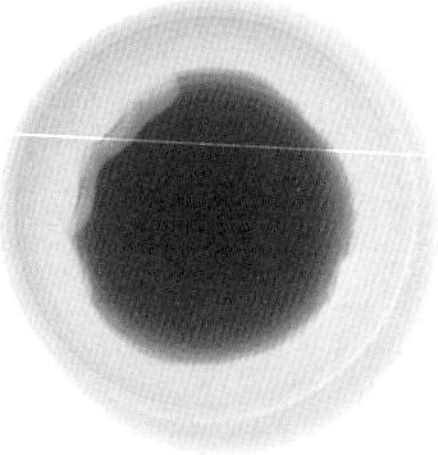

❸ 幽庵烧调料汁

（4 片生鱼片）

酱油 …………3 大匙
味啉 …………2 大匙
柚子片 …………4 片

④ 腌鱼汁

（4 片鱼肉）

白葡萄酒……1/2 杯
白葡萄醋……1/2 杯
香叶…………1 片
百里香………1 根
盐……………1/3 小匙
黑胡椒粒……少许

⑤ 基础青花鱼味噌汁

（1 条青花鱼 约 700g）

味噌………4～5 大匙
白砂糖……1～2 大匙
清酒…………1/2 杯
味啉………4～5 大匙

⑥ 西京烧酱

（容易制作的量）

西京味噌……100 大匙
清酒……………2 大匙
白砂糖…………1 大匙

⑦ 盐曲橄榄油糊

（容易制作的量）

橄榄油………2 杯半
盐曲…………3/5 杯

⑧ 东南亚风味酱汁

（容易制作的量）

泰式鱼露………6 大匙
醋………………6 大匙
蒜蓉……………2 小匙
白砂糖…………4 大匙

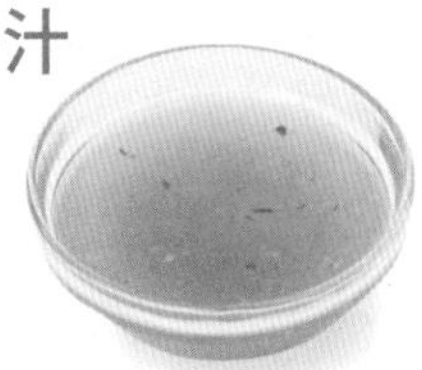

⑨ 蚝油酱

（4 条秋刀鱼）

蚝油…………2 大匙
酱油…………1 大匙
白砂糖………2 小匙

⑩ 梅干调味汁

（6 条沙丁鱼）

梅干………………4 个
姜丝………………30g
酱油………………5 大匙
味啉………………2 大匙
清酒………………2 大匙

⑪ 醋腌青花鱼汁

（1/2 条青花鱼）

谷物醋………1 杯半
水……………1/2 杯
白砂糖………1 大匙
淡口酱油……1 大匙
柠檬片………2 片

⑫ 生姜味噌酱

（容易制作的量）

味噌…………………1 杯
味啉…………1/2 大匙
清酒………1/2～2/3 杯
生姜末………1 片的量

⑬ 智利辣酱

（300g 虾）

豆瓣酱………1 大匙
水………………少许
番茄酱………2 大匙
中式高汤……1/2 杯
清酒………1/2 大匙
白砂糖………1 小匙

上市时间

1 2 3 4 5 6 7 8 9 10 11 12

常温	冷藏	干燥	冷冻
×	○	×	○

金枪鱼

可食部分 100%（使用鱼块）

太平洋蓝鳍金枪鱼

“大间金枪鱼”等品牌大都是这类金枪鱼。肉质好，且红肉富含身体所必需的营养成分。

黄鳍金枪鱼

脂肪少，味道清淡，腥味不重，经常用于金枪鱼罐头。

大眼金枪鱼

鱼如其名，眼睛很大。外国产的较多，大都是从智利、秘鲁或北美进口的冷冻产品。

市面上的金枪鱼主要是在远洋捕捞的冷冻产品，近海捕捞的新鲜金枪鱼是高级食材。

解冻方法

解冻金枪鱼块时，可以将它浸泡在酱油或油中，放在冷藏室解冻。虽然耗时久，但这么解冻会很美味。

营养成分（可食部分每100g）
太平洋蓝鳍金枪鱼红肉

热量		125kcal
蛋白质		26.4g
脂肪		1.4g
矿物质	钙	5mg
	铁	1.1mg
维生素B_1		0.1mg
维生素B_2		0.05mg
维生素C		2mg

解冻出人意料地困难

冷冻金枪鱼全年都可买到，新鲜金枪鱼的上市时间是10月至次年5月，人气较高的是太平洋蓝鳍金枪鱼。除此之外，日本还有大眼金枪鱼、黄鳍金枪鱼等7个品种。

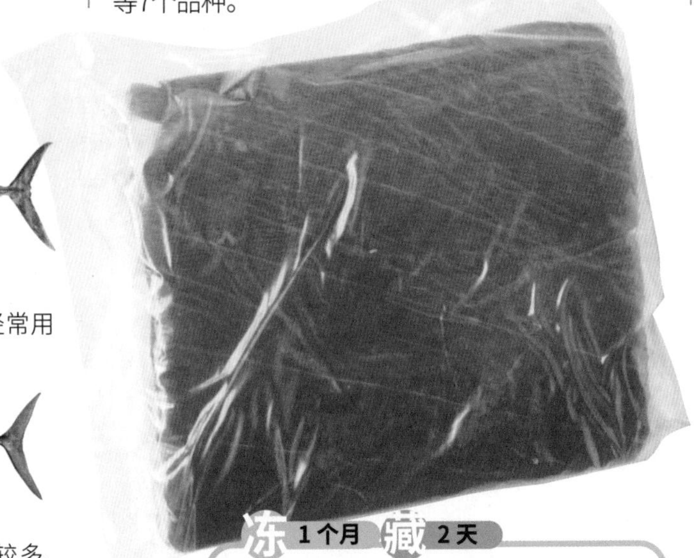

冻 1个月 藏 2天

擦干水是关键

撒上盐，静置 5 分钟。用厨房纸充分擦干后，用保鲜膜包裹，放入保鲜袋冷藏或冷冻。

将 100g 金枪鱼片放入保鲜袋，加入 2 大匙酱油、1 大匙味啉，然后放入冰箱冷冻。

- 使用时，无须解冻。直接放在热米饭上，作为盖饭食用。如果鱼片切得薄，米饭的热度可以让它快速解冻。

油煮金枪鱼

材料和制作方法（容易制作的量）

❶ 准备 200g 冷冻金枪鱼（刺身用），用厨房纸擦干，撒上 1 小匙盐，揉搓一下，切成 2 ～ 3cm 见方的方块。

❷ 放入耐高温容器，倒入橄榄油，没过鱼块（约 80mL）。

❸ 烤箱预热至 120℃，将❷放入，不要盖盖子，加热 30 分钟。

❹ 等余热散去后，加入 2 ～ 3 片柠檬片和 1 片香叶，盖上盖子。

嫩煎金枪鱼

材料和制作方法（1 人份）

❶ 准备 1 块冷冻金枪鱼，切成适口大小的块状，裹上 1/2 小匙面粉，再裹上用 1/2 个鸡蛋液和 1 大勺芝士粉搅拌而成的面糊。

❷ 在平底锅中倒入橄榄油，等油热后，放入❶，煎至两面金黄。

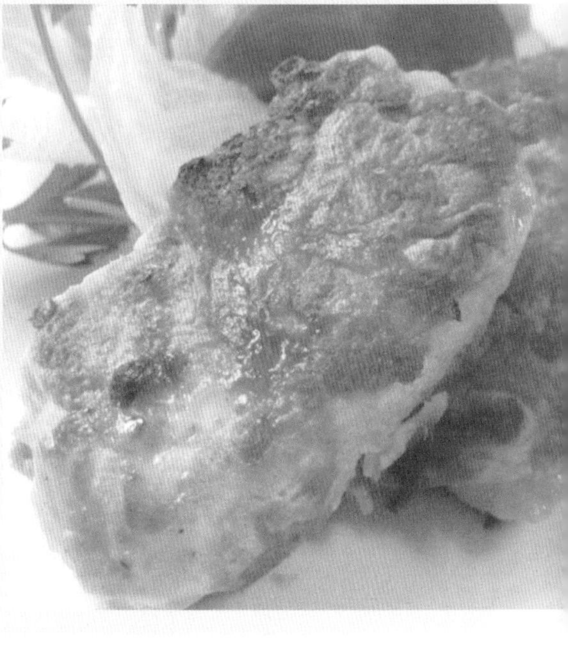

金枪鱼沙拉配芥末

材料和制作方法（2 人份）

❶ 在平底锅中倒入色拉油，油热后，放入 100g 冷冻金枪鱼，撒上适量粗磨黑胡椒粉，用中火煎 2 ～ 3 分钟后，翻面再煎 2 ～ 3 分钟。

❷ 将❶切成 1cm 厚的块，和适量绿叶蔬菜一起装盘。

❸ 在碗中加入 1/2 小匙芥末、2 小匙橄榄油、2 小匙白醋、少许盐，搅拌均匀后，浇在❷上。

上市时间 6～11月

常温	冷藏	干燥	冷冻
×	○	○	○

沙丁鱼

可食部分 80% 去除头部和内脏

和梅干一起保存，锁住美味

在日本，沙丁鱼主要是远东拟沙丁鱼、鳀鱼、脂眼鲱这3种鱼的统称，其中鳀鱼的幼仔又叫小沙丁鱼。产地不同，捕捞的时间也会有所不同，但大致都在6月至11月期间。沙丁鱼容易变质，买回家后，最好立即去除内脏和头部，冷冻保存。

藏 2～3天
冻 2～3周

和梅干一起煮，肉会更软嫩

去除内脏，清洗干净后，撒上盐，静置5分钟。然后用厨房纸擦干，和梅干一起放入保鲜袋冷冻。因为沙丁鱼比较容易腐坏，所以购入后应立刻处理内脏和鱼头。

梅汁沙丁鱼

材料和制作方法（2人份）

❶ 准备2片生姜，切成丝。
❷ 在锅中加入1杯高汤、3大匙酱油、3大匙白砂糖、4大匙酒，煮开。
❸ 并排放入2条和梅干一起冷冻的沙丁鱼，用汤勺舀起汁水，浇在沙丁鱼上。
❹ 盖上锅盖，小火煮25分钟。需要倾斜锅，让沙丁鱼的每一个部分都接触到汁水。
❺ 等汁水开始黏稠时，加入❶的姜丝，快速搅拌一下。

番茄芝士烤沙丁鱼

材料和制作方法（2人份）

❶ 准备2颗圣女果，切成4等份。取适量欧芹，切碎。
❷ 将4片切开冷冻的沙丁鱼平铺在锡纸上，放上圣女果，然后放入烤架或烤箱烤。
❸ 等沙丁鱼的肉烤熟变白后，撒上20g比萨专用的芝士和欧芹碎，继续烤至芝士溶化。

营养成分（可食部分每100g）

热量		169kcal
蛋白质		19.2g
脂肪		9.2g
矿物质	钙	74mg
	铁	2.1mg
维生素D		0.03mg
维生素B_1		0.03mg
维生素B_2		0.39mg

常温	冷藏	干燥	冷冻
×	○	○	○

小银鱼

可食部分 100%

冻 2～3周 藏 5天

分装冷冻，一份用一次

将一次食用的量装入保鲜袋，压平后冷冻。也可以放在保存容器中冷藏或冷冻。

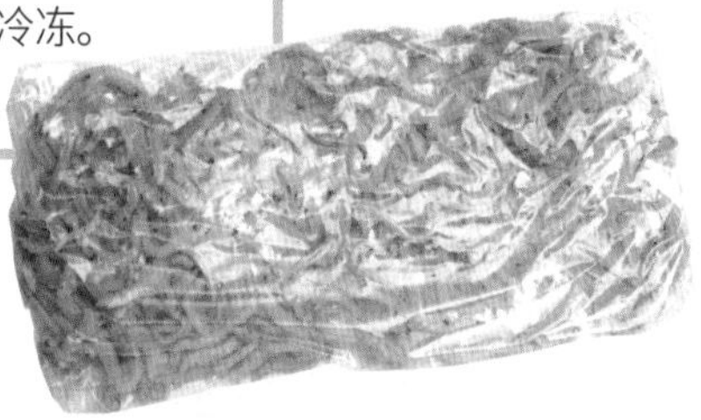

常温	冷藏	干燥	冷冻
×	○	○	○

小银鱼干

冻 3～4周

放入保鲜袋保存

放入保鲜袋，铺平后冷冻。

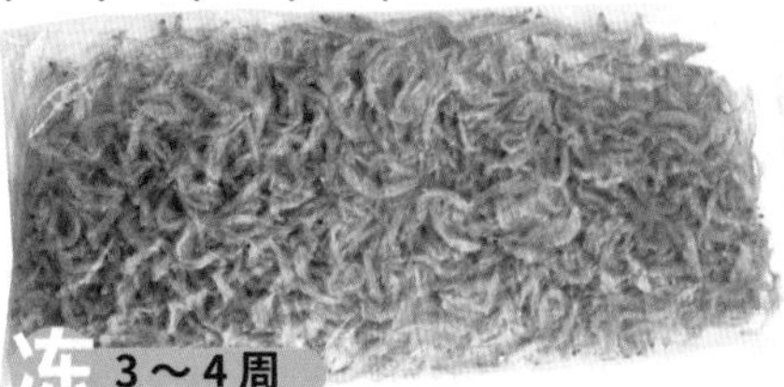

藏 7～10天

从包装袋中拿出来，放入保存容器

从购买时的包装袋中拿出来，放入保存容器冷藏。

甜辣小银鱼干

材料和制作方法（容易制作的量）

❶ 在锅中放入 70g 冷冻小银鱼干和 1/2 杯水，盖上锅盖，开中火煮。

❷ 沸腾后继续煮 1 分钟，然后关火，放入 2 大匙花椒和调料（酱油、白砂糖、酒各 2 大匙调配而成），搅拌均匀。盖上锅盖，焖 10 分钟左右。

❸ 开盖，开中火煮至沸腾后，转小火，继续煮 5～6 分钟，让水分都蒸发。

上市时间

1	2	3	4	5	6	7	8	9	10	11	12

常温	冷藏	干燥	冷冻
×	○	○	○

竹荚鱼

可食部分 80% 骨头可油炸

日本竹荚鱼

生活在日本近海内湾的竹荚鱼叫作金竹荚鱼，会随着季节更迭四处游走的叫作黑竹荚鱼。新鲜度高的竹荚鱼整体会略带黄色。

骨头可做成鱼骨仙贝

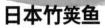

竹荚鱼是一种常见的银色鱼，烹调方式有很多，可做成刺身，可盐烤，可油炸，可做成鱼干。日本各地都有竹荚鱼，5月至11月的捕捞量会增加。尤其是夏天，油脂丰富，非常美味。内脏不去除容易变质。因此，买回来后，请立即去除内脏。

关竹荚鱼

日本大分县渔业协会佐贺关分会的成员用一根钓丝钓起来的竹荚鱼品牌。各个地区都将本地的竹荚鱼做成了品牌，比如熊本县的“天草竹荚鱼”、静冈县的“仓泽竹荚鱼”、宫崎县的“美美竹荚鱼”等。

市面上全年都有竹荚鱼，但产地不同，上市时间不同，竹荚鱼的味道和价格也有所不同。

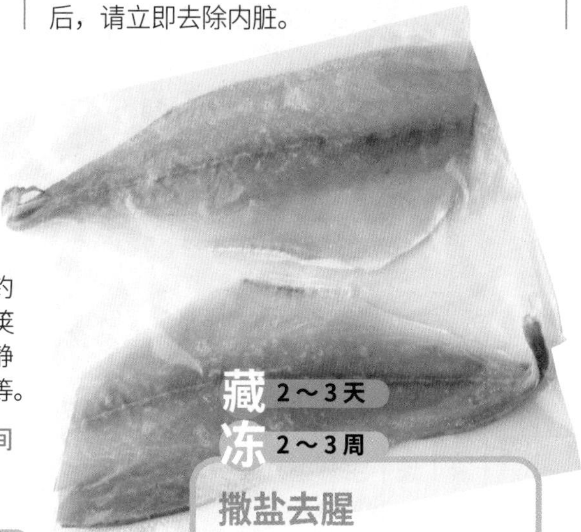

藏 2～3天

冻 2～3周

撒盐去腥

去除脊椎骨，撒上盐后，静置5分钟。然后用厨房纸擦干，用保鲜膜一块一块地包裹起来，放入保鲜袋，冷冻或冷藏。

冻 2～3周

想吃的时候，油炸一下即可

按照顺序，分别裹上面粉、鸡蛋液、面包糠，然后冷藏或冷冻。

去除内脏和鱼鳞，留下头部冷冻

去除内脏，清洗干净后，用厨房纸擦干，然后用保鲜膜包裹，整条冷冻。

营养成分（可食部分每100g）

热量	126kcal
蛋白质	19.7g
脂肪	4.5g
矿物质 钙	66mg
铁	0.6mg
维生素B1	0.13mg
维生素B2	0.13mg

烤竹荚鱼

材料和制作方法（2人份）

❶ 在烤盘上铺1张硅油纸，准备3条冷冻竹荚鱼，6颗迷你洋葱。洋葱对半切，然后将洋葱和竹荚鱼平铺到硅油纸上，撒上适量的盐、黑胡椒粉和橄榄油，放在200°C的烤箱中烤15分钟左右。

常温	冷藏	干燥	冷冻	上市时间
×	○	○	○	1 2 3 4 5 6 7 8 9 10 11 12

秋刀鱼

用平底锅也能做得很美味

秋刀鱼是一种富含优质脂肪的银色鱼，在日本被人们亲切地称为“秋天的味道”。秋刀鱼没有胃袋，食物的残留时间短，新鲜的秋刀鱼可以连内脏一起食用。如果不立即食用，请去除内脏后保存。

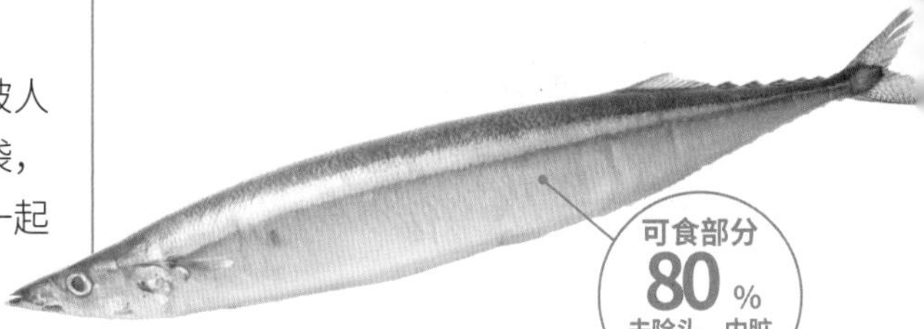

可食部分 80 %
去除头、内脏和骨头

冻 2～3周 藏 2～3天

用厨房纸擦干是关键

去除头部和内脏，清洗干净后，撒上盐，静置 5 分钟。然后用厨房纸擦干，用保鲜膜包裹后冷藏或冷冻。

腌 10 天（冷藏）

油封秋刀鱼

材料和制作方法（容易制作的量）

❶ 准备 2 条秋刀鱼，去除鱼骨后，各切分成 3 段，每段再对半切开。

❷ 将 1/2 小匙盐撒在❶上，静置 30 分钟后，用厨房纸擦去多余水分。

❸ 将❷放入小锅或平底锅，倒入刚好能没过鱼块的色拉油，然后放入 1 片香叶、1 根红辣椒、4 片大蒜，开小火煮 25 分钟。煮完后，静置冷却。等余热都散掉之后，连油一起转移至保存容器，放入冷藏室保存。

营养成分（可食部分每100g）

热量		318kcal
蛋白质		18.1g
脂肪		25.6g
矿物质	钙	28mg
	铁	1.4mg
维生素D		0.02mg
维生素B_1		0.01mg
维生素B_2		0.28mg

上市时间 1 2 3 4 5 6 7 8 9 10 11 12

常温	冷藏	干燥	冷冻
×	○	○	○

鲣鱼

可食部分 80% 需要去除骨头、头部和内脏

切成鱼块后，可轻松烹调

鲣鱼是分布在温带到热带的季节性洄游鱼。在日本，从春天到初夏期间，北上的鲣鱼叫作“初鲣”，秋季南下的鲣鱼叫作“秋鲣”。初鲣脂肪少，肉质清淡，所以适合用来制作“拍松鲣鱼肉”。秋鲣为了产卵，储备了很多脂肪，适合用来制作刺身。

冻 2～3周

撒上盐，静置 5 分钟后，用厨房纸擦干

在新鲜的鲣鱼块上撒盐（每 200g 鱼撒 1/2 小匙），然后用厨房纸擦干，用保鲜膜包裹后，放入保鲜袋冷冻。也可以将鱼块片成 1cm 厚的鱼片，撒上盐，同上冷冻。

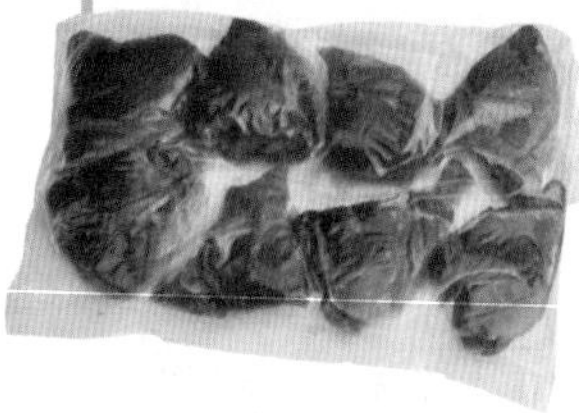

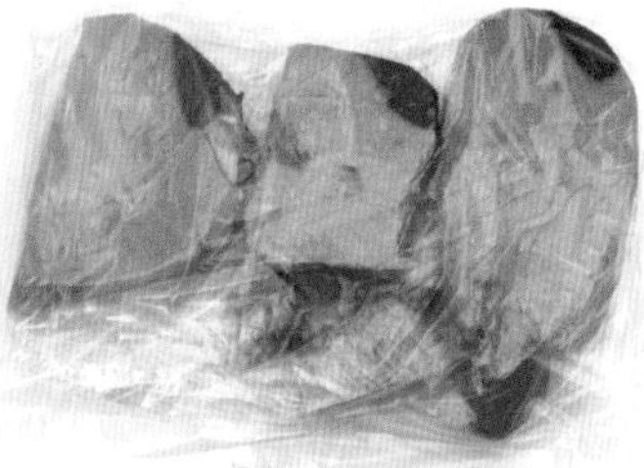

鲣鱼用水煮熟后，用厨房纸擦干，然后用保鲜膜包裹，放入保鲜袋冷冻。

煎芝麻鲣鱼

材料和制作方法（2 人份）

准备 6 块切块后冷冻的鲣鱼，裹上适量煎黑芝麻和熟白芝麻。加热平底锅，倒入芝麻油，放入鲣鱼块，两面煎熟。

芝士煎鲣鱼

材料和制作方法（2 人份）

❶ 将 15g 比萨专用芝士平铺在平底锅中，然后并排放入 6 块冷冻鲣鱼。
❷ 在鱼块上撒上 15g 比萨专用芝士，转小火，盖上锅盖，煎 3 分钟。
❸ 等铺在下面的芝士全部溶化后，就完成了。

营养成分（可食部分每100g）
春季捕捞的鲣鱼

热量		114kcal
蛋白质		25.8g
脂肪		0.5g
矿物质	钙	11mg
	铁	1.9mg
维生素B_1		0.13mg
维生素B_2		0.17mg

常温	冷藏	干燥	冷冻	上市时间 1 2 3 4 5 6 7 8 9 10 11 12
×	○	○	○	

比目鱼

可食部分
80%
需要去除骨头、头部和内脏

可炖可炸，怎么烹调都美味

比目鱼是一种白肉鱼，种类繁多，光日本就有40种左右。因此，全年都可在市场上看到它。夏天的比目鱼脂肪丰富，肉质细嫩，非常美味。冬天，带鱼子的比目鱼经常被用来制作炖菜等。

藏 2～3天

冻 2～3周

白肉鱼的冷冻方法也是一样的

撒上盐，静置2分钟。用厨房纸擦干后，用保鲜膜一块一块地包裹起来，装入保鲜袋冷藏或冷冻。

冻 3周

腌制入味后再冷冻，用于炖菜

准备2块比目鱼，撒上盐，静置2分钟。然后用厨房纸擦干，放入保鲜袋。同时，放入4片生姜、2大匙酒、2大匙味啉和2大匙酱油。为了防止漏出来，在外面套一层保鲜袋再放入冰箱冷冻。

炖比目鱼

材料和制作方法（2人份）

在锅中加入1/2杯水，煮至沸腾后，加入用于炖菜的冷冻比目鱼及其酱汁。煮至汁水只剩一半时关火。

龙田烧

材料和制作方法（2人份）

❶ 在碗中加入1小匙味啉、1小匙酱油、1小匙酒，搅拌均匀。然后将2块冷冻比目鱼放入其中，置于冷冻室解冻。

❷ 擦干比目鱼后，在鱼片上均匀抹上马铃薯淀粉。在平底锅中倒入油，煎至两面金黄。

营养成分（可食部分每100g）

热量		95kcal
蛋白质		19.6g
脂肪		1.3g
矿物质	钙	43mg
	铁	0.2mg
维生素B_1		0.03mg
维生素B_2		0.35mg
维生素C		1mg

上市时间 1 2 3 4 5 6 7 8 9 10 11 12

常温	冷藏	干燥	冷冻
×	○	○	◎

鲑鱼

冷冻的鲑鱼和盐腌保存的鲑鱼全年都可见。近年来，也出现了很多进口的养殖三文鱼。

可食部分 80% 需要去除骨头、头部和内脏

冷冻鲑鱼烤起来也非常鲜嫩

在日本，鲑鱼一般指的都是白鲑。但除此之外，还有银鲑和红鲑，主要是从智利、挪威进口的鳟鲑，是虹鳟鱼的同类。白鲑的最佳食用时间是秋季，被人们亲切地称为“秋鲑”“秋味”。

冻 3～4周 藏 2～3天

肉虽然是红色的，但其实是白肉鱼

撒上盐，静置 2 分钟。用厨房纸擦干后，用保鲜膜一块一块地包裹起来，装入保鲜袋冷藏或冷冻。

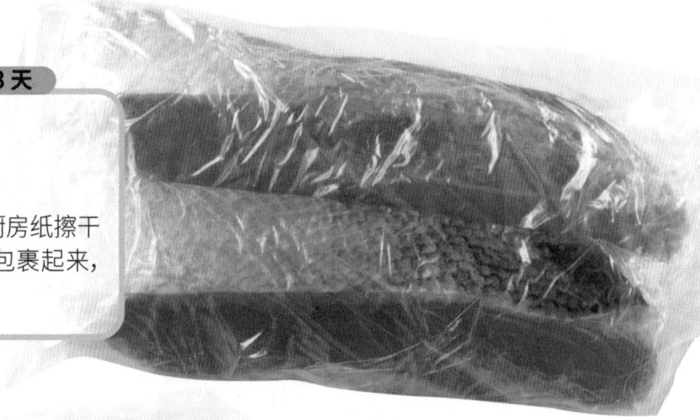

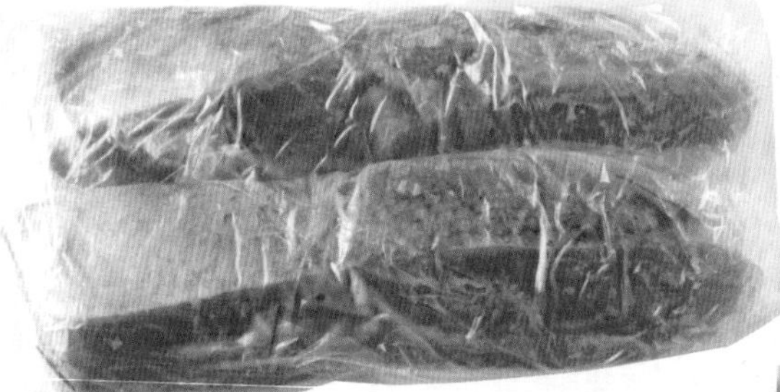

腌制后再保存，可直接烹调

在碗中加入 1 大匙味噌、1 大匙味啉和 1 大匙酒，搅拌均匀。准备 2 块鲑鱼，在表面涂上酱料后，用保鲜膜包裹起来，放入保鲜袋冷藏或冷冻。

营养成分（可食部分每100g）
白鲑

热量		133kcal
蛋白质		22.3g
脂肪		4.1g
矿物质	钙	14mg
	铁	0.5mg
维生素D		0.03mg
维生素B_1		0.15mg
维生素B_2		0.21mg
维生素C		1mg

味噌鲑鱼蘑菇

材料和制作方法（1 人份）

❶ 在耐高温的盘子中放入 1 块用味噌腌制后冷冻的鲑鱼和 50g 自己喜欢的蘑菇，再在上面放 5g 黄油。

❷ 盖上保鲜膜后，放入微波炉，加热 3～4 分钟。

鳟鲑

从智利和挪威进口的虹鳟鱼。鲜味足，脂肪丰富，常被用来制作寿司。

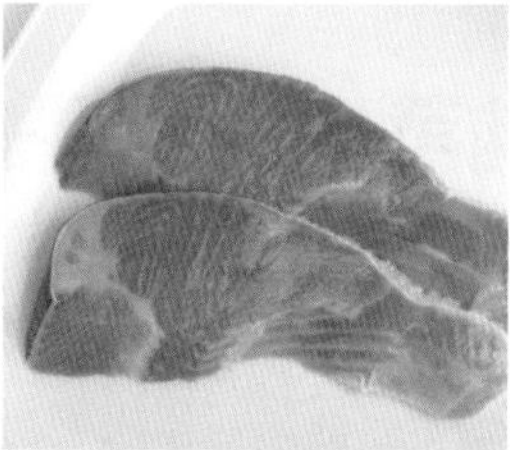

白鲑

日本国内捕捞的天然白鲑有很多名称，根据捕捞的时间和成熟度，秋天逆流而上的鲑鱼叫作“秋味”，初夏捕捞的鲑鱼叫作“时不知”，捕捞上来时尚未成熟的鲑鱼叫作“鲑儿”。

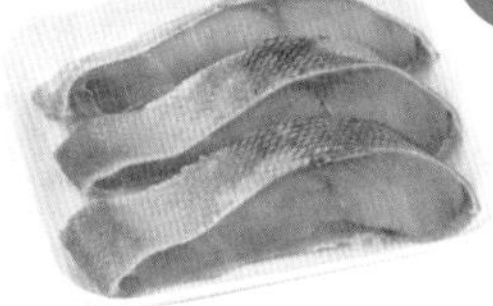

红鲑

肉质好，价格贵，大都是从俄罗斯和加拿大进口的。

大西洋鲑鱼

又称为挪威三文鱼，是挪威西北海岸的养殖品种。

意式炖鲑鱼

材料和制作方法（2 人份）

❶ 在平底锅中放入 2 小匙橄榄油和 1 小匙蒜末，开小火，炒出香味后，放入 2 块冷冻鲑鱼，鱼皮朝下煎烤。

❷ 将鲑鱼翻面后，加入 100g 花蛤、6 颗圣女果、6 颗黑橄榄、1/4 杯白葡萄酒和 1/2 杯水。煮至沸腾后，盖上锅盖，转小火煮 7～8 分钟。

※ 这种做法也适用于鲷鱼、鳕鱼等其他白肉鱼。

鲑鱼子

常温	冷藏	干燥	冷冻
×	○	×	○

冻 2 个月 藏 1 周

放在隔菜杯中冷冻

分装在隔菜杯中，然后放入保存容器冷冻。

上市时间 1 2 3 4 5 6 7 8 9 10 11 12

常温	冷藏	干燥	冷冻
×	○	○	◎

鳕鱼

可食部分 80% 需要去除骨头、头部和内脏

市面上全年都有的是用盐腌过的冷冻鳕鱼。新鲜鳕鱼在冬天上市。

火锅、炖菜中的明星食材

我们常说的鳕鱼，一般是指真鳕。狭鳕比真鳕小，常被做成加工食品，比如盐渍鳕鱼、鳕鱼干、鳕鱼丸等。狭鳕的鱼子（卵巢）经过腌制、成熟后，就会变成鳕鱼子。

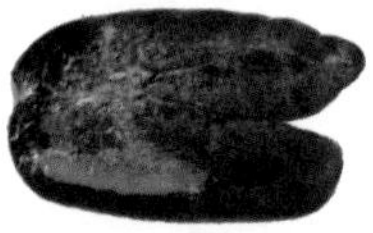

鳕鱼子

用盐腌制的狭鳕鱼子叫鳕鱼子，用辣椒等调味的叫明太子。

藏 2～3天

冻 2～3周

撒上盐，静置 2 分钟，用厨房纸擦干

撒上盐，静置 2 分钟。用厨房纸擦干后，用保鲜膜一块一块地包裹起来，装入保鲜袋冷藏或冷冻。

白子

真鳕的白子味道醇厚，属于高级食材。

自制鳕鱼松

材料和制作方法（容易制作的量）

❶ 将 2 块冷冻鳕鱼放入沸腾的水中，煮 2～3 分钟。
❷ 放入冷水，清洗干净后，去皮剔骨。
❸ 将肉捏碎，放入大碗，然后用棒槌等捣碎。
❹ 在小锅（平底锅）中加入❸、2 大匙料酒、1 大匙白砂糖、少许盐和食用红粉，开火煮。煮至水分蒸发，鱼肉变得松散后关火。

芝士烤鳕鱼

材料和制作方法（2 人份）

❶ 将 40g 马苏里拉芝士和 1/2 颗番茄都切成 1cm 厚的片，番茄再对半切开。
❷ 将 2 块冷冻鳕鱼并排放在锡纸上，然后按照顺序，分别放上番茄片、2 片罗勒叶和芝士。放入烤箱烤 20 分钟左右，装盘，撒上适量的粗磨黑胡椒粉，放上罗勒装饰。

营养成分（可食部分每100g）

热量		77kcal
蛋白质		17.6g
脂肪		0.2g
矿物质	钙	32mg
	铁	0.2mg
维生素B_1		0.1mg
维生素B_2		0.1mg

常温	冷藏	干燥	冷冻
×	○	○	○

上市时间

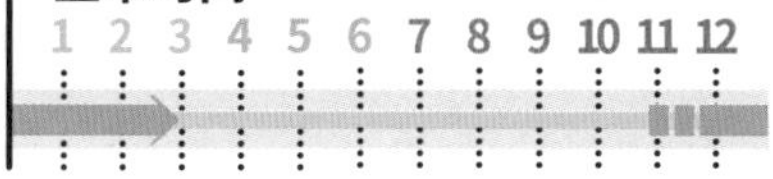

鰤鱼

可食部分 80% 需要去除骨头、头部和内脏

水洗有损新鲜度，直接放在保鲜袋解冻

人工养殖的鰤鱼一年四季都有，而野生鰤鱼则是在11月至次年2月左右上市。在日本，市面上大约3/4的鰤鱼都是养殖的。随着鰤鱼的成长，其名称也会发生改变，可谓是“节节高升鱼”。

冻 2～3周 藏 2～3天

用保鲜膜包紧，以防变质

撒上盐，静置 5 分钟。用厨房纸擦干后，用保鲜膜一块一块地包裹起来，装入保鲜袋冷藏或冷冻。

天然鰤鱼和人工养殖鰤鱼的区别

和人工养殖的鰤鱼相比，天然鰤鱼脂肪较少，如果煎烤的时间太久会变干，因此需要注意煎烤时间。

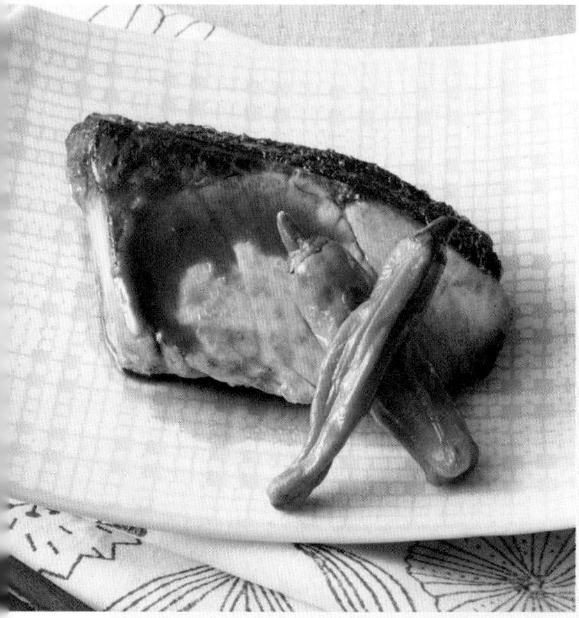

照烧鰤鱼

材料和制作方法（2 人份）

❶ 在平底锅中加入 1 小匙色拉油。油热后，放入 2 块冷冻鰤鱼、4 个尖椒，两面各煎 2 分钟后，装盘。

❷ 在同一个平底锅中加入 2 大匙料酒、1 大匙味啉、1 大匙白醋、1 大匙水、1/2 大匙酱油。开小火煮至黏稠后，浇在❶的鰤鱼上。

营养成分（可食部分每100g）

热量		257kcal
蛋白质		21.4g
脂肪		17.6g
矿物质	钙	5mg
	铁	1.3mg
维生素B_1		0.23mg
维生素B_2		0.36mg
维生素C		2mg

上市时间 1 2 3 4 5 6 7 8 9 10 11 12

常温	冷藏	干燥	冷冻
×	○	○	○

青花鱼

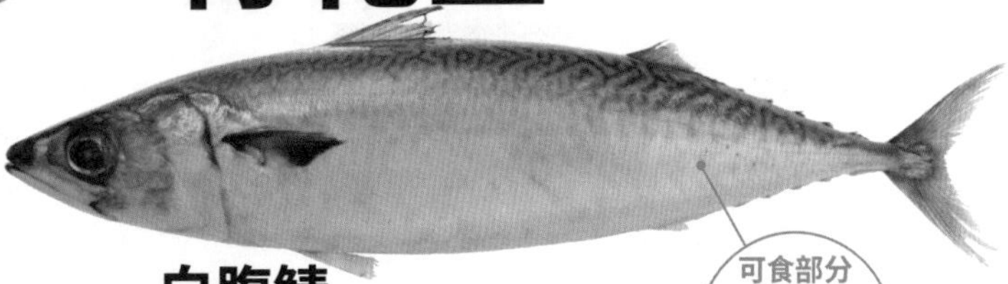

白腹鲭

白腹鲭的上市时间是秋冬。

可食部分 80% 需要去除骨头、头部和内脏

花腹鲭

花腹鲭的体型比白腹鲭小，且腹部有斑点。常被用来制作青花鱼干。

富含 DHA、EPA，可以冷冻常备

人们常说的青花鱼一般是白腹鲭和花腹鲭这两个品种。白腹鲭的上市时间是秋冬，而花腹鲭的上市时间则是夏天。除此之外，还会从国外进口大量大西洋鲭鱼（俗称挪威青花鱼）。

品种和产地不同，新鲜青花鱼的上市时间也会有所变动。全年流通的腌青花鱼，主要是用日本近海的青花鱼制作的。除此之外，大西洋鲭鱼的产量也在不断增加。

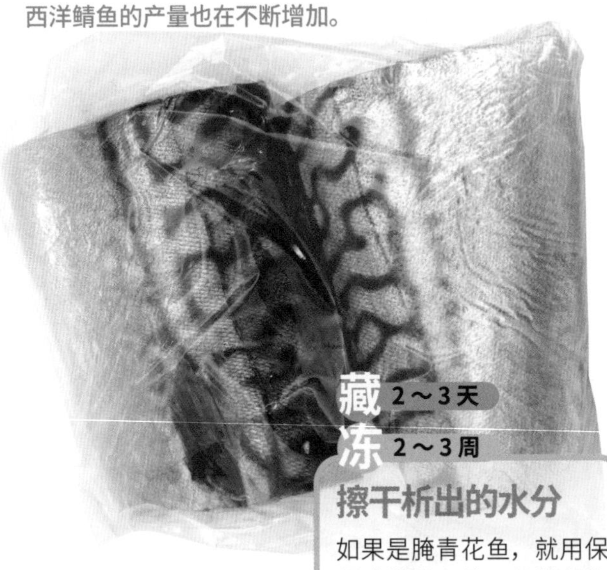

藏 2～3天

冻 2～3周

擦干析出的水分

如果是腌青花鱼，就用保鲜膜将其一块一块地包裹起来，放入保鲜袋冷冻或冷藏。如果是新鲜青花鱼，就撒上盐，静置5分钟。用厨房纸擦干后，用保鲜膜一块一块地包裹起来，放入冰箱冷藏或冷冻。

营养成分（可食部分每100g）

热量		247kcal
蛋白质		20.6g
脂肪		16.8g
矿物质	钙	6mg
	铁	1.2mg
维生素B_1		0.21mg
维生素B_2		0.31mg
维生素C		1mg

味噌煮青花鱼

材料和制作方法（2人份）

❶ 在小号平底锅中加入2大匙料酒、3/4杯水，开火煮至沸腾后，放入2块冷冻青花鱼、1/2片生姜、1/2根葱段，盖上锅盖，转中火煮6～7分钟。

❷ 将青花鱼拿出来装盘。在剩下汁水的平底锅中加入1小匙味噌和2小匙味啉，搅拌溶解。煮至汤汁变得浓稠后，浇在青花鱼上。

常温	冷藏	干燥	冷冻
×	○	○	○

上市时间 1 2 3 4 5 6 7 8 9 10 11 12

鲷鱼

怎么烹调都好吃

鲷鱼还有“樱鲷”“红叶鲷”等称呼，可见人们一年四季都爱食用它。鲷鱼呈红色是因为含有一种具有抗氧化作用的成分——虾青素。骨头中含有丰富的鲜味成分，所以常被用来制作鱼骨汤、鲷鱼饭等鲜美的料理。

可食部分 80% 需要去除骨头、头部和内脏

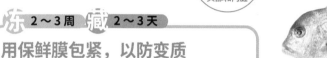

市面上全年都有的是经过冷冻加工的鲷鱼。

冻 2～3周 藏 2～3天

用保鲜膜包紧，以防变质

撒上盐，静置 2 分钟。用厨房纸擦干后，用保鲜膜一块一块地包裹起来，装入保鲜袋冷藏或冷冻。

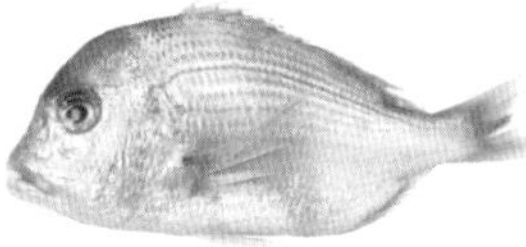

黄背牙鲷

小型的黄背牙鲷可以代替真鲷，制作宴席上的盐烤鲷鱼。

黄锄齿鲷

不管是体型还是颜色，都和真鲷一模一样，尾鳍的后边缘不黑。

焖鲷鱼

材料和制作方法（1 人份）

❶ 按顺序在平底锅中放入白菜块（1 片的量）、1 小片昆布、3～4 片 5mm 厚的半圆形藕片、1 块冷冻鲷鱼、6 个冷冻花蛤和 3～4 颗冷冻圣女果。然后加入 2 大匙白葡萄酒和 2 大匙水，开大火煮至沸腾后，盖上锅盖，转小火焖煮 8 分钟左右。

❷ 装盘，取适量昆布，切碎后撒在上面。

营养成分（可食部分每100g）
养殖鲷鱼

热量		177kcal
蛋白质		20.9g
脂肪		9.4g
矿物质	钙	12mg
	铁	0.2mg
维生素B_1		0.32mg
维生素B_2		0.08mg
维生素C		3mg

上市时间

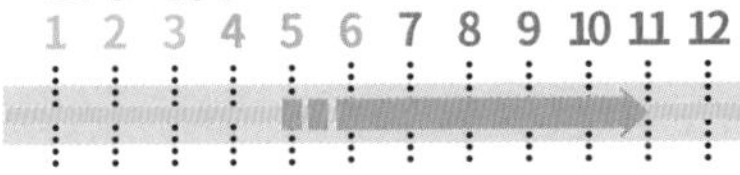

常温	冷藏	干燥	冷冻
×	○	○	○

鱿鱼

可食部分 98%

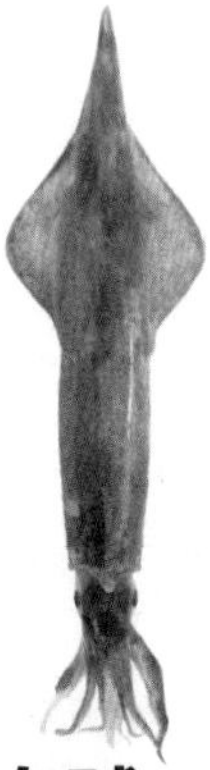

长枪乌贼

身如枪头而得此名，适合制作刺身和寿司。

金乌贼

身体部位很厚实，鲜味浓。

太平洋褶鱿鱼

日本各地的捕捞期从春天持续到晚秋。

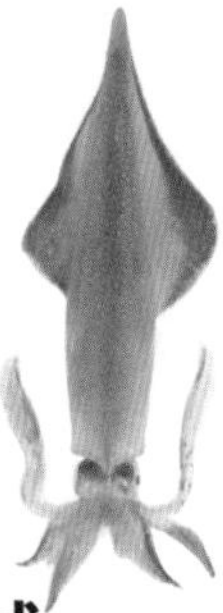

剑尖枪乌贼

长枪乌贼的同类，身体长度超过 40cm。肉厚味美。

萤火鱿

身长 6cm 左右。可以煮熟后，用醋、味噌拌着食用。

海鲜市场上卖的鱿鱼都是全年冷冻管理的鱿鱼，日本近海的“活鱿鱼、新鲜鱿鱼”非常少。

各国料理中都有它的身影

富含人体必需的氨基酸，有助于消化。烹调方法多样，可做成刺身，可油炸，可炒，是一种非常优秀的食材。鱿鱼是日本每年消耗最多的鱼贝类之一，然而近年来，捕捞量却每况愈下。购买1条完整的鱿鱼后，可按照部位分开保存，这样使用时就会很方便。

冻 3～4周

冷冻方法多样

用盐水清洗过后，用厨房纸擦干，装入保鲜袋，将空气排出后冷冻。也可以裹上面衣后冷冻、水煮后冷冻、用酱油腌制后冷冻，冷冻方式非常多样。

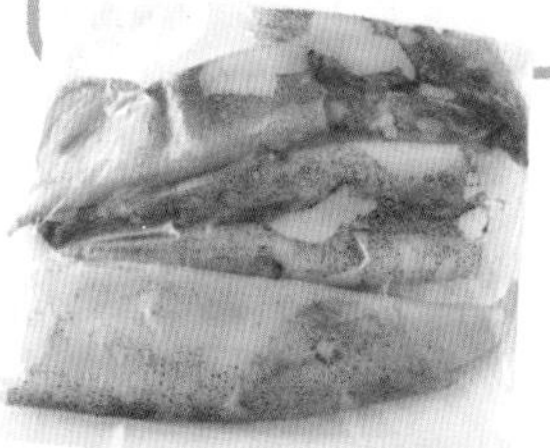

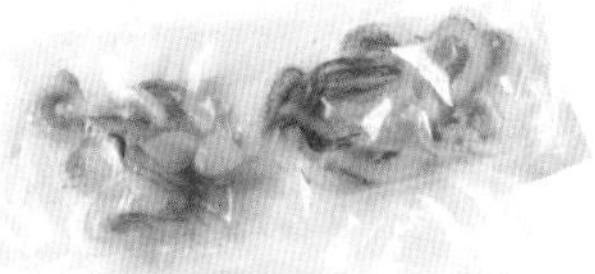

烤鱿鱼

材料和制作方法（3 人份）

❶ 准备 3 条冷冻鱿鱼，连带着保鲜袋一起放入水中浸泡 1 分钟左右，解冻。
❷ 将鱿鱼从保鲜袋中拿出，用刀划几道切口，不要切断。
❸ 撒上少许盐后，放在烤鱼架上烤 7～8 分钟，直至切口裂开，肉变白。
❹ 装盘，配上适量柠檬。

酸甜风味鱿鱼拌黄瓜

材料和制作方法（2～3 人份）

❶ 将冷冻鱿鱼的身体切成 1cm 厚的圆圈，放入热水煮 1 分钟后，捞起沥干水分。
❷ 在大碗中加入 1 大匙白醋、1 小匙白砂糖、2 小匙研磨白芝麻，混合均匀。
❸ 准备 1/2 根黄瓜，用盐揉搓后，切成片。然后和❶的鱿鱼一起放入大碗，搅拌均匀。

营养成分（可食部分每100g）
太平洋褶鱿鱼

热量		83kcal
蛋白质		17.9g
脂肪		0.8g
矿物质	钙	11mg
	铁	0.1mg
维生素B_1		0.07mg
维生素B_2		0.05mg
维生素C		1mg

常温	冷藏	干燥	冷冻	上市时间
×	○	○	○	1 2 3 4 5 6 7 8 9 10 11 12

章鱼

无须解冻，直接烹调

食用章鱼的国家较少，据说日本每年消耗的章鱼数量占据了全世界捕捞数的60%。最常见的章鱼是真蛸，但近年来，随着捕捞量的减少，价格变得非常昂贵。而一度因为水分多而被嫌弃的水蛸，需求量则在不断增加。

普通章鱼

捕捞量本就比其他章鱼少，近年来，其自身的捕捞量又进一步减少了，所以价格昂贵，一般水煮后销售。

冻 3～4周

冷冻章鱼也可轻松切断

将章鱼腿切下来，一根一根分开放入保鲜袋冷冻。

北太平洋巨型章鱼

因为含水量高，人们对它一直敬而远之。但随着普通章鱼数量的减少以及食用方法的多样化，人们对它的需求开始增加了，常被制作成醋章鱼等加工食品。

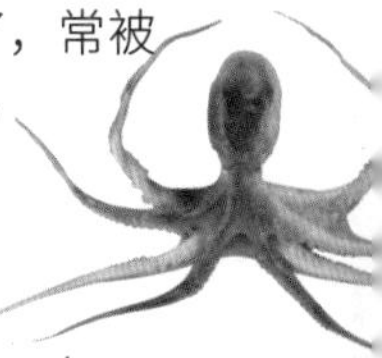

足尖有很多细菌，所以请务必将其切掉后再食用。

冷冻后，直接装盘即可

将100g切成薄片的章鱼放入保鲜袋。同时加入1大匙橄榄油、适量香草、少许盐和黑胡椒粉，放入冰箱冷冻或冷藏。

短爪章鱼

体型小，兼具甜味和鲜味。鱼子呈饭粒状，因此在日本也叫“IIDAKO”(II是米饭的意思，DAKO是章鱼的意思)。

近年来，市场上流通的主要是从非洲的摩洛哥和毛里塔尼亚进口的章鱼，日本近海的新鲜章鱼是一种高级食材。

意式生章鱼片

材料和制作方法（1人份）

❶ 将60g油腌后冷冻的章鱼放在盘子上。

❷ 准备1/4个青椒、1/8个彩椒（红、黄）、适量紫洋葱，都切成5mm的小丁，撒在❶上。在碗中加入2小匙橄榄油、1/2～1小匙柠檬汁、少许盐和黑胡椒粉，搅拌均匀后，浇在章鱼片上。

营养成分（可食部分每100g）
普通章鱼

热量		76kcal
蛋白质		16.4g
脂肪		0.7g
矿物质	钙	16mg
	铁	0.6mg
维生素B_1		0.03mg
维生素B_2		0.09mg

上市时间

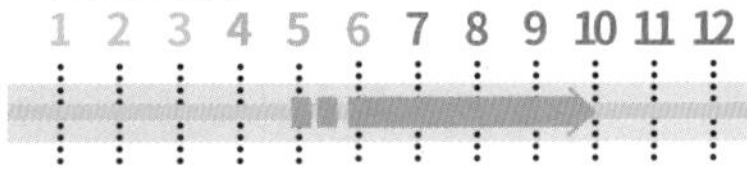

常温	冷藏	干燥	冷冻
×	○	△	○

虾

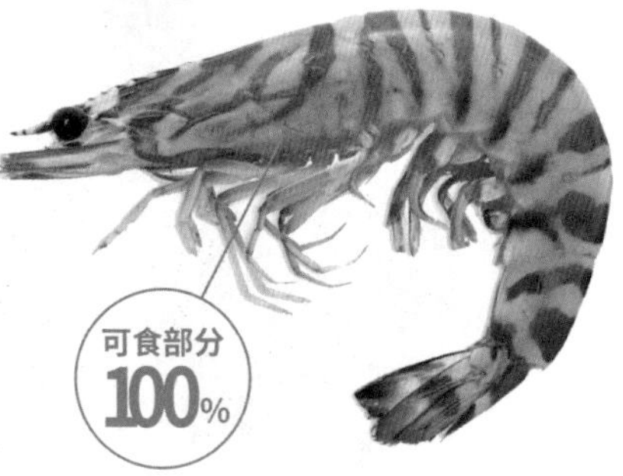

油炸后，无须扔掉任何一个部位

虾是常见的水产之一，人工养殖的虾和进口虾一年四季都能买到。高蛋白低脂肪，且含有牛磺酸、钒等可以预防生活方式病的成分。壳中也含有鲜味成分和矿物质，所以请不要浪费，多多食用。可以做成炸虾，也可以用来制作高汤。

冻 3～4周

排出空气是关键

不要剥壳，放入保鲜袋冷冻。放入保鲜袋时，尽可能平铺，不要堆叠。

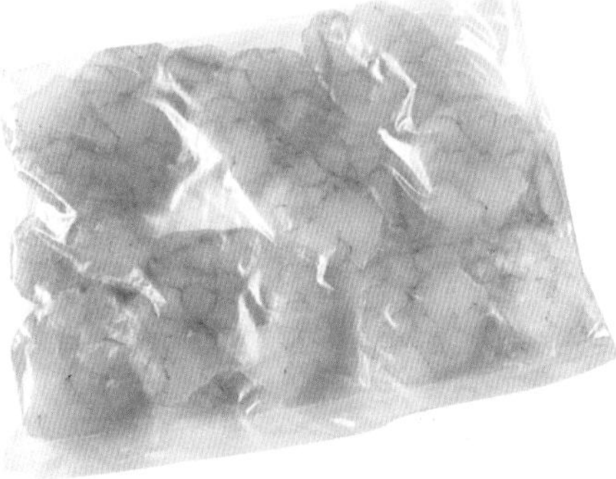

解冻方法

连带着保鲜袋一起，将冷冻的虾放入水中解冻。等稍微变软后，从保鲜袋中拿出，撒上盐，静置片刻。最后用清水冲洗干净，用厨房纸擦干。

裹上面包糠后冷冻

用盐揉搓一下，去掉虾线，用清水冲洗干净。然后用厨房纸擦干，按照面粉→鸡蛋液→面包糠的顺序，裹上面衣，装入保鲜袋冷冻，用这个做炸虾会非常方便。

营养成分（可食部分每100g）

日本对虾

热量		97kcal
蛋白质		21.6g
脂肪		0.6g
矿物质	钙	41mg
	铁	0.7mg
维生素B_1		0.01mg
维生素B_2		0.06mg

柠檬焖海鲜

材料和制作方法（2 人份）

在平底锅中放入 3～4 块冷冻鱼块（鲑鱼、鳕鱼等）、2 只冷冻虾、3 片切成扇形的冷冻柠檬、3 大匙白葡萄酒，盖上锅盖，小火焖煮 10 分钟左右。

炸虾

材料和制作方法（4 人份）

❶ 准备 300g 去除虾线后冷冻的虾，撒上盐，静置 2～3 分钟。

❷ 将虾清洗干净后，用厨房纸擦干。

❸ 将虾均匀裹上面粉，放入 180°C的热油中炸至酥脆。

市面上全年都有在产地养殖后进行干燥加工的虾。

黑虎虾

对虾科。斑节虾的俗称。几乎都是进口的，世界各地都在食用。

南美白对虾

对虾科。原产于东太平洋的食用虾，被广泛养殖和捕捞。肉质柔软，也有可生吃的类型。

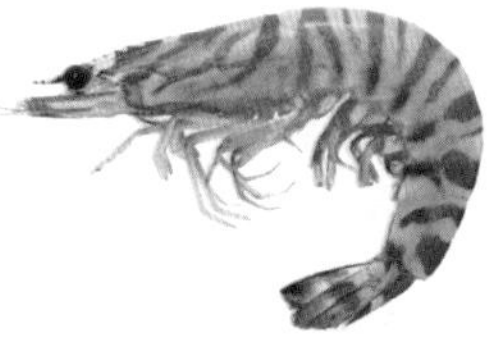

周氏新对虾

日本对虾的同类。只需撒上盐，就会很美味。如果体型大，还可以做成天妇罗或炸虾。

樱花虾

以前经常被做成小虾米，但现在，新鲜的樱花虾已经很常见了，可以做成刺身，富含钙。

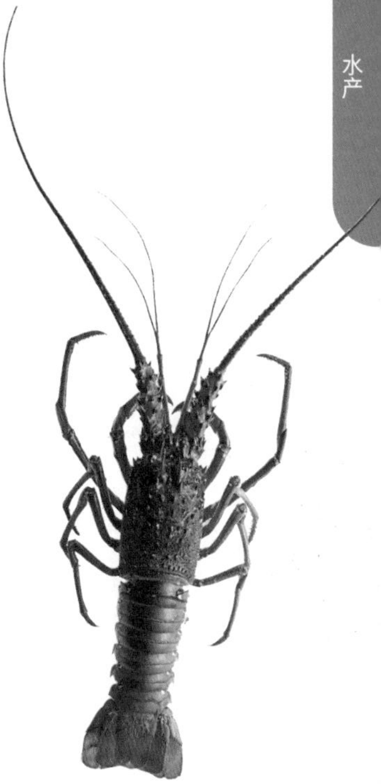

伊势龙虾

具有吉祥寓意的食材，经常出现在一些仪式和酒席上，婚礼等使用的大多是澳洲龙虾。

日本对虾

甘甜美味。野生的日本对虾是一种高级食材，深受人们喜爱。

甜虾

正式名称是北国赤虾。大多是进口的北大西洋产的冷冻虾，放在冷水中即可快速解冻。

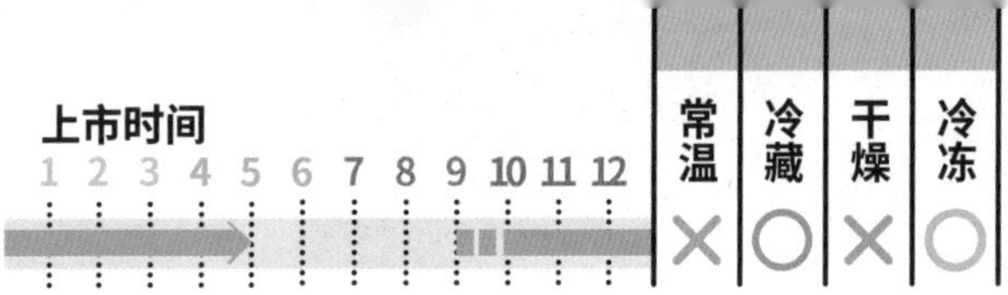

生蚝

可食部分 100%（不包括外壳）

浸泡在盐水中，置于冷藏室解冻，肉不会缩水，还能去腥

生蚝又称为“海洋中的牛奶”，营养十分丰富。含锌量是所有食材中的佼佼者，和维生素C一起摄取，还能进一步提高人体吸收率。一般而言，需要加热烹调的生蚝比用于生吃的生蚝营养更加丰富，味道也更好。

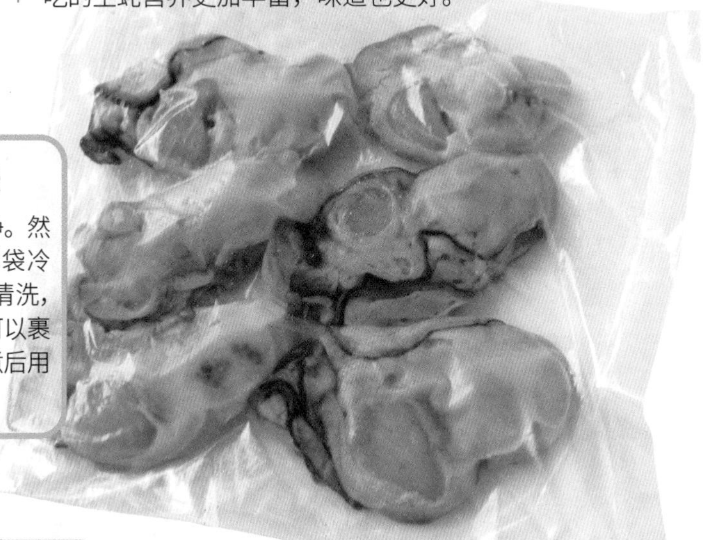

冻 3～4 周

清洗干净，去除腥味

用盐揉搓后，用清水冲洗干净。然后用厨房纸擦干，装入保鲜袋冷冻。要想去除腥味，需多次清洗，直到盆中的水不会变色。也可以裹上面包糠后再冷冻，或者水煮后用厨房纸擦干再冷冻。

腌 10 天

油腌生蚝

❶ 准备 200g 生蚝，用盐水清洗干净后，用厨房纸擦干。
❷ 将❶放入平底锅，开中火煮。
❸ 煮至出水后，加入 1 大匙白葡萄酒。盖上锅盖，继续焖煮 2 分钟。
❹ 拿掉锅盖，煮至水分蒸发。
❺ 将❹放入保存容器，加入 1 片香叶，以及能刚好没过生蚝的橄榄油。

营养成分（可食部分每100g）

热量		70kcal
蛋白质		6.9g
脂肪		2.2g
矿物质	钙	84mg
	铁	2.1mg
维生素B_1		0.07mg
维生素B_2		0.14mg
维生素C		3mg

泡菜炒生蚝

材料和制作方法（2 人份）

❶ 将 100g 冷冻生蚝放入盐水浸泡至变软。清洗干净后，用厨房纸擦干。
❷ 加热平底锅，放入生蚝和 100g 泡菜，用小火翻炒至生蚝变熟。
❸ 最后放入 20g 切成 5cm 长的韭菜，稍微翻炒一下后关火。

常温	冷藏	干燥	冷冻	上市时间
×	○	×	○	1 2 3 4 5 6 7 8 9 10 11 12

花蛤、文蛤

冷冻后鲜味更佳

花蛤是具有代表性的双壳贝，上市时间在3月至6月，但是现在随着花蛤栖居的潮间带和浅滩面积骤减，进口的花蛤越来越多了。文蛤自古就是一种具有吉祥寓意的食材，上市时间是2月至3月。

可食部分 100%（不包括外壳）

冻 1个月

排出空气后装入保鲜袋是关键

吐完沙，清洗干净后，用厨房纸擦干，装入保鲜袋冷冻。要想美味，外壳也必须清洗干净，吐沙所需的盐水浓度为 3%（1 杯水加 1 小匙盐）。

花蛤浓汤

材料和制作方法（2 人份）

❶ 准备 10g 培根、50g 洋葱、30g 胡萝卜、50g 土豆，都切成 1cm 见方的方块。

❷ 在锅中放入 10g 黄油，煮至溶化后，放入❶翻炒。放入 1 大匙面粉，炒至没有干粉。

❸ 一点一点加入 1 杯半牛奶，边加边搅拌。然后加入 100g 冷冻花蛤，盖上锅盖，转小火炖煮。等到花蛤开口，汤汁变得浓稠时，加入少许盐和黑胡椒粉调味。

营养成分（可食部分每100g）

花蛤

热量		30kcal
蛋白质		6g
脂肪		0.3g
矿物质	钙	66mg
	铁	3.8mg
β-胡萝卜素		0.02mg
维生素B_1		0.02mg
维生素B_2		0.16mg
维生素C		1mg

上市时间
1 2 3 4 5 6 7 8 9 10 11 12

常温	冷藏	干燥	冷冻
×	○	×	◎

蚬子

可食部分 100%（不包括外壳）

冷冻后鲜味更佳

在日本，岛根县宍道湖的捕捞量是最多的，但是市面上很多都是进口的。蚬子中含有大量鸟氨酸，可以辅助肝脏功能。另外，据说冷冻后，鸟氨酸的含量会变成新鲜蚬子的5倍多。

冻 1个月

外壳上也有泥和沙子，需要清洗干净

吐完沙，清洗干净后，用厨房纸擦干，装入保鲜袋冷冻。要想美味，外壳也必须清洗干净。吐沙所需的盐水浓度为 3%（1 杯水加 1 小匙盐）。双壳贝可以带壳冷冻，食用时，可直接烹调，无须解冻。

- 据说蚬子中的鸟氨酸含量冷冻后会增加 5 倍以上。
- 建议用来煮味噌汤或用酒蒸。

蚬子的吐沙方法

❶ 将蚬子刷洗干净。
❷ 将沥水篮放到盆中，然后放入蚬子，倒入刚好可以没过蚬子的盐水（浓度为 3%）。在常温的阴凉处（用报纸等遮光）放置 3 小时左右，让其吐沙。
※ 沥水篮可以防止蚬子再次把沙子吸进去。

冷冻蚬子需要放在热水中

活的蚬子可以放在冷水中加热，但冷冻的蚬子需要放在沸腾的热水中烹调。贝壳开始开口后，立即转为小火，并加入适量已经事先溶化的味噌汁（蚬子自带鲜味成分，不需要放入昆布或鲣鱼高汤）。煮至沸腾后，肉会脱离贝壳，变硬，因此需注意火候。

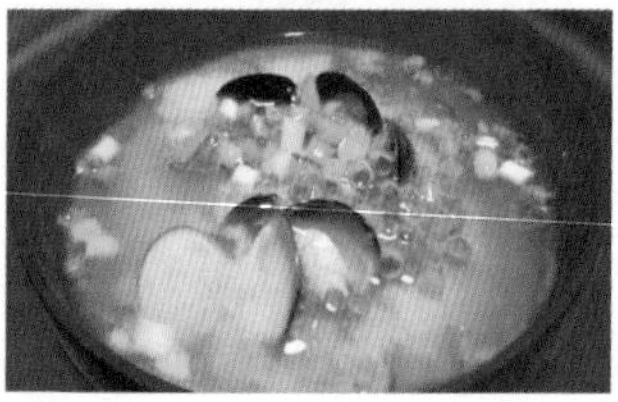

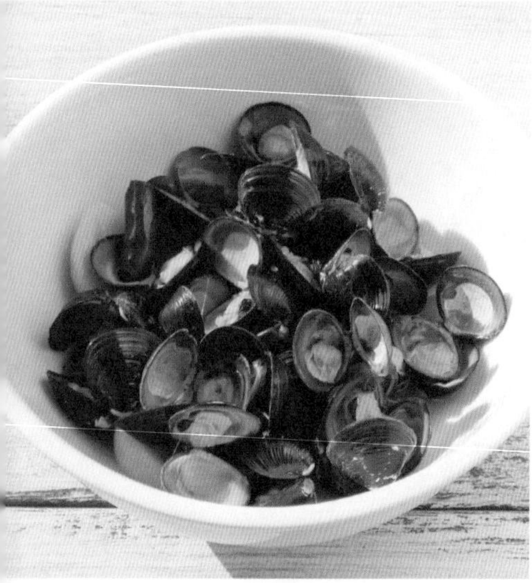

腌 3～4天

大蒜酱油腌蚬子

材料和制作方法
（容易制作的量）

将100g蚬子（吐完沙的）、1瓣碾碎的大蒜、1/2根红辣椒、1/2大匙味啉、1/2大匙料酒、1小匙酱油放入耐高温容器，盖上保鲜膜后，放入微波炉加热2分钟左右，让蚬子都开口。静置冷却后，转移至保存容器，放置在冷藏室保存。

常温	冷藏	干燥	冷冻	上市时间
×	○	×	○	1 2 3 4 5 6 7 8 9 10 11 12

扇贝

冷冻后，依旧鲜美

野生扇贝的上市时间是12月至次年3月，但是近年来，人工养殖的也多了起来。扇贝中的瑶柱冷冻后，品质不会变差。可煎、可炒、可油炸，烹饪方法多样。

冻 1个月

无须解冻，直接烹调

清洗干净后，用厨房纸擦干，放入保鲜袋冷冻或冷藏，小扇贝也同样处理。如果带壳，请立即将瑶柱从壳中分离出来冷冻。

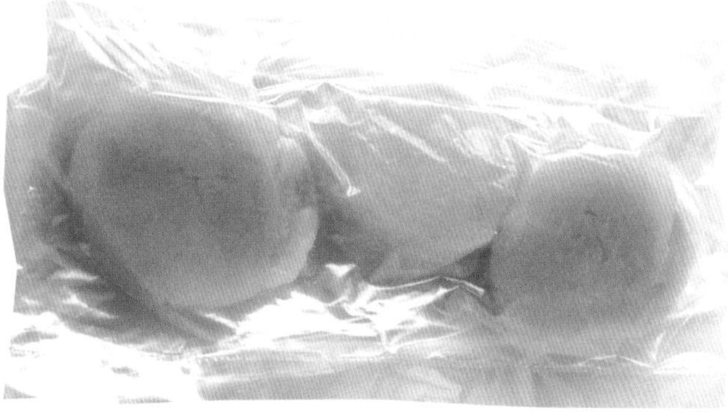

腌 约3周

油腌扇贝肉

材料和制作方法（容易制作的量）

在小号平底锅中加入基础的油料（参考 P08）、200g 扇贝肉、1 小匙咖喱粉，开火煮至冒泡后，转小火，继续煮 3 分钟。等冷却后，转移至保存容器中，在冷藏室放置 1 天以上。

上市时间

1 2 3 4 5 6 7 8 9 10 11 12

常温	冷藏	干燥	冷冻
×	○	×	○

鳗鱼

可食部分 100%（蒲烧鳗鱼）

鳗鱼快速洗一下表面后冷冻保存，可去除腥味

鳗鱼富含维生素A、维生素B_1、维生素B_{12}、铁等营养成分。市面上的鳗鱼（蒲烧），撒点酒，重新加热一下就可以食用了。如果有剩余，就切成容易食用的大小，放入冰箱冷冻保存。

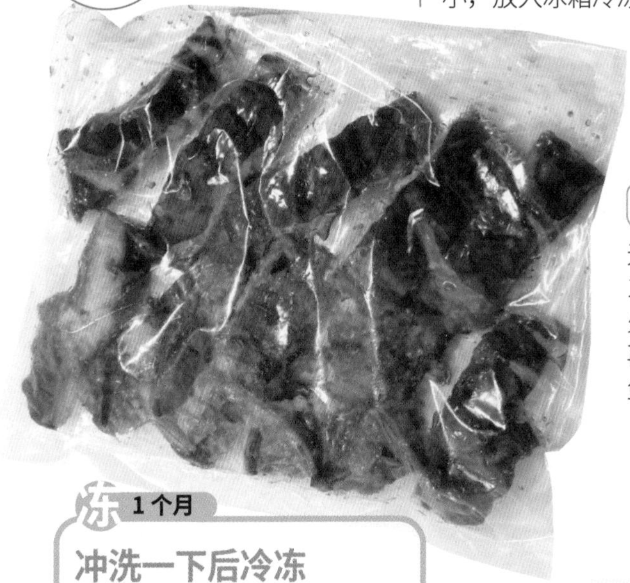

解冻方法

无须解冻。直接放入平底锅，加入1～2大匙水，盖上锅盖，用中小火加热4～5分钟。等水分都煮干，再浇上配套的酱汁，美味的蒲烧鳗鱼就做好了。

冻 1个月

冲洗一下后冷冻

用水将蒲烧鳗鱼表面的酱汁冲洗掉，然后切成1cm宽的块，并排放入保鲜袋冷冻，注意不要堆叠。也可以不切，直接冷冻保存。

蒲烧鳗鱼鸡蛋

材料和制作方法(2人份)

❶ 在锅中加入1杯水和2大匙面汁，煮沸后，加入1条冷冻的蒲烧鳗鱼，继续煮3～4分钟。

❷ 准备2个鸡蛋，打散后，淋在鳗鱼上。

营养成分（可食部分每100g）

热量		255kcal
蛋白质		17.1g
脂肪		19.3g
矿物质	钙	130mg
	铁	0.5mg
视黄醇		2.4mg
维生素B_1		0.37mg
维生素B_2		0.48mg
维生素C		2mg

常温	冷藏	干燥	冷冻
×	○	○	○

上市时间 1 2 3 4 5 6 7 8 9 10 11 12

昆布

冷冻保存，轻松摄取营养的海藻

昆布是日本高汤文化中不可或缺的食材，含有丰富的鲜味成分谷氨酸。特有的黏性成分是水溶性膳食纤维带来的，除此之外，昆布中还含有很多碘、钙、铁等营养成分。煮完高汤后的昆布，还可以用于炖菜和菜饭等。

可食部分 100%

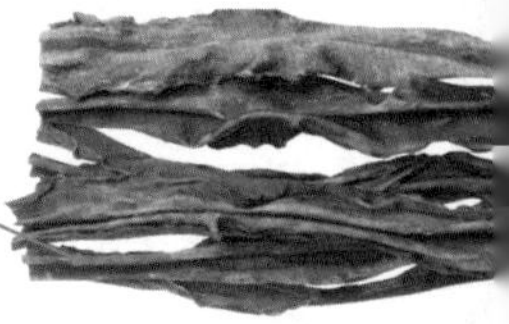

日高昆布

主要产于北海道日高沿岸。容易煮软，适合用来制作关东煮和昆布卷等。

真昆布

主要产于北海道函馆沿岸，适和放在火锅中煮。肉厚，经常用来制作炖菜和腌菜。

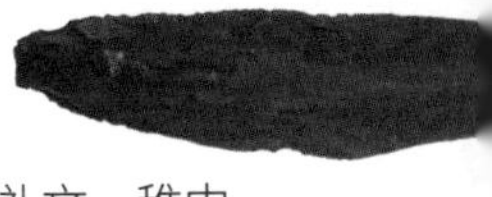

利尻昆布

主要产于北海道利尻、礼文、稚内沿岸。略硬，做出来的高汤透明且风味好，十分高级，经常用于宴会料理、汤豆腐等。

罗臼昆布

主要产于北海道罗臼町近海的褐色昆布，又称罗臼鬼昆布。

收获期是春天，大部分都是在当地干燥或加工的。以后的商品形态可能会更加多样化，出现新鲜或冷冻的昆布。

冻 1个月 藏 3天

平铺保存，方便使用

洗干净后，用厨房纸擦干，装入保鲜袋，压平整，然后放入冰箱冷冻或冷藏。烹调时无须解冻，需要多少就掰多少。

腌 约3周

酸甜味拌昆布丝

材料和制作方法（4 人份）

❶ 准备 200g 昆布，洗干净后，沥去水分，切成容易食用的长度。

❷ 准备 8cm 长的胡萝卜、2 片生姜、10cm 长的大葱，切成丝。准备 1 根红辣椒，去籽，切成小圈。

❸ 将❶和❷放入大碗，再加入 3 大匙醋、2 大匙白砂糖、1/2 小匙盐，搅拌均匀。

炖汉堡肉饼

材料和制作方法（2 人份）

❶ 将 15cm 长的冷冻昆布切碎，和 1 杯半的水一起放入锅中，静置 20 分钟。

❷ 准备 1/3 根胡萝卜，切成丁。

❸ 将 200g 肉末和❷放入大碗中，然后按顺序，依次加入少许黑胡椒粉、1 大匙料酒、1/3 小匙盐、1 片切碎的面包、1 大匙色拉油。搅拌均匀后，分成 4 等份，并做成椭圆形。

❹ 开火煮❶，15 分钟后，加入❸，继续煮 20 分钟，最后加入 1/2 大匙酱油调味。

营养成分（可食部分每100g）

热量		138kcal
蛋白质		8g
脂肪		2g
碳水化合物		56.5g
矿物质	钙	760mg
	铁	2.4mg
β-胡萝卜素		0.85mg
维生素B_1		0.8mg
维生素B_2		0.35mg
维生素C		15mg

上市时间

1 2 3 4 5 6 7 8 9 10 11 12

常温	冷藏	干燥	冷冻
×	○	○	○

裙带菜

可食部分 100%

冷冻不影响口感

裙带菜和昆布都是海带目的海藻，市面上大部分裙带菜都是干货或盐腌的。天然裙带菜的上市时间是2月至5月，市面上还有裙带菜根和裙带菜梗。

冻 1个月 藏 3天

平铺保存，方便使用

洗干净后，用厨房纸擦干，切成块。然后装入保鲜袋，压平整后放入冰箱冷冻或冷藏。

裙带菜豆腐汤

材料和制作方法（1人份）

❶ 在小锅中放入1杯高汤、20g冷冻裙带菜、1/4块切成2cm小方块的嫩豆腐，开火煮。

❷ 沸腾后，加入少许盐调味。也可根据个人喜好，滴几滴酱油调味。

营养成分（可食部分每100g）

热量		16kcal
蛋白质		1.9g
脂肪		0.2g
碳水化合物		5.6g
矿物质	钙	100mg
	铁	0.7mg
β-胡萝卜素		0.94mg
维生素B_1		0.07mg
维生素B_2		0.18mg
维生素C		15mg

炒裙带菜

材料和制作方法（容易制作的量）

❶ 在平底锅中放入1小匙芝麻油。油热后，加入100g冷冻的新鲜裙带菜（无须解冻）。

❷ 开中火翻炒，等水分全都蒸发后，撒入少许盐。

❸ 装盘，可根据个人喜好撒点辣椒粉等。

常温	冷藏	干燥	冷冻
×	○	○	○

上市时间 1 2 3 4 5 6 7 8 9 10 11 12

羊栖菜

可食部分 100%

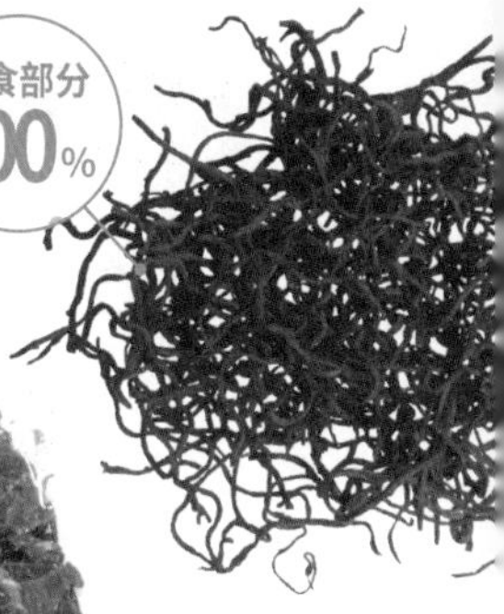

低热量，且富含膳食纤维和矿物质

羊栖菜热量很低，且富含膳食纤维和矿物质，非常适合减肥。羊栖菜基本都是干货，泡发后用不完的羊栖菜，可以冷冻保存。

冻 1个月 藏 3天

用多少取多少，方便使用

洗干净后，用厨房纸擦干，装入保鲜袋，压平整，然后放入冰箱冷冻或冷藏。

藏 1周 冻 1个月

做成拌饭料后保存

在锅中放入100g新鲜羊栖菜、1颗去核的梅干（大）、2g木鱼花、1大匙酱油、1大匙味啉、1大匙水，开小火煮至完全收汁。

羊栖菜金枪鱼饭

材料和制作方法（容易制作的量）

在电饭锅的内胆中放入360mL大米、100g冷冻的新鲜羊栖菜、1小罐金枪鱼罐头（汁水也要放进去）、1小匙盐、1小匙酱油，煮熟。

营养成分（可食部分每100g）

热量		145kcal
蛋白质		9.2g
脂肪		3.2g
碳水化合物		56g
矿物质	钙	1000mg
	铁	58.2mg
β-胡萝卜素		4.4mg
维生素B_1		0.09mg
维生素B_2		0.42mg

常温	冷藏	干燥	冷冻
×	○	×	○

竹轮、炸鱼肉饼

直接冷冻保存

竹轮、炸鱼肉饼是用鳕鱼、鲑鱼、飞鱼、远东多线鱼等白肉鱼制作的鱼浆制品，放入炖菜等中后，鱼的鲜味就会释放出来。可以直接冷冻保存，如果切片后冷冻，使用时会比较方便，可直接用来炒菜等。

冻 2个月

不解冻，也可以轻松切断

放入保鲜袋冷冻。摆放时，为了不粘到一起，请留出一定的间隔。

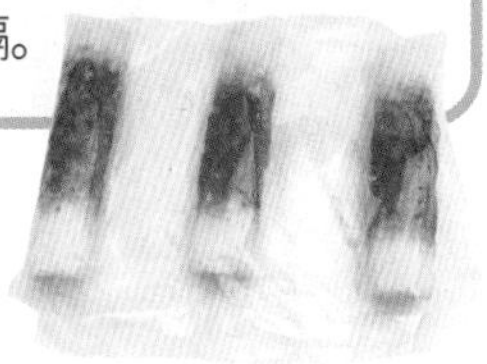

油炸竹轮

材料和制作方法（2人份）

❶ 准备4根冷冻竹轮，斜切成两半。

❷ 在盆中放入2大匙面粉、2大匙水、1小匙青海苔，搅拌均匀后，放入❶。

❸ 在平底锅中倒入2～3cm深的色拉油，油热后，将❶放进去炸。

鱼糕

常温	冷藏	干燥	冷冻
×	○	×	○

可以防止杂菌繁殖

鱼糕是用鳕鱼、鲑鱼、金线鱼等白肉鱼制作的鱼浆制品，不适合长期保存。如果没有用完，可直接冷藏保存，若放在专用的板上，可以吸收多余的水分，防止霉菌等杂菌的繁殖。

藏 1周

潮湿是大敌，请包裹紧实

用保鲜膜将鱼糕和鱼糕板一起包裹起来，放入冰箱冷藏保存。

冻 2个月

不解冻，直接用于炖菜或炒菜

用保鲜膜将鱼糕和鱼糕板一起包裹起来，放入冰箱冷冻保存。

- 虽然会变成海绵状，但可以直接制作成关东煮，或切下来后放入鸡蛋液，做成鸡蛋卷。

天妇罗

材料和制作方法（2人份）

❶ 在板上取50g冷冻鱼糕切成5mm厚的块。

❷ 在盆中加入2大匙面粉、2大匙水，搅拌均匀后，将❶放入其中。

❸ 在平底锅中倒入适量色拉油，油热后，将❶放进去炸。

第4章

肉类及其制品

肉类及其制品保存的基本原则

肉类是高蛋白食物，是维持人体机能的重要食材。

近年来，奉行控糖减肥的人也开始有意识地食用肉类了。不仅是晚上，也有从早上就吃牛排的饮食方式。据说，这是因为有研究表明，比起早上食用面包、米饭等，早中晚三餐都摄取蛋白质更能促进肌肉生长。

肉类包括牛肉、猪肉、鸡肉等，通过加工还被制造成了各种各样的产品，这些产品的保质期也是不同的。除了包装上标明的保质期外，最好多掌握几个保存方法，丰富菜品。

冷藏 去除血水后，放在零度室保存

肉类买回来后，最好尽快放入零度室、微冻室等低温保存室。一般来讲，连带着包装一起保存就可以了，但去除血水，用保鲜膜等包裹紧实后再保存，能更好地抑制杂菌繁殖。

冷冻 防止鲜味和营养成分流失

放在托盘里冷冻，不仅需要更长的时间才能冻住，而且解冻时还会流出汁水（含有鲜味成分和营养成分的流失液）。因此，请一定要从托盘中拿出来，用保鲜膜包裹后，放入带拉链的保鲜袋，再冷冻。如果冷冻室没有急速冷冻功能，可以使用导热性好的铝制托盘。将食材放在托盘上，放入冷冻室后，就可以快速冷冻了。

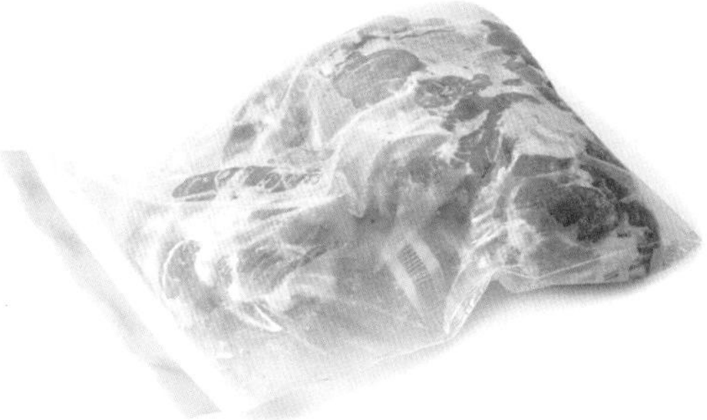

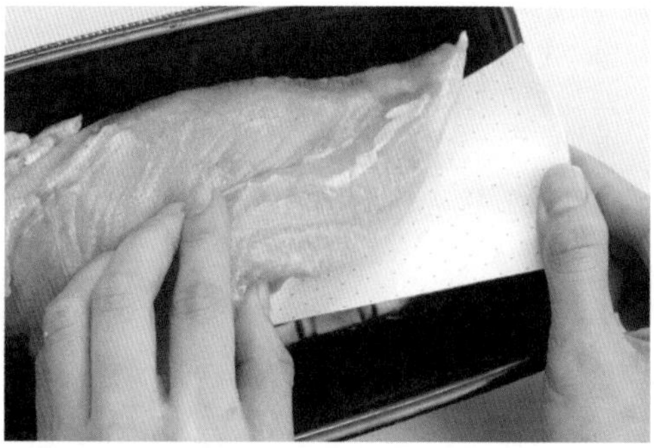

去除水分的方法

大部分包装盒里都会垫一张生鲜吸水纸，冷冻前请务必把它拿掉。附着在肉上的水分，可以用厨房纸等吸干。

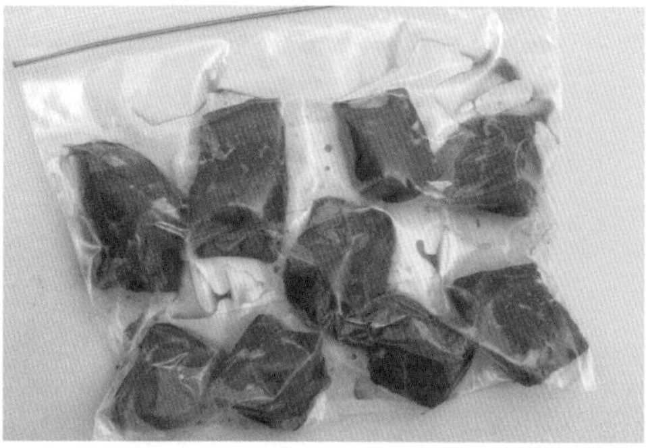

肉块的冷冻方法

根据用途，切成合适的形状，然后用保鲜膜一块一块地包裹，也可以并排放入带拉链的保鲜袋冷冻，放置时注意不要堆叠在一起。

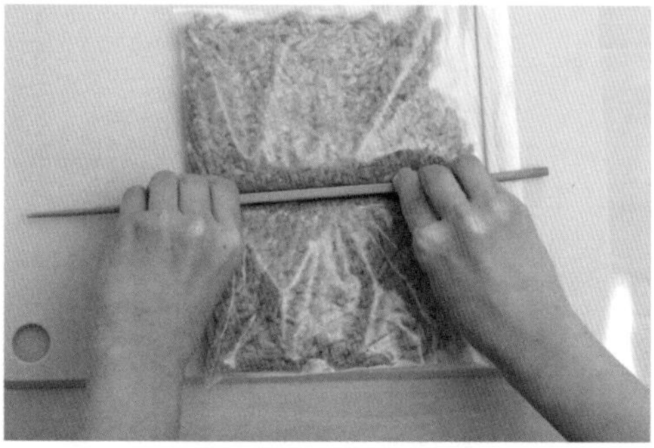

肉末的冷冻方法

将肉末放入保鲜袋，铺平后，用筷子在袋子上面压出折痕。这样，使用时就可以用手轻松掰出所需的量了。

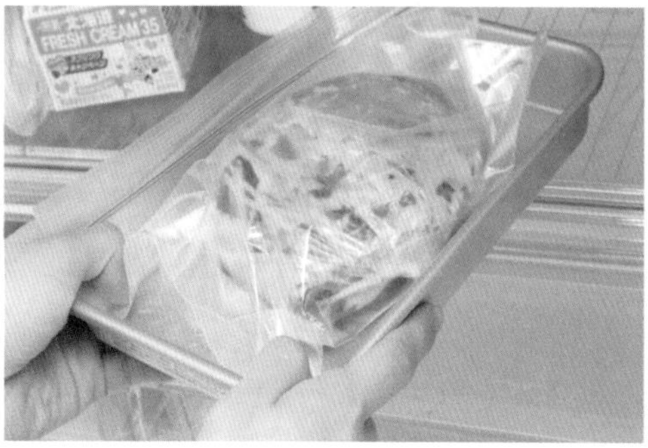

解冻

快速解冻会导致鲜味成分和汁水（流失液）一起流出，建议放在低温环境中自然解冻。如果计划好了使用时间，那么可以提前半天至1天，将肉转移到冷藏室。

搭配的调料

腌制后再保存，不仅更加入味，还能提高贮存性，即便是冷藏保存，也能放置得更久。如果选择冷冻保存，还能缩短烹调时间，不再为菜单烦恼。但是，腌制过的肉类翻炒时容易焦，需要注意火候。

1 味噌酱

（肉 400g 的使用量）

清酒…………1 大匙

白砂糖………2 大匙

味噌………1 大匙半

2 和风咖喱酱

（肉 200g 的使用量）

咖喱粉…1/2 大匙

番茄酱………1 大匙

酱油…………1 大匙

白砂糖………1 小匙

3 辣味番茄酱

（牛肉 400g 的使用量）

番茄酱………6 大匙

伍斯特酱…4 大匙

酱油…………2 大匙

芥末膏………1 大匙

4 生姜烧酱汁

（猪肉 400g 的使用量）

酱油…………3 大匙

味啉…………2 大匙

清酒…………1 大匙

生姜泥……约 15g

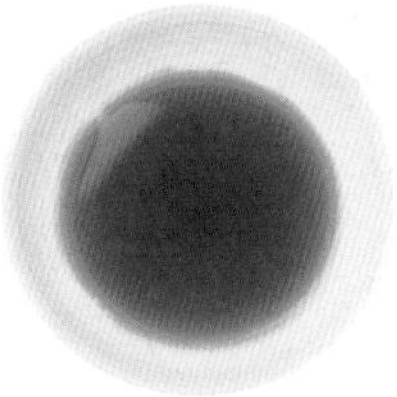

5 照烧汁

（鸡腿肉 2 块的使用量）

酱油…………2 大匙

味啉…………2 大匙

6 中式照烧汁

（鸡腿肉 2 块的使用量）

酱油…………1 大匙

绍兴酒………1 大匙

白砂糖………1 小匙

7 糖醋排骨汁

（排骨 800g 的使用量）

酱油…………2 大匙

鱼露…………1 大匙

红糖…………3 大匙

绍兴酒………2 大匙

醋……………1 大匙

大蒜（切末）…2 瓣

黑胡椒粉……少许

8 炸鸡块汁

（鸡腿肉 3 块的使用量）

生姜汁………1 大匙

酱油…………1/2 大匙

盐……………1/2 小匙

9 韩式柚子醋汁

（肉 200g 的使用量）

酱油 ……………4 大匙
醋 ………………2 大匙
柚子汁 ……1 颗的量
味啉 …………1/2 小匙
熟白芝麻 ……2 小匙
辣椒粉 …………2 小匙

10 清新香草汁

（鸡腿肉 2 块的使用量）

大蒜 ……………2 瓣
盐 ……………3 小匙
黑胡椒粉 …… 少许
橄榄油 ……4 大匙
米醋 …………6 大匙
迷迭香 …………4 枝

11 清爽和风汁

（鸡腿肉 2 块的使用量）

酱油 ………………2 大匙
醋 …………………2 大匙
白砂糖 …………1 小匙
红辣椒（切圈）…2 根

12 黑醋汁

（肉 400g 的使用量）

黑醋 …………2 大匙
甜面酱 ………1 大匙
盐 …………1/4 小匙
清酒 …………1 大匙

13 猪肉梅酒汁

（猪五花 500g 的使用量）

大蒜 ……………2 瓣
梅酒 …………1/2 杯
酱油 …………5 大匙
味啉 …………2 大匙

14 猪排酱

（猪肉 600g 的使用量）

番茄酱 ……4 大匙
味啉 …………4 大匙
伍斯特酱 ……4 大匙
酱油 …………8 大匙
黄油 …………4 大匙

15 柚子胡椒烧汁

（肉 600g 的使用量）

酱油 ……………… 4 大匙
清酒 ………………4 大匙
黑胡椒粉 ………… 少许
柚子胡椒 …2 ～ 3 大匙

16 香辣番茄酱

（肉 400g 的使用量）

番茄酱 …………4 大匙
咖喱粉 …………2 小匙
塔巴斯哥辣酱 …2 小匙
盐、黑胡椒粉 …… 少许

常温	冷藏	干燥	冷冻
×	○	×	○

牛肉

可以让牛肉软嫩多汁的冷冻方法

牛肉中含有人体必需的氨基酸，此外，B族维生素、钾、在人体内容易被吸收利用的血红素铁的含量也十分丰富。上等牛肉会在屠宰一周后上市，为了防止杂菌繁殖，流通过程中会进行低温管理。要想维持肉的质量，维持低温是关键。因此，在超市等处购买后，请和保冷剂放在一起拿回去，并尽快放入冷藏室。

牛排

冻 2～3周

利用腌制的油，让肉煎得软嫩

用叉子在肉的表面戳一些小孔，放入保鲜袋。然后每150g牛排放入1大匙色拉油、1/4小匙盐、1小匙白醋和少许黑胡椒粉。揉搓均匀后，放入冰箱冷藏或冷冻。

• 渗入肉的油会比肉先热，让肉熟得更快。

肉块

藏 2～3天

烤牛肉

材料和制作方法（容易制作的量）

❶ 准备500g牛肉块（烤牛肉专用），放在室温下解冻。

❷ 用金属针在肉上刺一些小孔，均匀抹上色拉油，再抹上1小匙盐、1/2小匙粗磨黑胡椒粉。

❸ 加热平底锅，放入❷，均匀地煎所有面，需要时不时地翻面。将金属针插到中央，等5秒钟后拔出来，立即放到下嘴唇处，如果感觉微温，就可以了。如果感觉冷，就继续煎。

❹ 煎完后，用锡纸包裹。等余热散掉后，直接放入冷藏室保存。

芜菁牛排

材料和制作方法（2 人份）

❶ 准备 200g 冷冻牛腿肉（牛排专用），解冻后，切成适口大小的块状，撒上少许盐和黑胡椒粉。准备 4 个芜菁，去皮后，切成月牙形的 6 等份，放入耐高温容器，同时放入少许水（不规定量）。然后放入微波炉，加热 1 分 30 秒，将芜菁煮软。芜菁叶也放入微波炉加热 1 分 30 秒，切碎。

❷ 在平底锅中放入 2 小匙色拉油。油热后，加入牛肉，快速翻炒一下。加入 1 大匙黄油和 1/2 大匙酱油调味后，盛出来。

❸ 在❷的平底锅中加入芜菁，浇上 1/2 大匙酱油调味。

❹ 在盘子中铺上适量沙拉蔬菜，放上❷和❸后，撒上❶的芜菁叶。

生姜煮牛肉

材料和制作方法（2 人份）

❶ 在平底锅中放入 50g 糖渍生姜（参考 P113）中的生姜、1 大匙糖渍生姜的汤汁、1 大匙酱油、1/4 杯酒，开中火煮。

❷ 煮沸后，加入 100g 3 ～ 4cm 宽的冷冻牛肉片，不停翻炒，直至汤汁不见。

不解冻，直接煎，软嫩多汁

煎法（牛排的厚度为 1cm）

❶ 加热平底锅，倒入色拉油。放入 1 块冷冻牛排肉（150g），撒上少许盐和黑胡椒粉后，盖锅盖，转中火煎 1 分 30 秒。

❷ 翻面，撒上少许盐和黑胡椒粉，盖锅盖，再煎 1 分 30 秒。

❸ 关火，盖着锅盖焖 1 分钟。

❹ 打开锅盖，开大火继续煎 1 分钟左右，煮至水分全部蒸发。等煎至两面金黄，稍带一点焦色后，就完成了。

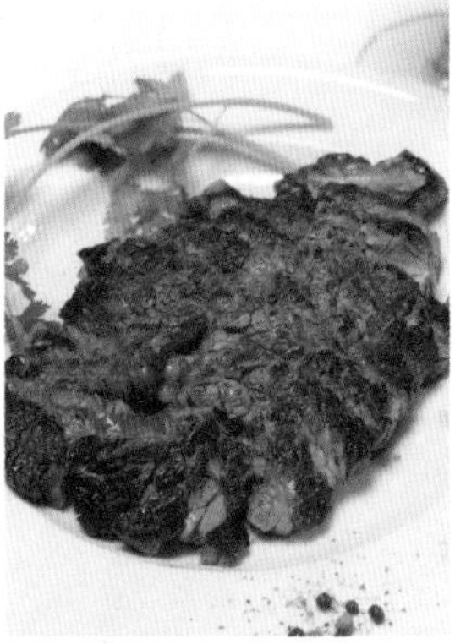

营养成分（可食部分每100g）

牛肩肉（带脂肪）

热量		318kcal
蛋白质		16.2g
脂肪		26.4g
矿物质	钙	4mg
	铁	0.9mg

常温	冷藏	干燥	冷冻
×	○	×	○

猪肉

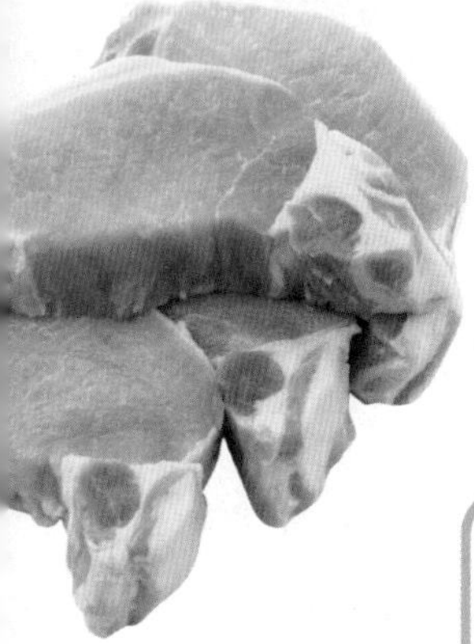

冷冻方法多样

猪肉中维生素B_1的含量是所有食材中的佼佼者，甚至是牛肉的8～10倍。为了规避食物中毒和寄生虫的风险，不管是新鲜猪肉还是冷冻猪肉，都要煮至全熟后再食用。尤其需要注意的是冷冻的猪肉，如果解冻不完全，可能会导致加热不均匀。

冻 2～3周 藏 2～3天

冷冻前，将汁水擦干净

用保鲜膜包裹，放入保鲜袋冷冻保存。

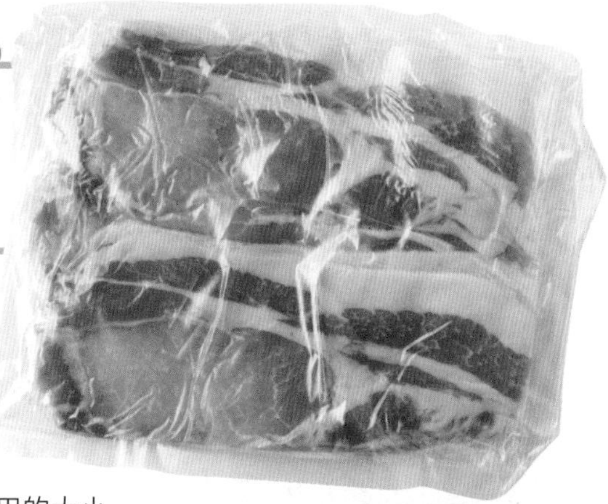

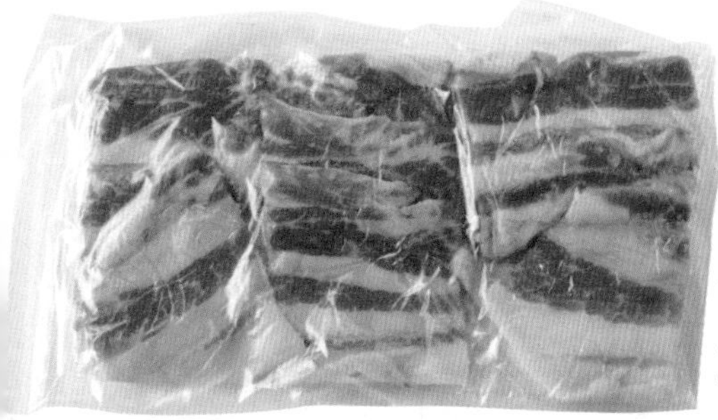

切成容易食用的大小后保存，烹调时就不需要再切了。

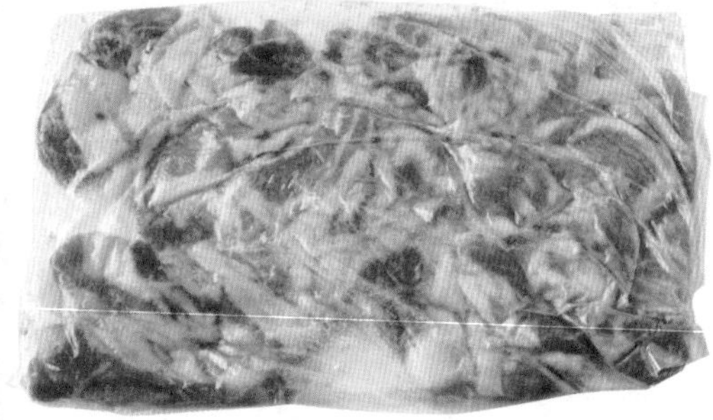

将薄切猪肉片裹上味噌后（每100g猪肉片使用1小匙味噌），再冷冻或冷藏。

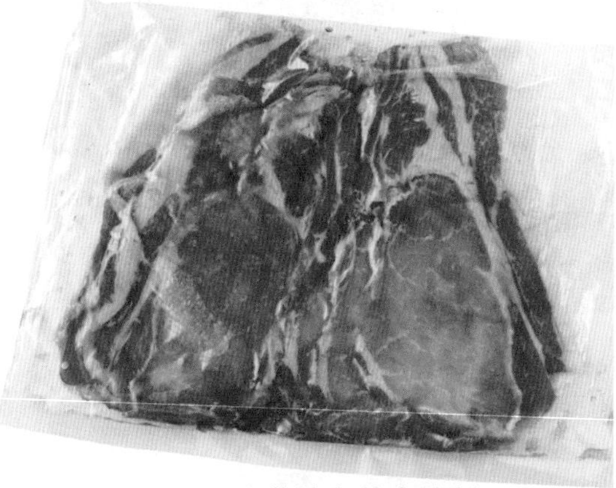

用酱油和姜末腌制猪肉后（每200g猪肉使用2小匙酱油和1小匙姜末），再冷冻或冷藏。

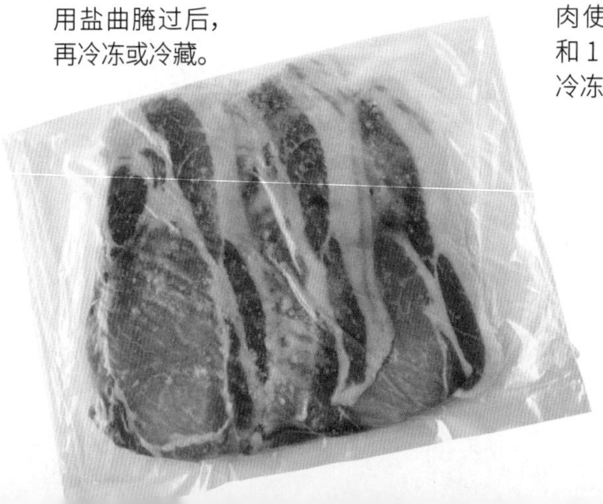

用盐曲腌过后，再冷冻或冷藏。

营养成分（可食部分每100g）
里脊肉（带脂肪）

热量		253kcal
蛋白质		17.1g
脂肪		19.2g
矿物质	钙	4mg
	铁	0.6mg
维生素B_1		0.63mg
维生素B_2		0.23mg
维生素C		2mg

里脊肉

藏 2天

腌制 2 天后再烤，自制熏肉就完成了！

在保鲜袋中放入 200g 里脊肉，加入 1/2 小匙盐、1 小匙白砂糖、1/4 小匙粗磨黑胡椒粉（如需增减，请等比例增减各食材），揉搓均匀后，冷藏即可。

- 烤箱预热到 200°C，将腌好的肉放在锡纸或硅油纸上，放入烤箱烤 10 分钟，然后在烤箱中冷却，等余热散去后，用锡纸将肉包起来，冷藏保存，可保存 4 ～ 5 天。食用时，可切成薄片食用。

冻 2～3周

裹上面衣冷冻，想吃时可立即油炸

将里脊肉切成 1cm 厚，按顺序依次裹上面粉、鸡蛋液、面包糠，然后放入保鲜袋冷冻或冷藏。

肩里脊肉块

藏 2～3天

腌制好后，自制叉烧就轻松完成了

将肉块、酱油、料酒、味啉放入保鲜袋，揉搓均匀后，放入冰箱冷藏。

- 放入预热至 200°C的烤箱，烤 20 分钟后，浇上腌料的汁水，再烤 10 分钟。也可以连带着腌料的汁水一起放入锅中，加入刚好能没过肉块的水，煮 30 分钟，直至汁水消失。

腌制好后，烹调时不需要再调味

每 200g 肉块加入 1 大匙盐曲腌制，放入冰箱冷藏。如果要冷冻，就先将肉切成容易食用的大小。

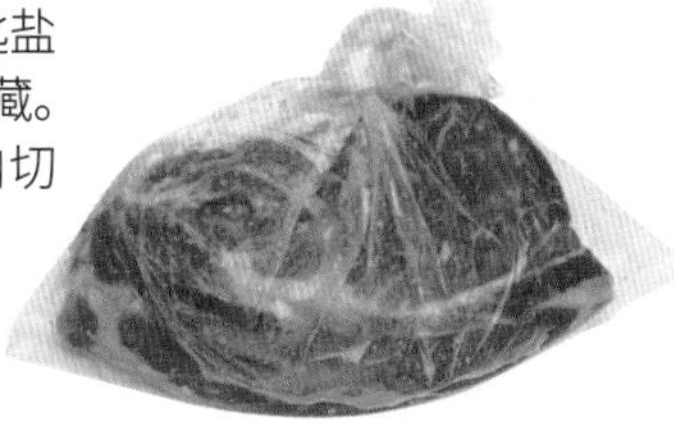

味噌千层猪排

材料和制作方法（2 人份）

❶ 取 3 片用味噌腌制后冷冻的薄切猪里脊肉片，将它们叠放在一起。然后放上 2 片芝士片，再放上 3 片猪肉。

❷ 按顺序依次裹上面粉、鸡蛋液和面包糠，放入平底锅煎炸即可。

常温	冷藏	干燥	冷冻
×	○	×	○

鸡肉

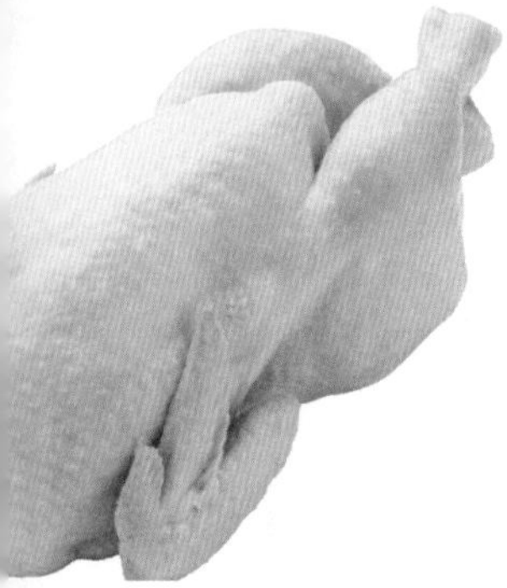

保存方法多样

不同部位的鸡肉，所含有的营养成分也不同。鸡胸肉中含有可以缓解疲劳的咪唑二肽。鸡皮、鸡翅和鸡软骨则富含对血管、皮肤健康有帮助的胶原蛋白。鸡肉的含水量比牛肉、猪肉高，因此特别容易变质。如果不立即食用，请先腌制或煮熟后再保存。

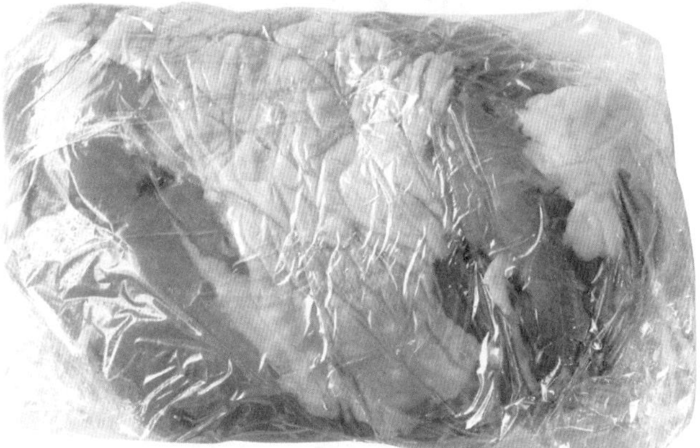

冻 2～3周 藏 2～3天

包裹紧实，防止干燥

鸡胸肉、鸡腿肉切成相同的厚度，去除多余的脂肪。然后一片一片地用保鲜膜包裹紧实，装入保鲜袋冷藏或冷冻。

鸡腿肉

将鸡腿肉切成适口大小的块状放入保鲜袋，加入 1 大匙味噌、1 大匙白砂糖，揉搓均匀后，压平，放入冰箱冷藏或冷冻。

营养成分（可食部分每100g）
带皮的鸡腿

热量		204kcal
蛋白质		16.6g
脂肪		14.2g
矿物质	钙	5mg
	铁	0.6mg
维生素B_1		0.1mg
维生素B_2		0.15mg
维生素C		3mg

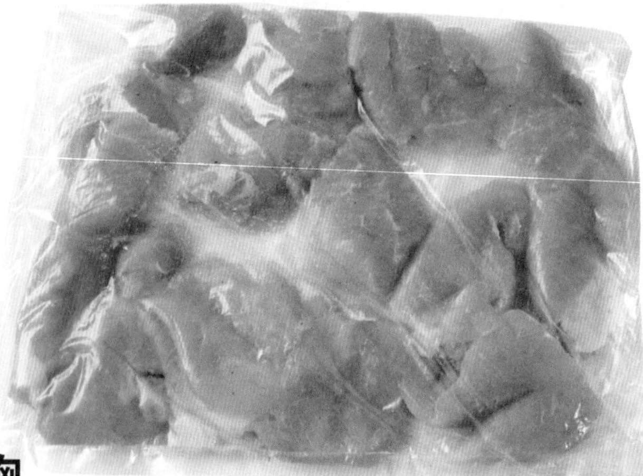

鸡大胸

切成容易食用的大小后，放入保鲜袋。每 200g 鸡大胸加入 1/3 小匙盐和 1 大匙料酒，揉搓均匀后压平，放入冰箱冷藏或冷冻。也可以用盐曲（1 小匙）代替盐和料酒。

腌 10 天（冷藏）

油封鸡肉

材料和制作方法（容易制作的量）

❶ 准备 1 块鸡腿肉，撒上 1 小匙盐，揉搓均匀后，静置 10 分钟左右。

❷ 在小锅或平底锅中加入❶以及 1 瓣大蒜、1 段迷迭香。倒入刚好没过食材的色拉油，开小火煮 30 分钟。关火后直接放在锅里冷却，等余热散去后，连带着油一起转移至保存容器，放入冷藏室保存。

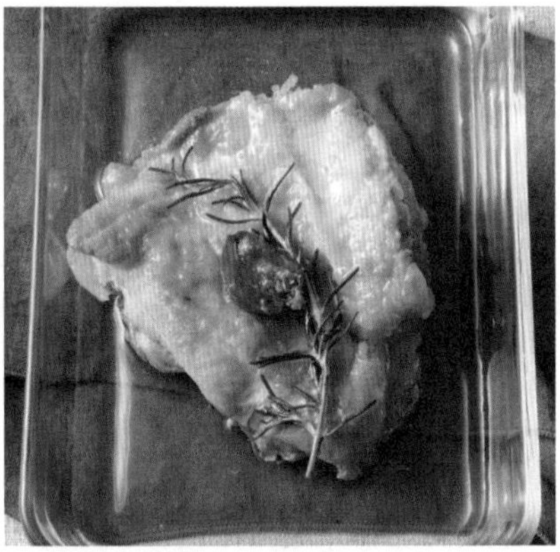

鸡肉炒藕片

材料和制作方法（2 人份）

❶ 在平底锅中加入 1 小匙芝麻油。油热后，放入 100g 藕片，翻炒 1 分钟。

❷ 加 1 杯水，煮至沸腾后，加入 200g 切成适口大小的冷冻鸡腿肉，盖上锅盖，转中火煮 5 分钟。

❸ 加入 2 小匙味噌、2 小匙味啉，煮至汁水消失不见。

鸡小胸

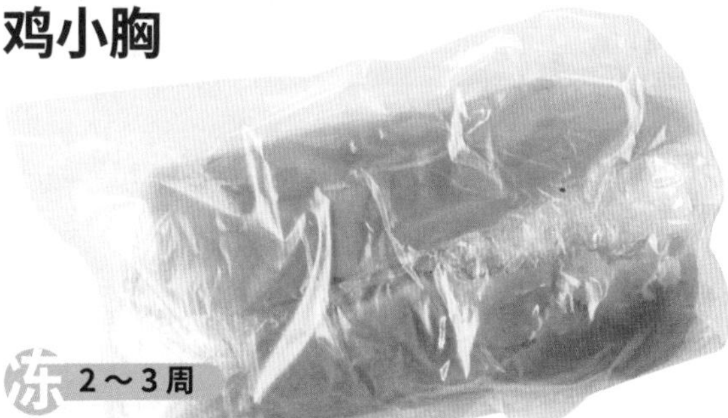

冻 2～3 周

不要让鸡肉连在一起

用保鲜膜一块一块地单独包裹，然后放入保鲜袋冷冻。

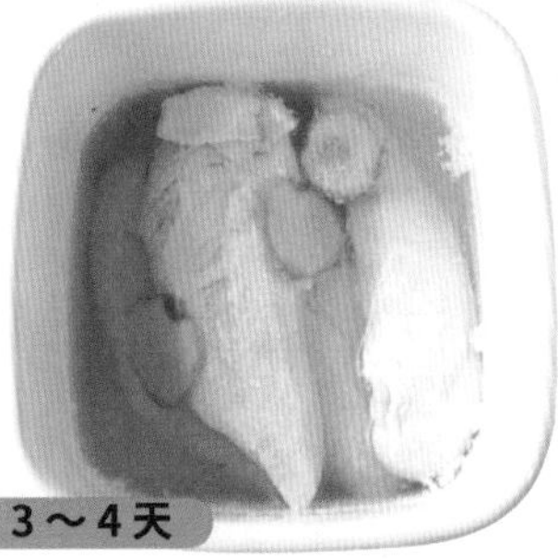

藏 3～4 天

适合放在沙拉中食用

将鸡小胸放入冷水中，水沸腾后关火，等余热散去后，放入冷藏室保存。

腌 4～5 天

油腌鸡小胸

材料和制作方法（容易制作的量）

❶ 准备 1 瓣大蒜，碾碎。

❷ 在小号平底锅中放入基础的油料（参考 P08）、4 块鸡小胸、1 片香叶以及大蒜，开中火，煮至冒泡后，转小火，继续煮 3 分钟。冷却后，转移至保存容器中，在冷藏室放置 1 天以上。

常温	冷藏	干燥	冷冻
×	○	×	○

肉末

混合肉末

冻 2～3周

需要多少掰多少

将肉末放入保鲜袋后铺平，然后用筷子压出折痕，方便取用，最后放入冰箱冷冻。

直接煎，就是肉饼

在保鲜袋中放入300g混合肉末、1/2小匙盐、少许黑胡椒粉、1个鸡蛋、50g洋葱丁和少许肉豆蔻，用手搅拌均匀。准备小号保鲜袋，将肉末放入其中，压成1.5cm厚的肉饼。这么做可以减少肉末和空气的接触面，防止鲜味流失。另外，因为可以隔着保鲜袋塑形，所以不会脏手。使用时，无须解冻，直接烹调。

猪肉馅

冻 2～3周

调味后再保存，可直接用来包饺子，无须解冻

在保鲜袋中加入300g猪肉末、1/2小匙盐、少许黑胡椒粉、1大匙芝麻油、1大匙蚝油、1/2把韭菜（切成末）。在袋中拌匀后，直接压平，用筷子在上面压出适口大小的方格，然后放入冰箱冷冻。烹调时，无须解冻，直接沿着折痕，将肉馅掰下来用饺子皮包起来，可以做成煎饺，也可以直接做成肉丸。

营养成分（可食部分每100g）
猪肉末

热量		236kcal
蛋白质		17.7g
脂肪		17.2g
矿物质	钙	6mg
	铁	1mg
维生素B_1		0.69mg
维生素B_2		0.22mg
维生素C		1mg

快手煎饺

材料和制作方法

❶ 将冷冻的饺子馅包入买回来的饺子皮中，1个方格包1个。
❷ 加热平底锅，倒入1小匙芝麻油，然后将❶并排放入，加入1/2杯水，盖上盖子煮至沸腾后，转中火继续煮7分钟。
❸ 掀开锅盖，开大火，煮至水完全变干即可。

牛肉末

东 2～3周

煎一下就是一道菜

在保鲜袋中加入300g牛肉末、1小匙辣椒粉、1大匙伍斯特酱、1大匙番茄酱、1小匙蒜末、1/2小匙盐和少许黑胡椒粉。拌匀后压平，用筷子在上面压出折痕，方便掰断。

肉末咖喱

材料和制作方法（2人份）

❶ 在平底锅中放入1小匙色拉油。油热后，掰200g冷冻的混合肉末，放入锅中，盖上锅盖，转小火煎。

❷ 拿掉锅盖，用木铲将肉末炒散。然后加入1.5杯水，煮3～4分钟后，放入2块咖喱块，使其溶化。

鸡肉末

东 2～3周

调好味后冷冻，更加入味

在保鲜袋中加入200g鸡肉末、1/3小匙盐、1大匙料酒。用手拌匀后压平，用筷子在上面压出折痕，方便掰断，然后放入冰箱冷冻。也可以加入盐曲揉搓，肉质会变得非常嫩滑。

东 2～3周 藏 3～4天

做成肉末后冷冻或冷藏

在锅中加入200g鸡肉末、1大匙料酒、1大匙味啉、1大匙酱油、1小匙白砂糖和1/4小匙盐。开火煮至水分消失后，转移至保存容器。等余热散去后，放置在冷藏室保存。也可以放入保鲜袋，铺平后冷冻。

鸡肉末欧姆蛋

材料和制作方法（1人份）

❶ 在碗中打散2个鸡蛋后，放入30g冷冻鸡肉末，搅拌均匀。

❷ 在平底锅中倒入适量色拉油。油热后倒入❶，制作成欧姆蛋。

营养成分（可食部分每100g）

鸡肉末

热量		186kcal
蛋白质		17.5g
脂肪		12g
矿物质	钙	8mg
	铁	0.8mg
维生素B_1		0.09mg
维生素B_2		0.17mg
维生素C		1mg

常温	冷藏	干燥	冷冻
×	○	×	○

火腿

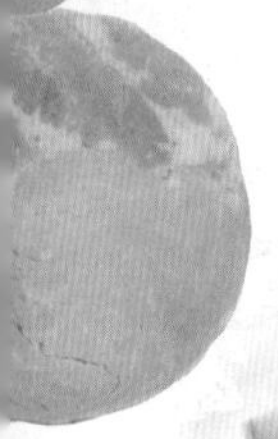

用来制作便当和早餐，非常方便

火腿、香肠等加工肉原本就是为了提高贮存性而制作的。但是，现在很多加工食品在制造过程中都减少了盐的使用量。开封后，需要尽快吃完。如果不立即食用，请冷冻保存。

冻 2～3周

根据用途切成各种形状后再冷冻

保鲜膜 1 次包裹 2 片后冷冻。也可以切成方便使用的 1cm 宽的大小后冷冻。使用时，无须解冻，直接烹调。

香肠、培根

常温	冷藏	干燥	冷冻
×	○	×	○

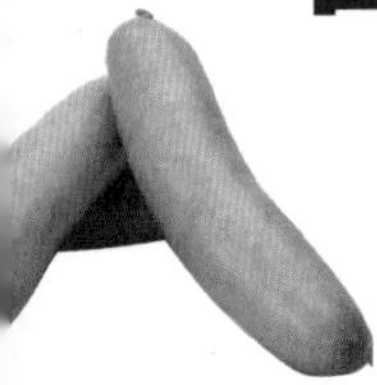

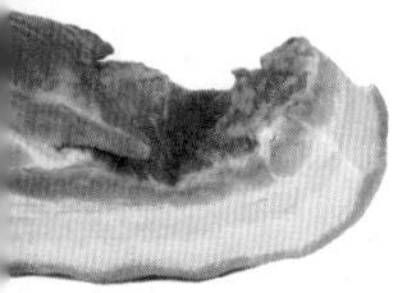

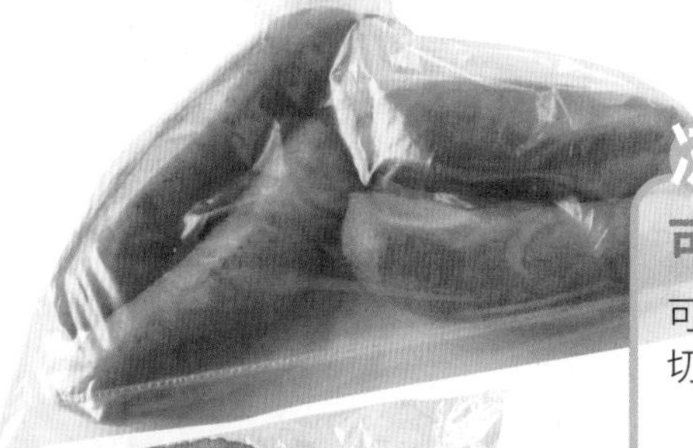

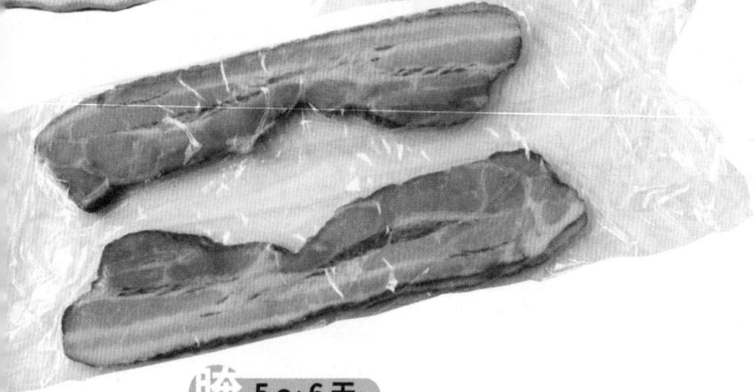

冻 2～3周

可直接冷冻，也可切块后冷冻

可以不切，直接放入保鲜袋冷冻，也可以切成容易烹调的大小后冷冻。

腌 5～6天

腌渍香肠和培根

将 50g 香肠和 50g 培根放入锅中，加水快速煮一下，然后用厨房纸擦干，放入保存容器。同时加入 2 大匙白醋、1 大匙白砂糖、1/4 小匙盐和少量粗磨黑胡椒粉，放入冰箱冷藏。

常温	冷藏	干燥	冷冻
×	○	×	○

动物内脏

处理干净并腌制后再冷冻

动物内脏价格便宜，富含维生素、矿物质等营养元素，建议一次性煮熟后再保存。腌制时偏重口，或做成油腌菜，可以让美味维持得更久。

鸡肝

冻 3～4周 藏 3～4天

为了去除腥味，必须事先处理干净

将动物肝脏放入热水煮 5 分钟，用清水冲洗干净，特别是血块。洗净后，切成方便食用的大小，用厨房纸擦干。然后以每 200g 动物肝脏搭配 1 大匙酱油的比例，放入保鲜袋，铺平整。最后放入冰箱冷藏或冷冻。

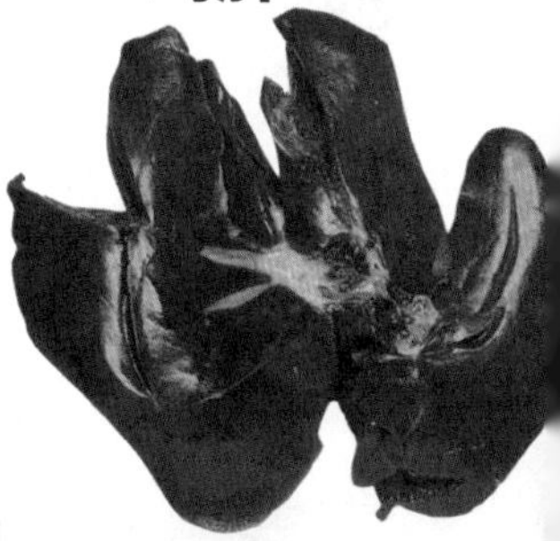

猪肝

腌 4～5天

油腌肝

材料和制作方法（容易制作的量）

❶ 准备 200g 动物肝脏，放入热水煮 5 分钟，用清水冲洗干净。等余热散去后，切成容易食用的大小。如果有血块等，必须冲洗干净。

❷ 用厨房纸擦干后，放入消过毒的密封罐中，然后加入芝麻油（没过肉，也可使用自己喜欢的油）、1/2 小匙盐、1 根红辣椒和 3 片生姜片。

牛肝

番茄炒牛心

材料和制作方法（2 人份）

❶ 准备 200g 煮熟后冷冻的牛心，切成薄片。准备 1 根黄瓜、2 个番茄、1/2 根西芹和 1 瓣大蒜。黄瓜切块，番茄切成月牙形，西芹斜切成段，大蒜切末。

❷ 在碗中放入❶的大蒜，以及 1 大匙鱼露、1 大匙酱油、1 大匙料酒、1 小匙白砂糖、少许黑胡椒粉，搅拌均匀后，放入牛心，腌制 30 分钟左右。

❸ 在平底锅中倒入适量色拉油。油热后，放入❷翻炒。炒至牛心变色后，加入黄瓜和西芹，继续翻炒。炒至变软后加入番茄，再炒一下。

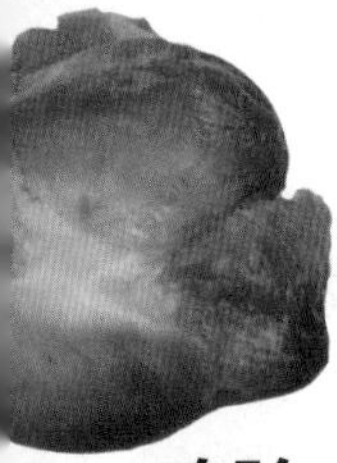

鸡胗

冻 3～4周 藏 3～4天

按照这个步骤处理，不仅没有腥味，肉质还很软嫩

放入热水煮 5 分钟，用清水冲洗干净，切成薄片。然后用厨房纸擦干，以每 300g 鸡胗搭配 1 大匙芝麻油和 1/2 小匙盐的比例，放入保鲜袋。铺平整后，放入冰箱冷藏或冷冻。

腌 4～5天

醋腌鸡胗

材料和制作方法（容易制作的量）

❶ 准备 300g 鸡胗，放入热水煮 15 分钟，用清水快速冲洗干净，用厨房纸擦干。

❷ 将❶切成薄片，放入保存容器。然后加入姜丝（1 片的量）、4 大匙醋、1 大匙酱油，粗略地拌一下，放入冷藏室，腌半天入味。

鸡胗洋葱沙拉

材料和制作方法（容易制作的量）

❶ 准备适量紫洋葱（也可以使用普通洋葱），切成薄片后，过一下冷水，用厨房纸擦干。

❷ 加入适量油腌鸡胗，拌一下。

腌 4～5天

油腌鸡胗

材料和制作方法（容易制作的量）

❶ 准备 200g 鸡胗，放入热水煮 5 分钟后，用清水冲洗干净，切成薄片。

❷ 用厨房纸擦干后，放入消过毒的密封罐中，然后加入橄榄油（没过肉）、1/2 小匙盐和少许粗磨黑胡椒粉，放入冰箱冷藏保存。可根据个人喜好，加入红辣椒、大蒜、生姜等香味蔬菜。

第5章

乳制品及蛋类

乳制品、鸡蛋保存的基本原则

乳制品非常容易变质，必须进行低温管理。带着出门或用来烹调时，也要谨记应尽量缩短暴露在常温中的时间，尽快放回冷藏室。

冷藏 开封后保质期就会缩短

保质期是指“在未开封的状态下，能保持最佳风味的期限”。包装上一般都会标明，开封后请尽快食用。但实际上，开封后可以放多少天呢？

即使离过期还有一段时间，开封后的牛奶也应在5天内喝完。酸奶容易长霉菌，开封后，即便密封保存，也只能维持2～3天。乳脂肪含量高的鲜奶油就更容易变质了，如果可以，开封后最好当天用完，最多不超过3天。如果无法在上述天数内用完，建议冷冻保存。

冷冻 基本都可以冷冻保存！防止水油分离是关键

乳制品虽然也可以冷冻保存，但冷冻后风味会发生变化，水油也会分离。因此，冷冻的乳制品可以用来烹调，或者在冷冻前添加白砂糖，以防止分离。

放入制冰盒

牛奶可以倒入制冰盒，等完全冻住，装入保鲜袋，放在冷冻室保存。因为风味会发生变化，所以建议用来烹调，或者代替冰放在饮料中食用。

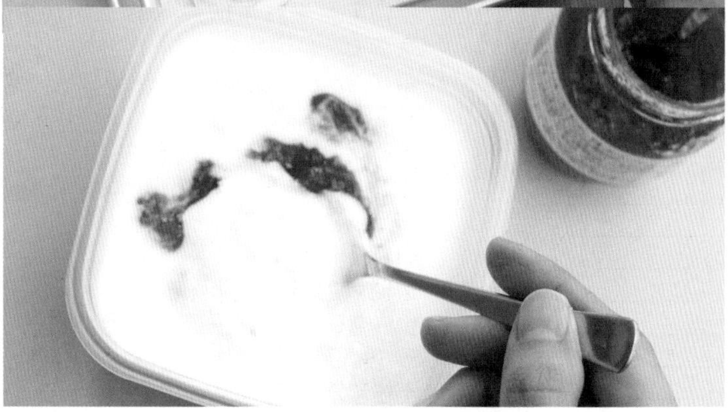

加入白砂糖或果酱

酸奶和鲜奶油直接冷冻会水油分离，可以加入具有锁水效果的白砂糖后再冷冻。建议将鲜奶油打发成固态奶油后冷冻，酸奶拌入果酱后冷冻。

常温	冷藏	干燥	冷冻
×	○	×	△

牛奶

牛奶加工后冷冻保存

牛奶很多都需要经过让脂肪成分均匀分布的均质化处理以及加热杀菌处理后再上市。开封后，不管保质期到什么时候，最好都在5天内用完。如果用不完，可加工后冷冻保存。

冻 1个月（烹调后的牛奶）

牛奶冻硬后，可以丰富菜品

做成白沙司，用保鲜膜包裹，装入保鲜袋冷冻或冷藏。

· 可用来制作奶油可乐饼、焗饭、奶油炖菜等。

质地偏硬的白沙司的制作方法

❶ 在锅中放入20g黄油，加热溶化后，放入20g面粉，搅拌均匀，转小火煮2～3分钟。
❷ 一点一点加入1/2杯牛奶，进行稀释。
❸ 继续煮3～4分钟后，加入1/2小匙盐和少许黑胡椒粉调味。
❹ 等余热散去后，用保鲜膜包裹，放入方平底盘。冷却后，放入冷冻室。
※ 烹调时，可根据要做的菜，加牛奶或水调整浓度。

开封后的食用期限

开封后，无论保存期限多久，最好在5天内饮用完。

营养成分（可食部分每100g）

热量		67kcal
蛋白质		3.3g
脂肪		3.8g
矿物质	钙	110mg
	铁	0.02mg
维生素B_1		0.04mg
维生素B_2		0.15mg
维生素C		1mg

牛奶杂烩粥

材料和制作方法（2人份）

❶ 准备2片培根、4颗圣女果、1/4颗洋葱。培根切丝，圣女果对半切开，洋葱切末。
❷ 在锅中加入90g米饭、1杯冷冻牛奶、1/2杯水以及❶，搅拌均匀后，开中火煮。煮开后，转小火，盖上锅盖，继续煮。
❸ 等汁水刚好可以没过米饭时，加入1小匙味噌和少许盐调味，再煮一下。
❹ 盛入碗中，撒上少许芝士粉和欧芹碎。

常温	冷藏	干燥	冷冻
×	○	×	○

鲜奶油

动物奶油和植物奶油的冷藏保存时间不同

鲜奶油是指去除牛奶中除了乳脂肪以外的成分，将脂肪含量提高到18.0%以上后的产物。开封后，很快就会变质，如果可以，最好当天用完，最长不超过3天。冷冻后口感会变，建议用来烹调。

冻 1个月

用来烹调

加入白砂糖，搅拌均匀后放入保存容器冷冻。

・可以让汤变得更加浓郁。

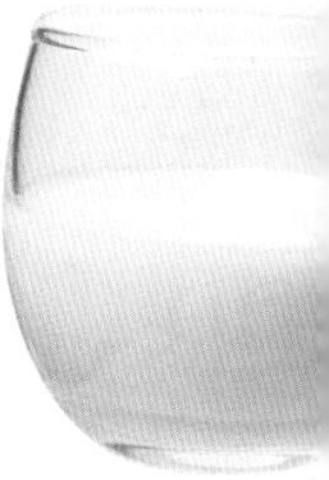

打发成固体奶油后冷冻，可直接使用

鲜奶油也可以打发成固体奶油，挤成块状后再冷冻。冷冻的固体奶油块可以用来制作招待客人的可爱小甜点，比如漂浮在咖啡上，或者搭配松饼等。

不解冻，直接食用也很美味

加入白砂糖，打发成固体奶油后冷冻的鲜奶油，口感就像冰激凌一样。可以使用自己喜欢的果酱代替白砂糖，这样就可以得到外形可爱的冰激凌了。制作时，按照每 1/2 杯鲜奶油使用 2 小匙白砂糖（或 1 大匙果酱）的比例来混合。

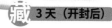

藏 3天（开封后）

和开封前的保质期不同

开封后，不管是动物奶油还是植物奶油，冷藏保存的期限都是 3 天左右。开封前，植物奶油的保质期是 1～2 个月，动物奶油是 1 周左右（包装上有标注）。开封前和开封后完全不同，一定要注意。

自制蓝莓冰激凌

在保存容器中加入 1/2 杯冷冻鲜奶油、2 大匙蓝莓果酱和少许柠檬汁，搅拌均匀后，放入冷冻室凝固。

营养成分（可食部分每100g）	
热量	433kcal
蛋白质	2g
脂肪	45g
矿物质　钙	60mg
铁	0.1mg
β-胡萝卜素	0.11mg
维生素B1	0.02mg
维生素B2	0.09mg

常温	冷藏	干燥	冷冻
×	○	×	○

酸奶

冷冻酸奶也很美味

酸奶是鲜奶经过乳酸发酵的产物。酸奶中的乳酸菌还活着，需要保存在10°C以下的低温环境中来抑制它的活性。这么保存，还能维持酸奶在制造时的风味。空气中的杂菌会导致酸奶发霉，保存时务必拧紧盖子。

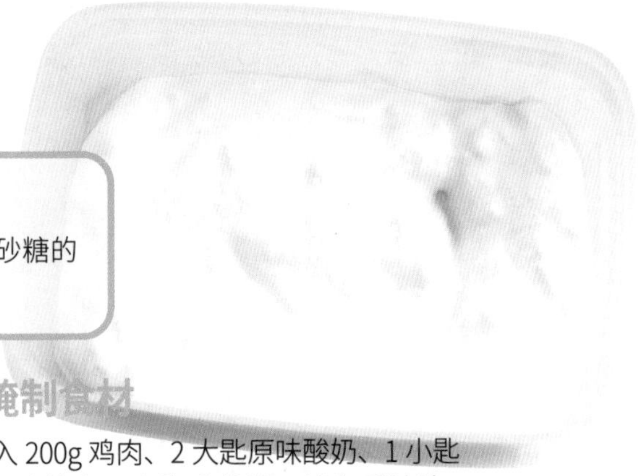

冻 1个月

酸奶冰激凌

以每 1/2 杯原味酸奶加入 1 大匙白砂糖的比例，放入保存容器冷冻。

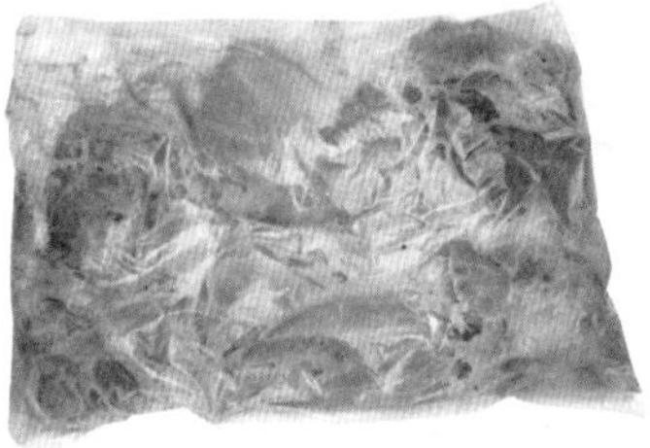

也可用来腌制食材

在保鲜袋中放入 200g 鸡肉、2 大匙原味酸奶、1 小匙咖喱粉、1/2 小匙盐和 1 大匙番茄酱，拌匀后冷冻。使用时，将鸡肉和蔬菜一起放入锅中，中火煎 10 分钟后，简单的咖喱鸡就完成了。

乳清不要扔掉

乳清是指上层的透明液体，富含维生素、矿物质、蛋白质等营养元素。请不要扔掉，搅拌均匀后食用。

腌 2～3天（冷藏）

酸奶盐曲腌菜

材料和制作方法（容易制作的量）

❶ 准备 1/2 个彩椒（红）、1/2 根西芹、1 根黄瓜，随意切成块。

❷ 在保鲜袋中加入 2 大匙盐曲、1/4 杯原味酸奶以及❶。用手揉搓均匀后排出空气，密封保鲜袋。

❸ 在冷藏室放置 1 晚。可在冷藏室保存 2～3 天。

营养成分（可食部分每100g）

原味

热量	62kcal
蛋白质	3.6g
脂肪	3g
碳水化合物	4.9g
矿物质　钙	120mg
维生素 B_1	0.04mg
维生素 B_2	0.14mg
维生素C	1mg

凤尾鱼酱

材料和制作方法（容易制作的量）

❶ 在笸箩中铺上厚一点的厨房纸，然后将 250g 冷冻原味酸奶放在上面。放置 3 小时，沥去水分。

❷ 将❶和 3 条凤尾鱼、1/2 瓣蒜泥、适量黑胡椒粉和干欧芹混合在一起，搅拌均匀后，可以用作饼干等的蘸料。

常温	冷藏	干燥	冷冻
×	○	×	○

黄油

平时使用的冷藏保存，长久放置的冷冻保存

黄油是从牛奶中分离出来的乳脂肪凝固后的产物。未开封的黄油可保存3个月左右，但开封后，请尽可能在2周内用完。黄油容易被氧化，保存的关键是尽可能不接触空气，也可以冷冻保存。

冻 半年 藏 1个月

根据用途，改变保存方法

放在铝箔纸中，用保鲜膜包裹，放入保鲜袋后再冷藏或冷冻。如果已经切成了方便使用的大小，就放在保存容器中，冷藏或冷冻。

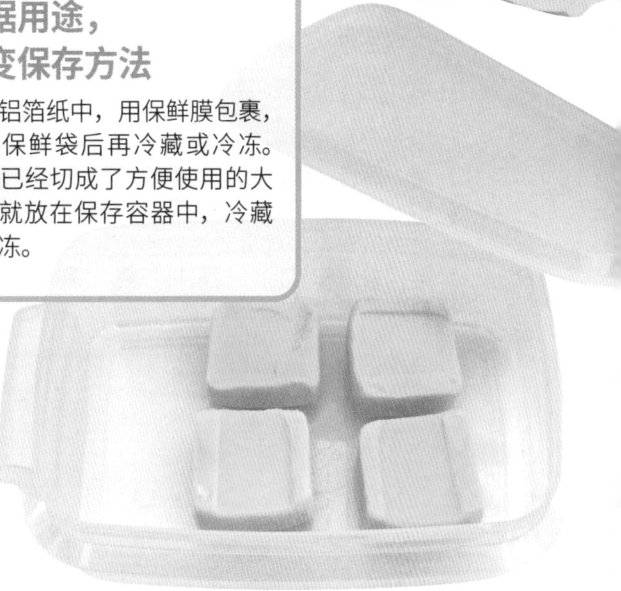

各式料理的“好搭档”！制作各种黄油贮存起来

冷冻可保存 1～2 个月。冷藏可保存 3～4 周。

香草黄油

将 20g 柔滑的黄油和 1/2 小匙香草末（干香草也可以）混合在一起，搅拌均匀。

大蒜黄油

将 20g 柔滑的黄油和 1/2 小匙蒜末混合在一起，搅拌均匀。

营养成分（可食部分每100g）
含盐黄油

热量		745kcal
蛋白质		0.6g
脂肪		81g
矿物质	钙	15mg
	铁	0.1mg
β-胡萝卜素		0.19mg
维生素B_1		0.01mg
维生素B_2		0.03mg

常温	冷藏	干燥	冷冻
△	○	×	○

鸡蛋

长久保存的秘诀是不要清洗

有些超市会将鸡蛋放在常温下出售，但买回家后，需要放在 10°C以下的冷藏室保存。大多数冰箱侧门上都有鸡蛋架，但是将鸡蛋放在这里，容易受温度变化的影响，而且也容易裂开，因此不推荐存放在此处。

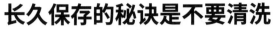

藏 3周

鸡蛋容易受温度变化的影响

冷藏保存时，要将鸡蛋稍尖的一头朝下放置。而且，要保存在鸡蛋温度不太会变化的地方，而不是侧门。为了冷藏室内其他食材的安全，鸡蛋要连带着包装盒一起保存，避免和其他食材直接接触，保存前不可用水清洗。

冻 2～3周

冷冻后蛋黄会变得柔软有劲道，可用于各式料理

将鸡蛋连壳放入保鲜袋冷冻保存，保存前，注意不要清洗鸡蛋，也可以将蛋白和蛋黄分开冷冻，请保存在温度变化较小的冷冻室深处。

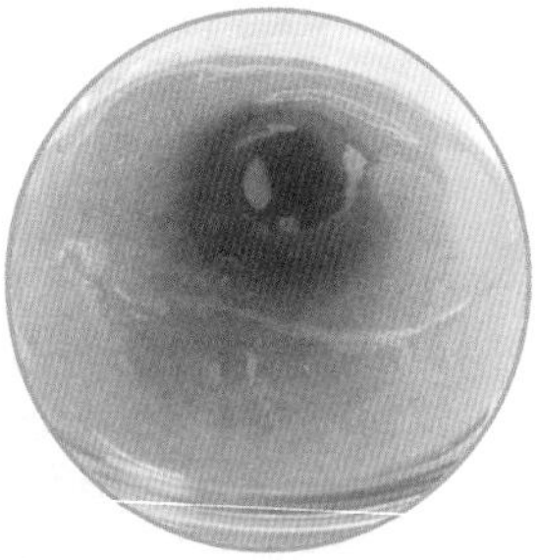

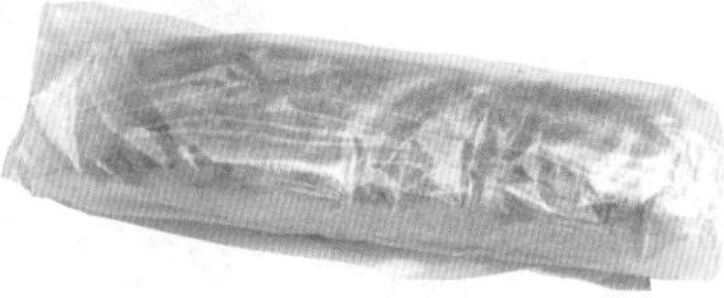

营养成分（可食部分每100g）

热量	151kcal
蛋白质	12.3g
脂肪	10.3g
矿物质　钙	51mg
铁	1.8mg
β-胡萝卜素	0.02mg
维生素B_1	0.06mg
维生素B_2	0.43mg

可以烹调后再冷冻保存吗

鸡蛋卷冷冻后，口感会变得干巴巴的。为了防止变干，制作时可以在鸡蛋液中加入白砂糖和蛋黄酱（比例是每 1 个鸡蛋加 1/2 小匙白砂糖和 1 小匙蛋黄酱），搅拌均匀后，开火煮至全熟。这么制作的鸡蛋卷，冷冻后也能保持松软的口感。

水煮蛋不能久放

水煮蛋容易变质，不适合冷冻。放在冷藏室，也只能贮存 2 天左右，要特别注意。

腌 3～4天（冷藏）

味噌腌鸡蛋

材料和制作方法（容易制作的量）

❶ 锅中加水煮沸。从冷藏室拿出5个鸡蛋，轻轻放入水中，煮6分钟后冷却（水煮时间可根据个人喜好随意调节）。

❷ 将❶的鸡蛋剥壳，放入保鲜袋，然后加入5大匙基础的味噌底料（参考P08）。拌匀后，排出空气，密封保存在冷藏室。放置半天后，就可以食用了。

生鸡蛋拌饭

材料和制作方法（1人份）

❶ 将1个冷冻鸡蛋放入煮沸的水中，盖上锅盖，煮1分钟。关火，等待5分钟后，放入冷水冷却。

❷ 将❶打到热腾腾的米饭上，根据自己的喜好淋上酱油等就可以吃了。

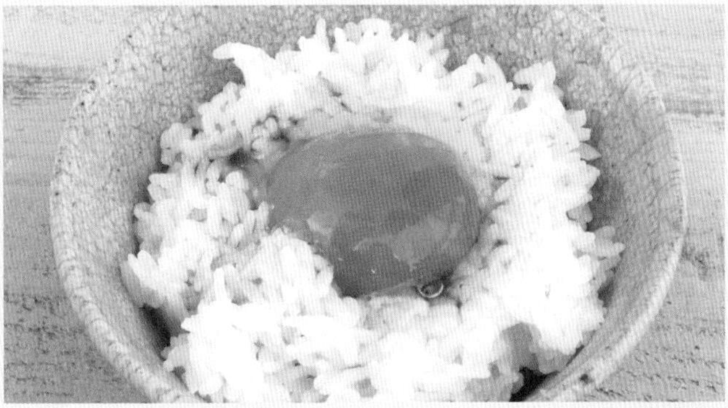

迷你煎蛋

材料和制作方法（1个冷冻鸡蛋）

❶ 将冷冻鸡蛋放在水龙头下，一边冲洗一边剥壳。

❷ 将鸡蛋纵向切成4等份。

❸ 在平底锅中加入1/4小匙色拉油，将冷冻状态的❶并排放入，然后开小火煎，煎至全熟即可。

温泉蛋

材料和制作方法（1个冷冻鸡蛋）

❶ 将冷冻鸡蛋放在水龙头下，一边冲洗一边剥壳。

❷ 将❶放入耐高温容器，加入1大匙水后，放入微波炉加热30秒钟。之后，一边观察鸡蛋的状态，一边继续加热，每次10秒，直至鸡蛋完全变色。

常温	冷藏	干燥	冷冻
×	○	×	○

奶酪

经常用就冷藏，不常用就冷冻

奶酪是用牛、羊等家畜的奶制作的加工食品。种类很多，有新鲜奶酪，也有发酵奶酪，需要使用合适的方法来保存。

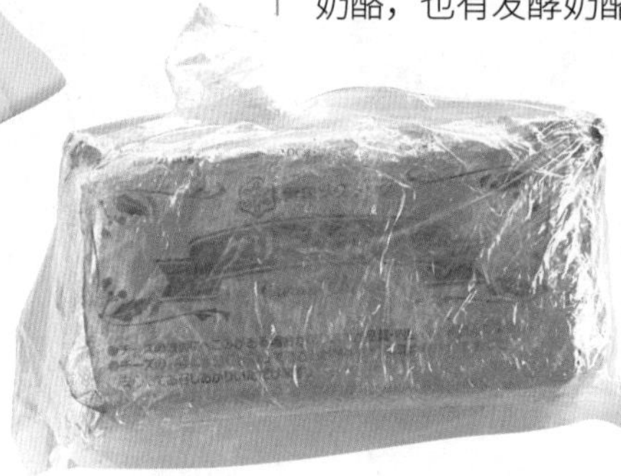

冻 1～2个月

种类不同，保存方法和保存时间也不同

用保鲜膜包裹，装入保鲜袋，密封后冷冻。

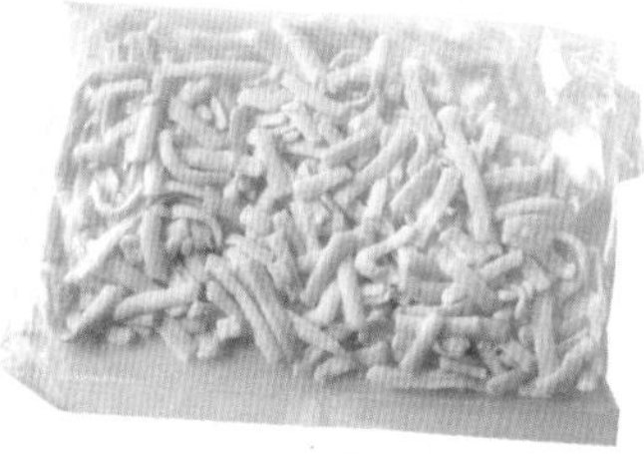

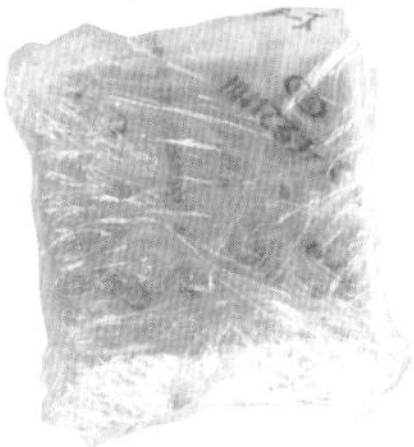

藏 1～2周

保存在容器里，使用方便

转移到保存容器中，盖上盖子后冷藏。

营养成分（可食部分每100g）
再制干酪

热量		339kcal
蛋白质		22.7g
脂肪		26g
矿物质	钙	630mg
	铁	0.3mg
β-胡萝卜素		0.23mg
维生素B_1		0.03mg
维生素B_2		0.38mg

营养成分（可食部分每100g）
卡蒙贝尔奶酪

热量		310kcal
蛋白质		19.1g
脂肪		24.7g
矿物质	钙	460mg
	铁	0.2mg
β-胡萝卜素		0.14mg
维生素B_1		0.03mg
维生素B_2		0.48mg

腌 3周

香草油腌奶酪

材料和制作方法（容易制作的量）

❶ 准备100g奶酪（可根据个人喜好选择），切成容易食用的大小后，放入保存容器。

❷ 在❶中加入1/2～1小匙干香草（罗勒、牛至等）和基础的油料（参考P08），放入冷藏室静置1天以上。

腌 3周

盐渍奶酪蔬菜

材料和制作方法（容易制作的量）

❶ 准备4片卷心菜叶（大）、1/2根西芹和80 g切达奶酪。卷心菜切成4等份，西芹切成6cm长的段后，纵向对半切，将切达奶酪切成6 cm的长条。

❷ 将卷心菜和西芹混合在一起，撒上1/3小匙盐。

❸ 在深一点的方平底盘或保存容器中加入奶酪、卷心菜和西芹，放上镇石压几个小时或一整晚。

第6章

谷物及其制品

谷物及其制品保存的基本原则

早在冰箱发明出来之前，谷物和豆类就是人们常用的耐贮藏食材。虽然这类食材可以在常温下保存，但也不可大意。如今，人们可食用的食材越来越多，很多人往往会忽略谷物的保存，等到发现时，要么早已变质，要么被虫蛀了。

虽说可以常温保存，但家里的环境是否真的适合保存这些食材，也不能一概而论。

常温 利用红辣椒，防止生虫

谷物基本都是常温保存的，但需预防湿气、虫子、异味和阳光的影响。将食材放置在水池下面虽然方便，但到了冬天，容易积攒湿气，所以不适合存放。要想不生虫，就必须将干货放入保存容器，密封保存。有些虫子会咬破保鲜袋，保险起见，最好放在塑料或玻璃容器中。另外，放入红色的干辣椒，也可以防止生虫。干货容易吸附味道，必须注意，不要把洗涤剂等会散发强烈气味的东西放在干货附近。

保存容器

豆类和粉状物容易吸收湿气，从而发霉，长螨虫。螨虫很小，只有0.3mm，所以一不小心，就会被吃进人体，引起过敏。因此建议使用带密封圈的密封罐。

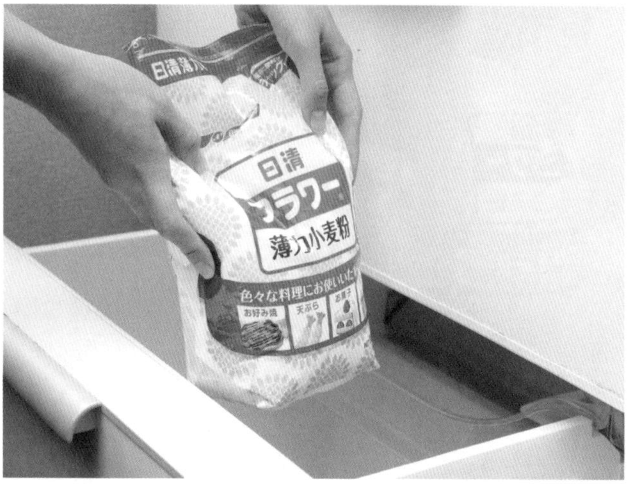

冷藏 粉状物也冷藏保存

如果在常温下，没有适合保存食材的地方，也可以冷藏保存。这时，为了防止温度变化引起结露，请一定要密封后再保存。解冻时，也要保持密封的状态，等到恢复到常温后再开封。

冷冻 分装后方便使用

干货一次性泡发太多，用不完时，可以冷冻保存。请分装成方便食用的量，然后在1个月内用完。

常温	冷藏	干燥	冷冻
○	○	×	△

大米

一次购买 1 个月的量

当温度到达18℃以上，且湿度高时，大米就容易长虫子。请将大米保存在避免阳光直射的低温度、低湿度的环境下。另外，大米上有无数小孔，容易吸附气味，请不要在其附近放置气味强烈的物品。即便保存条件满足了上面所有的要求，精米也还是会变质。因此，请根据平时的食用量，每次购买约1个月的量。

糙米

胚芽米

带糠米

粳米

常 1～2个月

避免受潮，否则大米会发霉

将大米放在米缸或保存容器中，置于阴凉处保存。也可以放在冷藏室的果蔬室内保存。

冻 3个月

长期不在家时，可冷冻

先将大米分装成每次食用的量，然后放入保鲜袋冷冻。

营养成分（可食部分每100g）
精白米

热量		358kcal
蛋白质		6.1g
脂肪		0.9g
碳水化合物		77.6g
矿物质	钙	5mg
	铁	0.8mg
维生素B_1		0.08mg
维生素B_2		0.02mg

米饭、年糕

冻 1个月

1～2天冷藏，更久需要冷冻

米饭趁热转移到保存容器中，等冷却后冷冻。这么做，水分不会流失，解冻后米粒依然饱满美味。

冻 1～2个月

年糕用保鲜膜一块一块包裹好，放入保鲜袋冷冻

无须解冻，直接烤或煮。

自制炸年糕

材料和制作方法（1块年糕的量）

❶ 准备1块年糕，切片。

❷ 放入180°C的油中，炸3分钟左右，炸至整体变成金黄色。

❸ 捞出后撒适量盐即可。

醋饭

材料和制作方法（容易制作的量）

❶ 准备300g冷冻米饭，放入微波炉加热4分钟。

❷ 在热腾腾的米饭上，倒上2大匙白醋、1大匙白砂糖和1/2小匙盐，搅拌均匀后，冷却。

常温	冷藏	干燥	冷冻
×	○	×	○

大豆（黄豆）

熟大豆短期保存，干大豆长期保存

大豆除了优质蛋白质和B族维生素之外，还含有丰富的钾、钙、铁、镁等矿物质。干大豆只要避开高温、多湿、阳光直射的环境，就可以保存2年左右。用水煮熟的大豆可以冷藏或冷冻保存。

藏 2～3天

熟大豆请尽快用完

熟大豆和汤汁一起放入密封容器冷藏。

冻 1个月

冷冻前一定要擦干

擦干后放入保鲜袋冷冻。

腌 1个月（冷藏）

醋腌大豆

材料和制作方法（容易制作的量）

❶ 准备200g干大豆，洗净后用厨房纸擦干，开小火煮至破皮变色。

❷ 等余热散去后，转移至密封容器中，加入1杯半醋，盖上盖子后放入冷藏室保存。

❸ 2天后，打开盖子，看一下情况。如果大豆膨胀起来，醋变少了，需再加入能没过大豆的醋。腌3天左右，就完成了。

- 可代替点心，1天吃10粒左右。注意不要多吃，肚子会胀。
- 可用于拌菜、醋腌菜等。

水煮大豆的制作方法

将干大豆洗干净，放入5倍量的水中，浸泡1晚。连带着水一起放入锅中，煮沸后，转小火再煮1小时。

常 2周

做成煎豆后保存

准备100g大豆，洗净后用厨房纸擦干，放入平底锅中，煎至皮破变色后，转小火，继续煎10～15分钟。

营养成分（可食部分每100g）

热量		422kcal
蛋白质		33.8g
脂肪		19.7g
碳水化合物		29.5g
矿物质	钙	180mg
	铁	6.8mg
维生素B_1		0.71mg
维生素B_2		0.26mg
维生素C		3mg

萝卜干炖菜

材料和制作方法（容易制作的量）

❶ 在平底锅中放入 1 杯高汤、2 大匙面汁（3 倍浓缩），开火煮沸。

❷ 加入 50g 裹着味噌冷冻的猪肉（参考 P196）、50g 水煮后冷冻的大豆、50g 水煮后切成容易食用大小的竹笋、10g 萝卜干（也可以是干萝卜片），煮至汁水消失。

番茄烩大豆火腿

材料和制作方法（2 人份）

❶ 准备 2 片厚切火腿和 2 片培根，切成 1cm 见方的块状。准备 1/2 颗洋葱和 1 瓣大蒜，切末。

❷ 在锅中加入 1/2 大匙橄榄油。油热后，加入大蒜和培根，转中火翻炒。

❸ 等稍微上色之后，加入洋葱，继续翻炒。

❹ 在❸中加入 200g 水煮后冷冻的大豆、200g 番茄和 1/2 个汤块（法式清汤），压碎番茄。煮沸后，转小火，继续煮 10 分钟左右。

❺ 加入火腿，煮 2 ～ 3 分钟后，加入少许盐和黑胡椒粉调味。

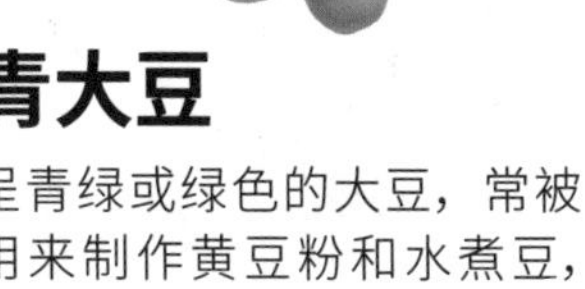

青大豆

呈青绿或绿色的大豆，常被用来制作黄豆粉和水煮豆，现在用青豆做的纳豆也多了起来。

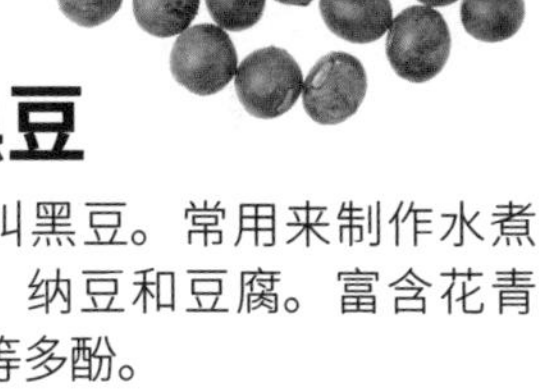

黑豆

也叫黑豆。常用来制作水煮豆、纳豆和豆腐。富含花青素等多酚。

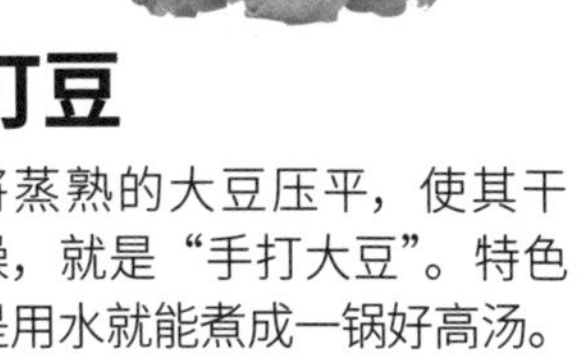

打豆

将蒸熟的大豆压平，使其干燥，就是“手打大豆”。特色是用水就能煮成一锅好高汤。

常温	冷藏	干燥	冷冻
○	○	×	×

杂粮

放在阴凉处保存

杂粮一般是指除了大米和小麦之外的谷类。只吃白米饭往往难以补充到足量的微量元素和膳食纤维。为此，很多人喜欢将杂粮混在大米中一起煮，也可以放入汤或炖菜。高温、多湿、阳光直射会导致杂粮变质，请保存在湿度低的阴凉处。夏天放置在常温环境中，可能会生虫。

常 1～2个月

严禁湿气

放入密封容器，置于阴凉处或冰箱果蔬室保存。

杂粮营养满分

和大米混在一起煮，可以补充营养成分和膳食纤维。

猪肉杂粮汤

材料和制作方法（2 人份）

❶ 准备 200g 薄切猪肉片，切成容易食用的大小，然后抹上 2 小匙盐曲和少许黑胡椒粉，静置 30 分钟。准备 100g 萝卜和 1/3 根胡萝卜，切成容易食用的大小。

❷ 在锅中放入❶和 2 大匙杂粮、3 杯水，开火煮至沸腾后，转小火，煮至萝卜和胡萝卜变软。

营养成分（可食部分每100g）

热量		357kcal
蛋白质		12.6g
脂肪		2.8g
碳水化合物		70.2g
矿物质	钙	30mg
	铁	2mg
维生素B_1		0.34mg
维生素B_2		0.07mg

常温	冷藏	干燥	冷冻
×	○	×	◎

豆腐

冷冻后，口感独特

在豆浆中加入卤水，凝固后就会变成豆腐。豆腐有木棉豆腐、绢豆腐、豆花等种类。木棉豆腐含有丰富的蛋白质，绢豆腐中的蛋白质含量虽然不及木棉豆腐，但是它含有丰富的水溶性维生素。没用完的豆腐和买回来时一样，需要浸泡在水中保存。也可以冷冻保存，但冷冻后，口感会发生变化，建议用于炖菜等需要加热的料理。

冻 3～4周

切成方便食用的大小，立即冷冻

切成 1cm 厚的豆腐块后，用厨房纸擦干，放入保鲜袋冷藏。

冷冻的豆腐，口感和肉一样

冷冻后的豆腐很有弹性，口感就像肉一样。减肥期间，可以代替肉，用于炸猪排、汉堡肉等各式料理。

藏 4～5天

盖上保鲜膜，每天换水

放入装着水的容器，冷藏保存。

腌 1周

味噌腌豆腐

① 准备 1 块豆腐，用厨房纸包裹，压一块镇石在上面。静置 30 分钟左右，等水都沥干后，切成 1cm 厚的块状。

② 将保鲜膜平铺开来，准备 4 大匙基础的味噌底料（参考 P08），从中取少许涂在保鲜膜上，然后将豆腐和剩下的味噌底料交互叠放。最后放入保鲜袋中，排出空气，放在冷藏室静置半天以上。

烤味噌腌豆腐

材料和制作方法（2～3 人份）

在烤箱中铺一层锡纸，然后将味噌腌豆腐（1 块的量）排列在上面，烤至金黄。

营养成分（可食部分每100g）

木棉豆腐

热量		80kcal
蛋白质		7g
脂肪		4.9g
碳水化合物		1.5g
矿物质	钙	93mg
	铁	1.5mg
维生素B_1		0.09mg
维生素B_2		0.04mg

常温	冷藏	干燥	冷冻
×	○	×	○

纳豆

温度超过 10℃后，会继续发酵。请保存在冷藏室或冷冻室

纳豆是蒸软的大豆在纳豆菌的作用下发酵而成。如果温度超过10℃，纳豆会继续发酵，因此必须保存在冷藏室。另外，以免干燥，也可冷冻保存。

冻 3～4周 藏 1周

密封保存，以免干燥

连带着包装盒一起放入保鲜袋冷冻。

解冻方法

转移至冷藏室，或放入微波炉加热10～20秒钟。

糙米纳豆炒饭

材料和制作方法（2人份）

① 准备15 cm长的牛蒡、1/3根胡萝卜、4根香葱。牛蒡和胡萝卜切成5 mm见方的丁，葱切成葱花。

② 在平底锅中加入1/2大匙芝麻油。油热后，加入1盒冷冻纳豆和1个鸡蛋，翻炒一下，等鸡蛋变得松软后，盛出来。

③ 在②的平底锅中放入1/2大匙芝麻油。油热后，放入①，翻炒一下。然后再加入已经煮好的糙米以及②，等到糙米粒粒分明时，加入1大匙半酱油、适量盐和黑胡椒粉调味。

营养成分（可食部分每100g）

热量		200kcal
蛋白质		16.5g
脂肪		10g
碳水化合物		12.1g
矿物质	钙	90mg
	铁	3.3mg
维生素B_1		0.07mg
维生素B_2		0.56mg

常温	冷藏	干燥	冷冻
×	○	×	○

油豆腐

密封保存，以免吸附冷藏室的味道

油豆腐是切成薄块的豆腐油炸而成的食材。冷藏保存的保质期比较短，因此如果无法立即用完，建议冷冻保存。

开封后就放入保鲜袋冷冻

包装上可能会有肉眼不可见的小孔，建议放入保鲜袋冷冻。

冻 3～4周 藏 4～5天

冷冻后无须解冻，可轻松切断

用保鲜膜一块一块包裹起来，放入保鲜袋冷冻或冷藏。也可以切成方便食用的大小，放入保鲜袋冷冻或冷藏。

奶酪鸡蛋福袋

材料和制作方法（2 人份）

❶ 准备 1/4 块卡蒙贝尔奶酪，对半切，撒上少许黑胡椒粉。

❷ 将 1 块冷冻油豆腐放入热水，去油解冻后，对半切。在碗中打 1 个鸡蛋，打散。

❸ 撑开油豆腐的切口，塞入一半的奶酪和鸡蛋液，然后用牙签固定住切口，一共做两个。

❹ 加热平底锅，放入❸，煎至两面金黄。

营养成分（可食部分每100g）

营养成分		含量
热量		410kcal
蛋白质		23.4g
脂肪		34.4g
碳水化合物		0.4g
矿物质	钙	310mg
	铁	3.2mg
维生素B_1		0.06mg
维生素B_2		0.04mg

常温	冷藏	干燥	冷冻
○	×	×	○

面粉

即便冷冻，也不会被冻住

面粉是用小麦胚乳研磨而成的，大致可分为高筋面粉、中筋面粉和低筋面粉，其中的蛋白质含量依次递减。连带着表皮一起研磨的粉叫作全麦粉，含有很多营养成分。虽说保质期较久，但开封后会很快变质，建议在2个月内用完。

低筋面粉

麸皮

全麦面粉

小麦胚芽

小麦胚芽含有丰富的蛋白质、膳食纤维、维生素和矿物质。胚芽粉、麦片等也逐渐成为备受关注的健康食材。胚芽油的主要成分是亚油酸和油酸，还含有维生素E，常用于化妆品。

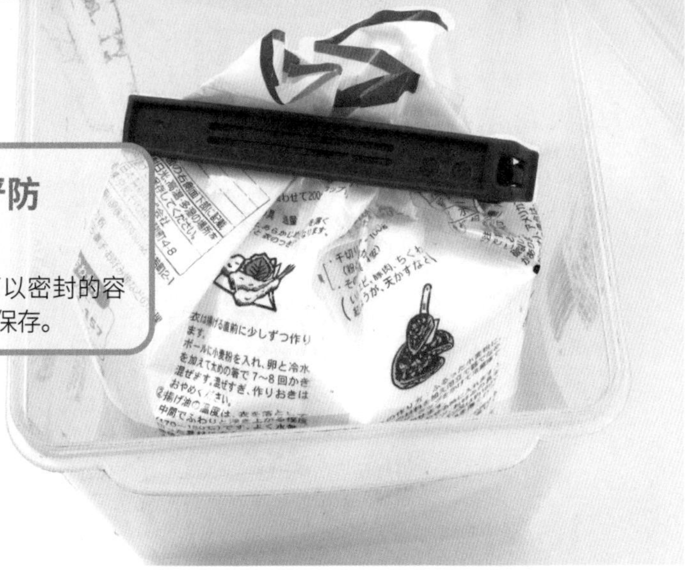

常 半年

密封保存，严防湿气和异味

系紧袋口，放入可以密封的容器后，置于阴凉处保存。

营养成分（可食部分每100g）

低筋面粉

热量	367kcal
蛋白质	8.3g
脂肪	1.5g
碳水化合物	75.8g
矿物质 钙	20mg
铁	0.5mg
维生素B_1	0.11mg
维生素B_2	0.03mg

韩式煎饼

材料和制作方法（2人份）

1. 准备1/4根大葱，斜切成薄片。
2. 在大碗中加入40 g粳米粉、50 g面粉、1个鸡蛋、2大匙辣椒粉、少许盐、1/2小匙白砂糖、2小匙酱油和1/2杯水。搅拌均匀后，加入❶。如果水不够，再稍微加一点水。
3. 在平底锅中加入1大匙芝麻油。油热后，倒入❷，煎至两面金黄。然后在面糊四周浇上1大匙芝麻油，继续煎3分钟左右。
4. 切成容易食用的大小后装盘。用1大匙酱油、1大匙醋、1/2小匙熟白芝麻、1小匙白芝麻酱调制成酱料，搭配煎饼食用。

第7章

调料及其他

常温	冷藏	干燥	冷冻
○	○	×	×

酱油

淡口酱油

日本料理中经常使用，盐分比浓口酱油稍高。

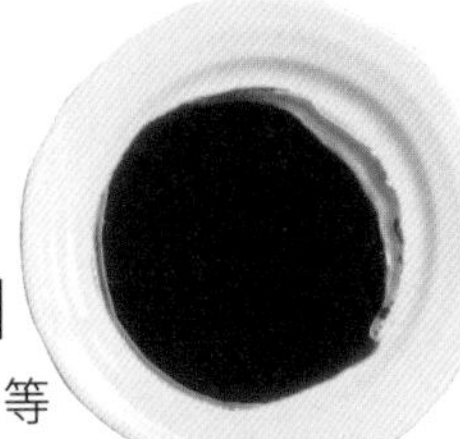

溜酱油

质感浓稠，鲜味醇厚，还有独特的香味。主要产于日本中部地区。

浓口酱油

将大豆和几乎等量的小麦混合在一起酿制而成。可用来烹调，可放在餐桌上用作蘸料，用途很广。

白酱油

颜色比淡口酱油还要浅，呈琥珀色。颜色淡，甜度却很高。主产地是日本爱知县。

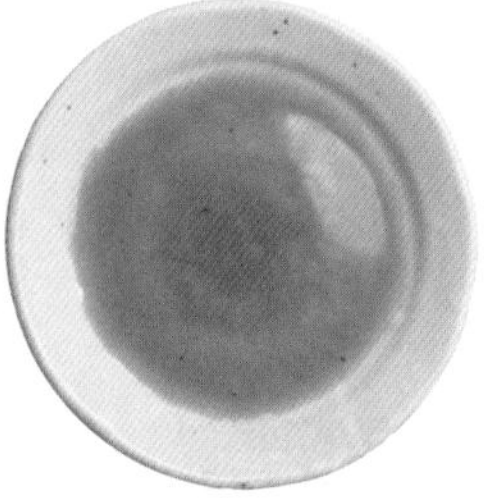

不耐光，不耐热

酱油会因为氧化而变质，开封后尽量在1个月内用完。购买时，要根据自己的使用速度，选择合适的容量。另外，酱油也不耐光和热，请放在阴凉处保存。如果没有合适的地方，也可以放在冷藏室保存。新鲜的酱油带点红色，有透明感。变质后，颜色会加深，透明感也会消失。

常温	冷藏	干燥	冷冻
○	○	×	×

醋

谷物醋

以小麦、大麦、玉米为原料酿制的醋。没有刺鼻的味道。

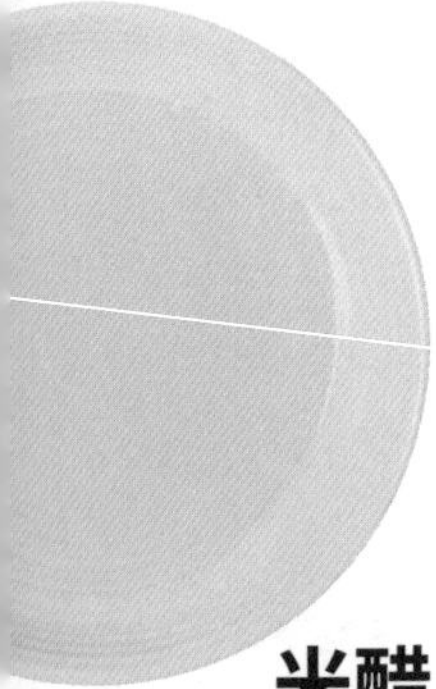

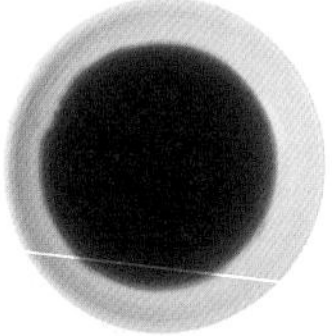

香醋

原料是糙米（部分小麦）。味道浓，适合中餐。

巴萨米克醋

以葡萄酒为原料的意大利独有的醋，价格高。

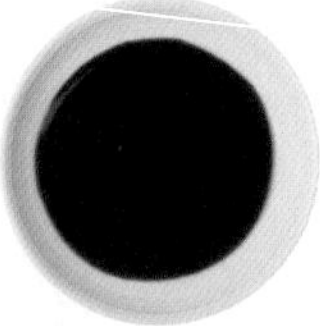

米醋

以大米为原料酿造的醋。味道醇厚，酸甜兼具，又不乏鲜味。

苹果醋

味道清淡，具有水果的清香。适用于腌菜和沙拉的调味汁。

葡萄醋

以葡萄汁为原料酿造的醋。有红的，有白的。适用于所有西餐。

保存在阴凉处或冷藏室

醋原本就可以用来保存食材，不会腐坏。但是开封后，随着时间的流逝，风味会越来越差。另外，需要注意的是，不同种类的醋，保存时间也有所差别。虽然可以放在阴凉处保存，但保存在冷藏室，可以让品质维持得更久。

酒

常温	冷藏	干燥	冷冻
○	○	×	×

开封后，放在冷藏室保存

酒精具有杀菌作用，基本不会腐坏。但是太阳光和温度变化等会让酒变质，开封后，请尽量保存在冷藏室中。

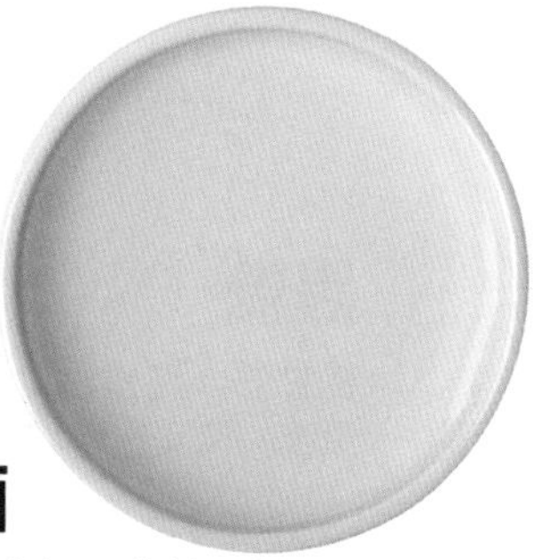

料酒

在酒精中加入盐等调料后制得的酒，价格便宜。

清酒

用大米、米曲、水等原料酿制的酒。也有“料理清酒”，但原料和酿造方法有所不同。适用于炖菜、汤羹。

红葡萄酒

发酵酒有很多，以葡萄为原料的红葡萄酒也是其中之一。

味啉

常温	冷藏	干燥	冷冻
○	○	×	×

本味啉和味啉风味的调料，保存方法不同

本味啉放入冷藏室后，糖分会结晶，请务必置于常温保存。相反，味啉风味的调料酒精度数低，容易变质，建议放在冷藏室保存。

味啉风味的调料

在葡萄糖、麦芽糖中加入谷氨酸和香料制得。酒精含量不足1%，糖分超过55%。

本味啉

用糯米、米曲、酒精酿制的，适用于各式料理。

发酵调料

将糯米、米曲、酒精放在一起发酵后，加入盐。当盐的浓度达到2%左右时，就完成了。

常温	冷藏	干燥	冷冻
○	×	×	×

砂糖

黑糖

将甘蔗汁炖煮后，就制成了黑糖。风味独特，富含矿物质。

绵砂糖

颗粒很小，直径为0.1～0.2mm。

粗砂糖

有透明的白粗砂糖和黄褐色的黄粗砂糖两种。纯度较高，颗粒直径为1～3mm。

白砂糖

颗粒直径为0.2～0.7mm。纯度高。

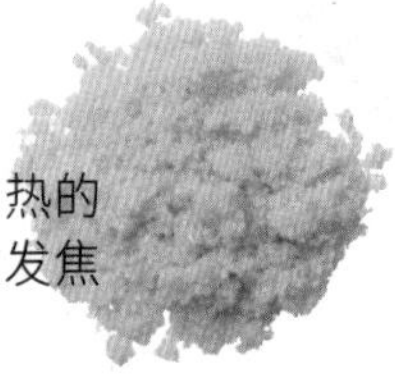

三温糖

采用了反复加热的制作方法，散发焦糖的香味。

放在密封容器中常温保存

砂糖本身不会腐坏。但是保存在密封性差的容器中，有时候会导致砂糖结块。结块之后，先用喷雾器稍微喷湿，然后再放入密封容器即可。

常温	冷藏	干燥	冷冻
○	×	×	×

盐

常 无期限

放入密封容器，常温（阴凉处）保存。

放在密封容器中常温保存

盐容易吸收湿气和气味，需要保存在干燥的地方，而且不能将洗涤剂等气味强烈的东西放在附近。结块后放在平底锅中干炒一下，就又恢复了。

生命之盐

一种海盐。晒干水分后，放入锅中炖煮而成。制盐方法有很多，可以使用离子膜浓缩后炖煮。

岩盐

盐分结晶后，就形成了岩盐。可以在原本是大海的土地上看到。用水溶解后，制成盐。

常温	冷藏	干燥	冷冻
×	○	×	○

味噌

开封后要注意，避免发霉

未开封时可以常温保存，开封后可能会发霉，所以需要放在冷藏室或冷冻室保存。味噌一接触到空气，就开始干燥、氧化，风味越来越差。因此，没有用完的味噌最好转存到密封容器中，然后在外面裹一层保鲜膜保存。即便冷冻了，也不会凝固，所以使用方法不变。

冻 1～2个月

藏 1～2个月

将几次的用量转存到小一点的保存容器中，然后冷藏或冷冻。这样既能用完，又不影响风味。

豆味噌

直接在蒸熟的大豆中加入曲菌和盐，经过长期发酵制成的味噌，拥有大豆特有的香味，也有点涩味，主产地是日本爱知县、三重县、岐阜县。

麦味噌

用大豆、麦曲、盐制成的味噌。又称“田舍味噌”。口味偏甜，颜色较淡，拥有小麦特有的香味和醇厚的口感。日本九州地区比较常见。

常温	冷藏	干燥	冷冻
×	○	×	×

酱汁

开封后冷藏保存

伍斯特酱是在蔬菜、水果等的泥状物或汁水中加入盐、砂糖、醋等调料以及香辛料后发酵而成的调料。虽然包装上没有标明“需要冷藏”，但开瓶后，最好放在冷藏室保存。

伍斯特酱

制作过程中，将蔬菜和水果中的纤维质过滤掉了，口感很顺滑，没有颗粒感。带有辣味，适合用来提味。

浓厚酱

质感黏稠，带有甜味。以蔬菜和水果为原料制成，其中的纤维都溶解在了酱汁中，又称水果酱。

中浓酱

日本关东地区的人喜欢用。介于伍斯特酱和浓厚酱之间，黏稠度、辣味、甜味都恰到好处。

大阪烧酱

味道柔和，黏稠度非常适合浇在大阪烧的上面，甜度高。

常温	冷藏	干燥	冷冻
○	○	○	○

茶叶

开封后常温保存

茶叶在开封后容易变质，请购买1个月内能用完的量。保存时，应避免高温、多湿、阳光直射的环境，放在常温下保存。

冻 2个月至1年 **藏** 2～4周

包装袋封口，放入保鲜袋保存。未开封时，可冷冻或冷藏。

常温	冷藏	干燥	冷冻
○	○	×	○

咖啡

常 1～2周

不管是咖啡豆还是咖啡粉，都要放在密封容器中，放置在没有阳光直射的阴凉处保存。

冻 3个月 **藏** 1～2周

新鲜的咖啡豆直接真空包装放入冷冻室

如果不是真空包装，就先进行分装，一袋放一次使用的量，然后冷冻保存。这样，豆子就可以一直保持新鲜的状态。

长期保存需要放在冷藏室

咖啡豆会因为高温、湿气、阳光直射和氧气等引发变质。被磨成粉后，表面积变大，更容易变质。因此，请尽量每次都在使用前研磨，或每次少量购买。

常温	冷藏	干燥	冷冻
×	○	×	×

蛋黄酱

开封后冷藏保存

未开封时可以常温保存，开封后需要保存在冷藏室，并在1个月内用完。另外，存放在0°C以下的环境中时，油分会分离，就算保存在冷藏室，也要避开冷风直吹的地方。可以放在冰箱门侧边。

全蛋型

使用整个鸡蛋制成的蛋黄酱，口感像奶油一样。

蛋黄型

最常见的类型。丘比蛋黄酱，每 500g 需使用 4 个蛋黄。

低脂型

低热量的蛋黄酱。油分少，含有较多空气，比较柔滑。

常温	冷藏	干燥	冷冻
×	○	×	×

番茄酱

开封后冷藏保存

番茄泥是添加了砂糖、醋、盐等与一些香辛料制成的调料。开封前可常温保存，但开封后，要放在冷藏室保存，并在1个月之内用完。

番茄膏

番茄经过过滤、熬煮后制成的调料。鲜味浓郁，适合炖菜。

番茄酱

添加了砂糖、醋和一些香辛料来调味，贮存性很高。

番茄泥

浓度比番茄膏低，但有番茄的清香，适合用来炖汤或制作肉酱。

常温	冷藏	干燥	冷冻
○	×	×	×

油

保存在阴凉处，小心氧化

油不喜光热，请保存在阴凉处。另外，氧化也会导致油变质，因此盖紧瓶盖也至关重要。油炸后剩余的油，如果还要使用，请一定要过滤后保存在阴凉处，并尽快使用。

色拉油

色拉油是严格按照 JAS（日本有机农业标准）制造的油。必须使用规定的材料（菜籽、大豆等），在受到认证的工厂制造，并且还要满足即便置于低温环境，也不会凝固等条件。没有特殊的味道和香味，适合用于各种料理的烹饪。

橄榄油

橄榄油是从果实中榨取的油，据说是人类最先使用的油。主要成分是油酸，不仅能减少坏胆固醇，还能抑制血糖值上升、降低血压。

特级初榨橄榄油和纯正橄榄油都可以加热，但是价格更贵的特级初榨橄榄油也可直接用作意式烤面包片、法棍的蘸料或浇在沙拉上食用。

焙煎芝麻油

最受欢迎的芝麻油。焙煎后再榨取的，香味浓郁。

白芝麻油

不焙煎，直接用白芝麻榨取的芝麻油。口味清淡，没有特殊的味道。几乎没有香味，但是有很浓郁的鲜味。

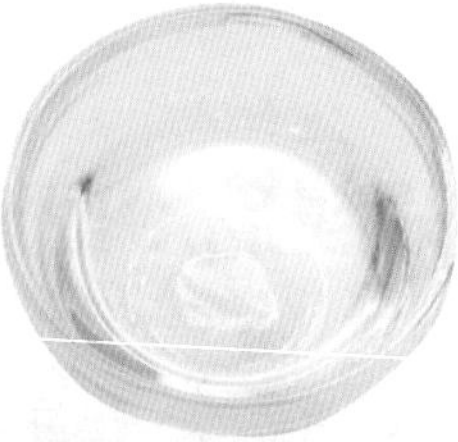

油炸时，不浪费油的诀窍

油深 0.5～1cm 就可以油炸了。重点是将食材放入后，不要急于翻面或搅拌，应炸至单面的面衣凝固。若急于翻面或搅拌，油温会下降，导致炸不好。如果所有食材都炸完时，油也正好没有了，那就不会造成浪费。如果油还有剩余，不仅容易被氧化，再次使用对身体也不好。建议尽量使用能够用完的量。

食材保存一览表

不同的食材，保存方法和保存时间会有所不同。
使用时务必考虑一下不同食材的特征和味道的变化。

蔬菜	可食部分	常温	冷藏	干燥	冷冻	页码
芦笋	98%	△	○ 5天（生） 4天（煮熟）	△	○ 1个月	106
毛豆	50%	△	△ 2～3天	×	◎ 1个月	52
秋葵	100%	×	△ 4天	○	○ 1个月	38
芜菁	100%	◎ 2天（阴凉处）	○ 10天	○ 1周（冷藏）	◎ 1个月	58
南瓜	90%	○ 2个月（整个）	○ 1周	×	○ 1个月	42
花椰菜	98%	△ 1天	○ 10天	△ 3天（冷藏）	○ 1个月	103
菌菇	99%	×	○ 2周	◎ 1个月（冷藏）	◎ 1个月	72
卷心菜	100%	△	○ 20天（切开）	×	○ 1个月（切开）	76
黄瓜	100%	○ 4天	○ 1周	◎ 2周（冷藏）	○ 2周	44
栗子	80%	△ 2天	◎ 3天	◎	◎ 3个月	116
绿叶生菜	100%	×	○ 2周/1周 （撕碎后保存）	×	△ 3周	81
豌豆	60%	△	○ 10天（生） 3天（盐煮）	×	◎ 1个月（生） 2周（盐煮）	37
核桃	100%	○ 半年（阴凉处）	○ 半年	×	○ 1年	55
水芹	100%	△	◎ 1周	△	○ 1个月	97
牛蒡	98%	○	◎ 2周	◎ 1个月（冷藏）	◎ 1个月	64
小松菜	100%	×	○ 1周	×	○ 1个月	86
红薯	99%	○ 1个月	○ 3周	◎ 1周	◎ 1个月	114
芋头	100%	○ 1个月（秋冬）	○ 2周（带皮）	×	◎ 1个月（带皮）	68
紫叶生菜	100%	×	○ 2周/1周 （撕碎后保存）	×	△ 3周	80
豆角	98%	△	○ 10天	△	○ 1个月	34
荷兰豆	90%	△	○ 10天	×	○ 1个月	36
楤木芽、蕨菜	98%	△	○ 3天	○	○ 1个月	118
尖椒	99%	△	○ 10天	○	◎ 1个月	32
苏子叶	100%	△	◎ 10天	○ 1个月（冷藏）	○ 3周	94
土豆	100%	◎ 1个月（秋冬）	○ 2周（带皮）	×	○ 1个月（带皮）	70
茼蒿	100%	×	○ 5天	×	○ 1个月	89
生姜	99%	○ 5天（整块）	○ 2周	◎ 半年（冷藏）	◎ 1个月	113

蔬菜	可食部分	常温	冷藏	干燥	冷冻	页码
西葫芦	100%	△	○ 10天（整根）	○	○ 1个月（整根）	49
萝卜苗	90%	○	○ 5天	×	○ 3周	111
西芹	100%	○ 2天	○ 5~7天	○ 1周（冷藏）	○ 1个月	107
蚕豆	60%	△	△ 2~3天	×	○ 1个月 2周（水煮）	54
萝卜	100%	◎ 1~2周（阴凉处）	○ 10天	○ 6个月	◎ 1个月	56
竹笋	100%	×	○ 1周	○ 1周（冷藏）	○ 1个月	117
洋葱	99%	△ 1个月（阴凉处）	○ 10天（带皮）	○ 1个月（冷藏）	◎ 1个月（带皮）	62
小油菜	100%	△	○ 5天	×	○ 1个月	93
辣椒	99%	△ 1年	○	◎	◎ 1年	33
冬瓜	100%	○ 半年 （整个/阴凉处）	○ 1个月（整个） 5天（切块）	×	○ 1个月	48
豆苗	80%	○ 1周	○ 10天	×	○ 3周	110
玉米	60%	△	△ 3天	×	○ 1个月/2个月 （不剥皮，整根冷冻）	50
番茄	99%	△	○ 10天	◎	◎ 1个月	28
茄子	95%	△ 1~2天	○ 1周	○ 1个月	○ 1个月	40
油菜花	100%	×	○ 5天	×	○ 1个月	88
苦瓜	99%	△ 4天	○ 1周	○ 1周（冷藏）	○ 1个月（整根） 3周（切段）	46
韭菜	100%	△	○ 5天	×	○ 1个月	92
胡萝卜	100%	◎ 4天（阴凉处）	○ 2周	○ 1个月（冷藏）	○ 1个月	60
大蒜	95%	○ 3周	○ 3周	○ 半年	○ 1个月	112
大葱	99%	○ 1周	○ 10天	○ 2周（冷藏）	○ 1个月	90
薄荷叶	100%	△	◎ 2周	○ 半年（冷藏）	○ 1个月	102
白菜	100%	○ 3周	○ 2周（带皮）	◎ 4~5天	○ 1个月	82
香菜	100%	△	○ 10天	○ 1个月（冷藏）	○ 1个月	95
罗勒	100%	△	○ 1周	○ 半年（冷藏）	○ 1个月	99
欧芹	100%	△ 2~3天	○ 10天	◎ 半年（冷藏）	○ 1个月	98
甜椒	90%	△	○ 10天	◎ 10天（冷藏） 1个月（冷冻）	◎ 1个月	31
青椒	99%	△	○ 10天	△	○ 1个月	30
西蓝花	100%	△ 1天	○ 10天	△ 3天（冷藏）	○ 1个月	104
菠菜	100%	×	○ 1周（生） 5天（煮熟）	×	○ 1个月	84
京水菜	100%	×	○ 2周	×	○ 3周	79
鸭儿芹	95%	△	◎ 1周	○ 1个月（冷藏）	○ 1个月	96
圣女果	99%	△	○ 10天	◎ 1个月 （做成油腌菜）	◎ 1个月	29
阳荷	100%	×	○ 10天	○ 5天（冷藏）	○ 1个月	100
豆芽	100%	×	◎ 1周	○ 4天（冷藏）	○ 3周	108
扁豆角	98%	△	◎ 10天/3天(盐煮)	×	○ 1个月/2周（盐煮）	35

蔬菜	可食部分	常温	冷藏	干燥	冷冻	页码
山药	92%	○	○ 1个月（带皮）	×	◎ 1个月（带皮）	66
圆生菜	100%	×	○ 2周	×	○ 3周	78
莲藕	100%	○ 10天（阴凉处）	○ 10天（带皮整根）	◎ 2周（冷藏）	◎ 1个月（带皮整根）	65
迷迭香	100%	○	○ 1周	○ 半年（冷藏）	○ 1个月	101
水果						
牛油果	70%	○ 成熟前	○ 4天	○	○ 1个月	155
草莓	98%	△ 1天	○ 5天	○ 1周	○ 1个月	144
无花果	100%	△ 2天	○ 5天	×	◎ 1个月（整个）	134
柿子	98%	△ 3天	○ 1个月	◎	◎ 2个月（整个） 1个月（切块）	128
猕猴桃	95%	△ 2天	○ 1~2周	○ 5~7天	◎ 1个月（整个）	136
葡萄柚	99%	○ 10天	○ 1个月	△ 3个月（仅皮）	○ 2个月	148
樱桃	98%	○ 5天	△	△ 3周	○ 1个月	152
西瓜	90%	○ 10天(整个)	◎ 10天（整个） 5天（切块）	×	◎ 1个月（切块）	140
梨	99%	○ 2周	○ 1个月	○	◎ 2个月（整个） 1个月（切块）	126
菠萝	80%	○ 10天(整个)	○ 10天（整个） 5天（切块）	○	◎ 1个月（切块）	138
香蕉	99%	○ 5天	△	○ 3周	○ 1个月	150
葡萄	100%	△ 3天	○ 10天	◎	◎ 2个月（整串）	132
蓝莓（莓果类）	100%	○ 4天	◎ 10天	○	◎ 1个月	142
芒果	90%	○ 3天	○ 3天	○	○ 1个月	154
橘子（柑橘类）	99%	○ 2周	○	△ 3个月（仅皮）	○ 1个月	149
哈密瓜	95%	○ 5天	○ 3天	△	○ 1个月	153
桃子	80%	△ 2天	△	×	◎ 2个月（整个） 1个月（切块）	130
洋梨	95%	○ 2周	○ 1个月	×	◎ 2个月（整个） 1个月（切块）	127
苹果	99%	○ 1个月	○	○	◎ 3个月（整个） 1个月（切块）	124
柠檬	99%	○ 10天	○ 1个月	○ 3个月（仅皮）	○ 1个月	146
水产						
花蛤、文蛤	100%	×	○	×	○ 1个月	181
竹筴鱼	80%	×	○ 2~3天	○	○ 2~3周	166
鱿鱼	98%	×	○	○	○ 3~4周	176
鲑鱼子	—	×	○ 1周	×	○ 2个月	171
沙丁鱼	80%	×	○ 2~3天	○	○ 2~3周	164
鳗鱼	100%	×	○	×	○ 1个月	184
虾	100%	×	○	△	○ 3~4周	178
生蚝	100%	×	○	×	○ 3~4周	180
鲣鱼	80%	×	○	○	○ 2~3周	168

水产	可食部分	常温	冷藏	干燥	冷冻	页码
鱼糕	—	×	○ 1周	×	○ 2个月	188
比目鱼	80%	×	○ 2~3天	○	○ 2~3周	169
昆布	100%	×	○ 3天	○	○ 1个月	185
鲑鱼	80%	×	○ 2~3天	○	◎ 3~4周	170
青花鱼	80%	×	○ 2~3天	○	○ 2~3周	174
秋刀鱼	80%	×	○ 2~3天	○	○ 2~3周	167
蚬子	100%	×	○	×	◎ 1个月	182
小银鱼	100%	×	○ 5天	○	○ 2~3周	165
鲷鱼	80%	×	○ 2~3天	○	○ 2~3周	175
章鱼	97%	×	○	○	○ 3~4周	177
鳕鱼	80%	×	○ 2~3天	○	◎ 2~3周	172
竹轮、炸鱼肉饼	—	×	○	×	○ 2个月	188
小银鱼干	—	×	○ 7~10天	○	○ 3~4周	165
羊栖菜	100%	×	○ 3天	○	○ 1个月	187
鰤鱼	80%	×	○ 2~3天	○	○ 2~3周	173
扇贝	100%	×	○	×	○ 1个月	183
金枪鱼	100%	×	○ 2天	×	○ 1个月	162
裙带菜	100%	×	○ 3天	○	○ 1个月	186

肉类及其制品	可食部分	常温	冷藏	干燥	冷冻	页码
牛肉	—	×	○ 2~3天	×	○ 2~3周	194
鸡胗	—	×	○ 3~4天	×	○ 3~4周	204
香肠、培根	—	×	○	×	○ 2~3周	202
鸡肉（鸡小胸）	—	×	○ 3~4天	×	○ 2~3周	199
鸡肉（鸡腿）	—	×	○ 2~3天	×	○ 2~3周	198
火腿	—	×	○	×	○ 2~3周	202
肉末	—	×	○ 3~4天	×	○ 2~3周	200
肩里脊（煮）	—	×	○ 2~3天	×	○ 2~3周	197
猪肉	—	×	○ 2~3天	×	○ 2~3周	196
猪里脊	—	×	○ 2天	×	○ 2~3周	197
动物内脏	—	×	○ 3~4天	×	○ 3~4周	203

乳制品及蛋类	可食部分	常温	冷藏	干燥	冷冻	页码
牛奶	—	×	○ 2天（开封后）	×	△ 1个月（烹调后的牛奶）	208
鸡蛋	—	△	○ 3周	×	○ 2~3周	212
奶酪	—	×	○ 1~2周	×	○ 1~2个月	214
鲜奶油	—	×	○ 3天（开封后）	×	○ 1个月	209

乳制品及蛋类	可食部分	常温	冷藏	干燥	冷冻	页码
黄油	—	×	○ 1个月	×	○ 半年	211
酸奶	—	×	○	×	○ 1个月	210
谷物及其制品						
油豆腐	—	×	○ 4~5天	×	○ 3~4周	225
米饭、年糕	—	×	○	×	○ 1个月（米饭） 1~2个月（年糕）	219
面粉	—	○ 半年	×	×	○	226
大米	—	○ 1~2个月	○	×	△ 3个月	218
杂粮	—	○ 1~2个月	○	×	×	222
大豆（黄豆）	—	×	○ 2~3天	×	○ 1个月	220
豆腐	—	×	○ 4~5天	×	◎ 3~4周	223
纳豆	—	×	○ 1周	×	○ 3~4周	224
调料及其他						
油	—	○	×	×	×	234
茶叶	—	○ 2~4周	○ 2~4周	○	○ 2个月至1年	232
番茄酱	—	×	○ 1个月	×	×	233
咖啡	—	○ 1~2周	○ 1~2周	×	○ 3个月	232
酒	—	○	○	×	×	229
砂糖	—	○	×	×	×	230
盐	—	○	×	×	×	230
酱油	—	○	○ 1个月	×	×	228
醋	—	○	○	×	×	228
酱汁	—	×	○	×	×	231
蛋黄酱	—	×	○ 1个月	×	×	233
味噌	—	×	○ 1~2个月	×	○ 1~2个月	231
味啉	—	○	○	×	×	229

图书在版编目（CIP）数据

食材保存大全 / (日) 沼津理惠著 ; 吴梦迪译 . --
南昌 : 江西科学技术出版社 , 2023.8 (2024.4 重印)
ISBN 978-7-5390-8591-3

Ⅰ . ①食… Ⅱ . ①沼… ②吴… Ⅲ . ①食品贮藏
Ⅳ . ① TS205

中国国家版本馆 CIP 数据核字 (2023) 第 089553 号

国际互联网（Internet）地址：http://www.jxkjcbs.com
选题序号：KX2023067
版权登记号：14-2023-0011
责任编辑 魏栋伟
项目创意/设计制作 快读慢活
特约编辑 周晓晗 王瑶
纠错热线 010-84766347

食材保存大全

食材保存大全 (日) 沼津理惠 著 吴梦迪 译

出版发行	江西科学技术出版社
社　　址	南昌市蓼洲街2号附1号 邮编 330009 电话:(0791) 86623491 86639342(传真)
印　　刷	天津联城印刷有限公司
经　　销	各地新华书店
开　　本	787mm × 1092mm 1/16
印　　张	15.5
字　　数	180千字
印　　数	5001-10000册
版　　次	2023年8月第1版 2024年4月第2次印刷
书　　号	ISBN 978-7-5390-8591-3
定　　价	88.00元

赣版权登字-03-2023-99

快读·慢活®

《免疫力》

改善肠道环境，增强免疫力，打造抗癌体质!

要想打造能够击退癌细胞的抗癌体质，关键在于增强免疫力。那该如何增强免疫力呢?

日本医学博士、免疫学专家藤田纮一郎首次公开增强免疫力的秘诀。书中以 Q&A 的形式，分析解答了肠道微生物、肠道菌群、肠道环境与人体免疫力之间的关系，并介绍了防癌食材、保健小菜等 18 种饮食方法，笑口常开、细嚼慢咽等 16 种生活习惯，全面讲解了增强免疫力的方法。这些知识简单易懂，方法易操作，让你在日常生活中就能轻松实践，帮你快速增强免疫力，预防大肠癌、乳腺癌和宫颈癌等高发癌症!

癌症并不是老年人的专利，随着癌症发病的年轻化，每个人都应该引起重视。预防癌症，从增强免疫力开始!

快读·慢活®

《减糖家常菜》

更适合中国人的减糖家常食谱!

近年来，“减糖饮食”作为一种健康的饮食生活方式，走上了中国人的餐桌。

本书从中国人的日常饮食习惯出发，共分享了165个减糖家常食谱，包含35个减糖早餐、65个减糖午餐、50个减糖晚餐、5款减糖酱汁、5款减糖甜点和5款减糖饮品，让你不再为一日三餐吃什么而烦恼。食谱不但种类丰富而且操作简单，饱腹的同时又能大饱口福，健康、吃不胖，更适合你的“中国胃”！只要一点点小小的改变，就能让你用自己熟悉的食物、熟悉的烹饪方式，养成健康的饮食习惯。

让减糖饮食成为日常，全家人一起吃出好身材，“减”出好身体！

快读·慢活®

从出生到少女，到女人，再到成为妈妈，养育下一代，女性在每一个重要时期都需要知识、勇气与独立思考的能力。

“快读·慢活®”致力于陪伴女性终身成长，帮助新一代中国女性成长为更好的自己。从生活到职场，从美容护肤、运动健康到育儿、家庭教育、婚姻等各个维度，为中国女性提供全方位的知识支持，让生活更有趣，让育儿更轻松，让家庭生活更美好。